普通高等教育机电类系列教材

机械故障诊断技术

第 2 版

张 键 编著
高立新 主审

机 械 工 业 出 版 社

本书分为两大部分,第 1 部分介绍机械设备故障诊断技术的基础理论和基础知识,内容包括:第 1 章绪论、第 2 章机械振动及信号、第 3 章振动信号测取技术、第 4 章信号特征提取——信号分析技术、第 5 章设备状态的判定与趋势分析。第 2 部分介绍机械故障诊断技术在工程实践中的应用,内容包括:第 6 章旋转机械故障诊断、第 7 章滚动轴承故障诊断、第 8 章齿轮箱故障诊断、第 9 章电动机故障诊断、第 10 章设备状态调整、第 11 章其他故障诊断技术。

本书可作为高等院校机械类专业本科生、专科生的教材,也可供从事机械设备故障诊断工作的工程技术人员参考。

本书配有电子课件,向授课教师免费提供,需要者可登录机工教育服务网(www.cmpedu.com)下载。

图书在版编目(CIP)数据

机械故障诊断技术/张键编著 . —2 版 . —北京:机械工业出版社,2014.6(2022.6 重印)

普通高等教育机电类系列教材

ISBN 978-7-111-45788-6

Ⅰ.①机… Ⅱ.①张… Ⅲ.①机械设备–故障诊断–高等学校–教材 Ⅳ.①TH17

中国版本图书馆 CIP 数据核字(2014)第 025313 号

机械工业出版社(北京市百万庄大街 22 号 邮政编码 100037)
策划编辑:蔡开颖 责任编辑:蔡开颖 段晓雅 陈建平 刘小慧
版式设计:常天培 责任校对:闫玥红
封面设计:张 静 责任印制:常天培
北京机工印刷厂印刷
2022 年 6 月第 2 版第 10 次印刷
184mm×260mm·15 印张·365 千字
标准书号:ISBN 978-7-111-45788-6
定价:39.80 元

电话服务 网络服务
客服电话:010-88361066 机 工 官 网:www.cmpbook.com
010-88379833 机 工 官 博:weibo.com/cmp1952
010-68326294 金 书 网:www.golden-book.com
封底无防伪标均为盗版 机工教育服务网:www.cmpedu.com

序

自从英国机械健康监测中心主席、莱斯特大学哲学博士、主任工程师 R. A. Cotlacot，于 1977 年在伦敦出版了著名的《机械的故障诊断及在线监测》一书之后，迄今已过去 30 多年了。30 多年来国内外在机械设备的状态监测与故障诊断这一先进技术上，已取得完全一致的共识，从而在实践上得到很大的进步和提高。设备诊断技术（包括设备状态监测和故障诊断的总称）不仅是能保障设备安全、提高产品质量、节约维修费用、降低能源消耗、防止环境污染、能给企业带来较大经济效益的既先进、又适用的技术，而且在设备维修管理上，也完全是靠得住的工程技术。

当前我国的设备诊断工作，在经历了 20 多年的实践与探索之后，一方面正在总结自己的成功经验，肯定科学客观规律，进行新的探索；另一方面也在努力学习和引进一些国外新的理论和成果，在进行了严格的考核论证后，择优选用，使之与我国的设备工程结合起来。而其中重要的一个方面，就是不少企业已大都从单一的计划维修模式转化到以状态为基础的预防维修等多种维修体制上来。一些过去曾受国外规章制度严格约束的国内企业，也都逐步明确了利弊，建立了状态维修这一新的体制并取得了好的结果，这都说明了国内企业的设备诊断工作确实在向前推进。在每年的学术会议、经验交流和各种期刊著作中，多占优势的仍然是诊断技术专栏。还有就是国内的诊断仪器生产，尽管在功能和精度上，与国外产品尚有差距，但其经济性和适用性已完全改变了过去必须依靠进口的局面。

在回顾过去 20 多年来所取得的成就的同时，也还必须清醒地看到我国与一些先进国家在设备诊断方面所存在的差距，尽管我国早已采取了院校、科研与生产三单位相结合的方针，但在结合的紧密程度上，以及对一个工作项目负责到底的服务精神上，都还有所不足。其中一个很重要的问题就是专业人员的技术素质问题。一个良好的现场诊断工作者，既需要具备一定的基础理论知识，也需要熟悉掌握技术方法，还有不可缺少的是丰富的现场工作经验，只有全面具备了以上三个方面的素质，才可以称得上是高素质的现场诊断人员。因此，世界各国都很重视设备诊断师的培养工作。国际标准化组织制定的《机器的状态监测和诊断 人员的培训和认证要求 第 2 部分：振动状态监测和诊断》标准，即 ISO 18436-2，现已在日本实施，对保障和提高诊断从业人员的素质起到了良好的作用。该标准所规定的必备内容，也已在国内的刊物上先后发表了。

当前服务于我国工业企业现场的设备诊断人员，绝大部分都是初始从事诊断的第三代新人。他们一般具有良好的科学知识和善于学习探索的科学精神，但是他们在设备诊断的基础理论和技术方面上还有不足，特别是在处理复杂问题的分析诊断上更缺少经验。因此，对于各个工业部门，于今后相当长的时间内，加强这方面的技术培训就显得十分重要。近年来，国内有关设备诊断方面的培训班、交流会尽管如雨后春笋般涌现，也不乏邀请到一些专家前来授课，但都限于时间短促，讲述内容还不能满足实际需求。再者也缺少一本能切合实际需要的规范教材。

基于这一情况，张键老师以冶金行业和武汉钢铁（集团）公司（简称武钢）的经验为基础，精心编著了这本《机械故障诊断技术》教材，试图为初步进入这一领域的大学生及工作人员，进行技术培训，这真是一个好的壮举。冶金行业是我国开始设备诊断技术较早的三大行业之一，武钢又是其中开展设备诊断进行万点受控取得成效的大型企业，且在1991年，由吴瑞钦高工发表的诊断论文，就曾得到各界好评。随着武钢与北京工业大学的合作，近年来开发了更多更好的成果，他们的经验，不仅对本企业的工作有指导意义，而且对于众多的其他企业也都有一定的参考价值。

本书可以说是贴近ISO 18436-2的要求，也符合国际标准化组织关于设备状态监视和诊断培训标准的指导精神的。全部内容是本着求真务实的原则，以现场实用为基础。相当于ISO18436-2中四级人员分类的1级、2级水平。全文没有复杂的公式推导，条理清晰，通俗易懂。从章节设计上，贯彻了从数据采集、信号处理、状态识别、趋势预测直至调理整治等五个设备诊断不可缺少的工作过程，而对于每一种故障的诊断，不仅能重点分析其故障机理以及征兆特点，而且还大都附上了现场的案例说明，使读者能通过案例深化理解。更可贵的是其中还介绍了一些安装、检查和测量的实践经验，可供读者学习参考。

本书是以振动诊断为专题的，这也是由于在各类设备诊断工作中，振动方法应用广泛，处于重要地位。当然此后，还可以组织编写其他一些如油液、红外、无损、电气等诊断方法的教材，以便使设备诊断技术的大家庭更为丰富。总之，本书是贯彻ISO18436-2的一项重要的尝试，需要大家的理解和支持。正由于本书是真正国产化了的教材，从而可对我国的设备诊断技术工作能逐步规范化进入世界共同的经济领域，并取得进一步的成功和发展作出贡献。

中国设备管理协会诊断工程分会

中国机械工程学会设备维修分会

黄昭毅

前　言

　　对信号分析结果的解释永远比信号分析的算法更为重要，因为解释是作出正确决策的依据。从这个意义上说，能否作出简明、清晰、正确的解释是一切信号分析方法的试金石。

　　在过去的数十年里，故障诊断领域曾出现过多种信号分析算法，但是除了以 FFT 快速傅里叶变换算法为基础的信号分析算法外，其他一些信号分析算法都未能得到工程实践的广泛应用，究其原因，就在于这些信号分析算法对分析出来的数据、图形，难以作出简明、清晰、正确的解释。

　　实践是检验真理的唯一标准。一切科学技术都源于前人的实践，所有知识都是前人经验的总结。书本只是传承这些科技知识的载体。本书分为两大部分，第 1 部分为基础理论和基础知识部分，内容包括：第 1 章绪论、第 2 章机械振动及信号、第 3 章振动信号测取技术、第 4 章信号特征提取——信号分析技术、第 5 章设备状态的判定与趋势分析。这样编排的目的是汇集前人的经验，为故障诊断技术建立一个完整的科学体系。第 2 部分是工程实践部分，内容包括：第 6 章旋转机械故障诊断、第 7 章滚动轴承故障诊断、第 8 章齿轮箱故障诊断、第 9 章电动机故障诊断、第 10 章设备状态调整、第 11 章其他故障诊断技术。在工程实践部分，有针对具体机械类型的诊断技术介绍，也汇集了大量的工程案例。这些工程案例中有一部分来自本领域的前辈和同行的文章著作，在此，我向这些令人尊敬的前辈和同行表示深切的敬意；另一部分来自我多年来对武汉钢铁（集团）公司、安阳钢铁集团公司、宣化钢铁集团有限责任公司、石家庄钢铁有限责任公司、邯郸钢铁集团有限责任公司等企业的故障诊断报告，感谢武汉昊海立德科技有限公司的同仁们对这些报告的整理和保管。感谢武汉钢铁（集团）公司的魏厚培高工和宝钢集团有限公司的杨大雷高工提供了电动机方面的部分诊断案例。

　　本书于 2006 年 2 月开始动稿，在编写过程中得到了中国设备管理协会诊断工程分会、中国机械工程学会设备维修分会高级顾问黄昭毅先生的关心与支持，他亲自为本书写了序。本书由高立新教授担任主审，高教授的研究生们也参与了本书的审查与部分习题的编写工作。本书的整理和习题编写工作得到了余秋兰老师的大力帮助，武汉昊海立德科技有限公司的夏淑萍女士和其他工作人员在武汉、北京两地之间做了大量事务性工作。在此，向他们表示衷心的感谢。

　　本书在 2008 年第一次出版，到 2012 年收到了多项反馈意见，针对这些建议，做了一些修改。在第 2 章中增加了一段自激振动的内容，在第 3 章中补充完善了点检数据记录统计表，在第 4 章中增加了"现场故障诊断的实际经验"和"4.4 自相关函数图像的判读"，在第 5 章中增加了"5.3 设备状态报告的编写"，最后增加了"第 11 章　其他故障诊断技术"，通过增加"断口分析技术"、"材料探伤技术"、"油液分析技术"、"红外热像技术"、"声发射技术"等内容，进一步完善了学生的机械故障诊断技术的知识体系。

编　者

目　录

第 1 章 绪 论

在现代化生产中，机械设备的故障诊断技术越来越受到重视，如果某台设备出现故障而又未能及时被发现和排除，其结果不仅会导致设备本身损坏，甚至可能造成机毁人亡的严重后果。在企业的连续生产系统中，如果某台关键设备因故障而不能继续运行，往往会涉及整个企业的生产系统设备的运行，造成巨大的经济损失。因此，对于连续生产系统，例如电力系统的汽轮发电机组、冶金过程及化工过程的关键设备等，故障诊断具有极为重要的意义。

在机械制造业中，主要是单件、小批量生产。在传统的生产环境中，一般机床设备与质量控制主要靠人操作，相比于连续生产系统，故障诊断技术的地位显得不那么重要。但对于某些关键机床设备，因故障的存在而导致加工质量降低，使整个机器产品质量不能得到保证，这时故障诊断技术是非常值得重视的。

故障诊断是一门新发展的学科，还没有形成较为完整的科学体系。因此，对其研究目的、研究内容范畴的理解，往往因工程应用背景，乃至工程技术人员专业专长的不同而有很大差异。正确理解故障诊断的研究目的、研究内容的范畴是涉及本门学科指导思想和发展策略。

故障诊断是建立在能量耗散原理的基础之上的。所有设备的作用都是能量的转换与传递，设备状态越好，转换与传递过程中的附加能量损耗越小。例如机械设备，其传递的能量是以力、速度两个主要物理参数来表征的，附加能量损耗主要通过温度及振动参数表现。随着设备劣化程度加大，附加能量损耗也增大。因此，监测附加能量损耗的变化，可以了解设备劣化程度。同理，对于传递不同能量参数（电压及电流、压力及流量）的设备，也可以通过监测附加能量损耗的变化，来了解设备的劣化程度。

1.1 设备的寿命及劣化曲线

一台设备，由成千上万个零件组成，经过一段时间的运转，有的零件会失效，造成故障。有的机器只用了两三天就坏了，有的机器却连续用了四五年，这是怎么回事？事实上，设计合理的机器不应当出现较多的早期故障。设备维修工程中根据统计得出一般机械设备劣化进程的规律，如图 1-1 所示，由于曲线的形状类似于浴盆的剖面线，因此常称为浴盆曲线。

曲线沿时间轴可分为三个阶段：

Ⅰ——磨合期，表示新机器的磨合阶段，这时故障率较高。

Ⅱ——正常使用期，表示机器经磨合后处于稳定阶段，这时故障率最低。

Ⅲ——耗损期，表示机器由于磨损疲劳、腐蚀已处于老化阶段，因此故障率又逐步升高。

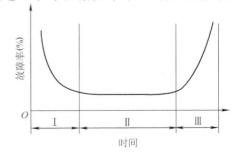

图 1-1 浴盆曲线

一般现场运行的设备都处于Ⅱ、Ⅲ阶段，因此可取浴盆曲线的一半，称为劣化曲线，如图1-2所示。劣化曲线沿纵轴可分为三个区间：

（1）绿区（G）　包括浴盆曲线的Ⅱ阶段，即故障率最低的阶段，它表示机器处于良好状态。

（2）黄区（Y）　包括浴盆曲线Ⅲ阶段，即初始阶段，故障率已有抬高的趋势，它表示机器处于警戒注意状态。

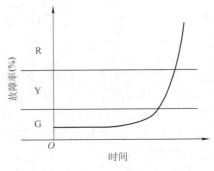

（3）红区（R）　包括浴盆曲线Ⅲ阶段，即故障率已大幅度上升的阶段，它表示机器已处于严重或危险状态，要准备随时停机。

以上所述为一般规律，但对于某一台机器，究竟什么时刻处于黄区，什么时刻处于红区则是未知的。

图1-2　劣化曲线

因此，按一般规律应在处于黄区时就对机器进行必要的测量及诊断，以确定其是否处于黄区或已进入红区。对于重要设备，处于绿区时就可以进行必要的测量及诊断，这样可以避免个别设备提前进入黄区及红区。

1.2　故障诊断的内容

机械故障诊断的内容包括以下三个方面：

（1）运行状态的监测　根据机械设备在运行时产生的信息判断设备是否运行正常，其目的是为了早期发现设备故障的苗头。

（2）设备运行状态的趋势预报　在状态监测的基础上进一步对设备运行状态的发展趋势进行预测，其目的是为了预知设备劣化的速度，以便为生产安排和维修计划提前作好准备。

（3）故障类型、程度、部位、原因的确定　最重要的是故障类型的确定，它是在状态监测的基础上，确认当机器已处于异常状态时所需要进一步解决的问题，其目的是为最后的诊断决策提供依据。

1.3　故障诊断的基本方法

机械故障诊断的基本方法可按不同的观点来分类，目前流行的分类方法有两种：一是按机械故障诊断方法的难易程度分类，可分为简易诊断法和精密诊断法；二是按机械故障诊断的测试手段来分类，主要分为直接观察法、振动噪声测定法、无损检测法、磨损残余物测定法、机器性能参数测定法。下面分别叙述这些方法。

1. 简易诊断法

简易诊断法指主要采用便携式的简易诊断仪器，如测振仪、声级计、工业内窥镜、红外点温仪对设备进行人工巡回监测，根据设定的标准或人的经验进行分析，了解设备是否处于正常状态。若发现异常，应通过对监测数据的分析进一步了解其发展趋势。因此，简易诊断法主要解决的是状态监测和一般的趋势预报问题。

2. 精密诊断法

精密诊断法指对已产生异常状态的原因采用精密诊断仪器和各种分析手段（包括计算机辅助分析方法、诊断专家系统等）进行综合分析，以了解故障的类型、程度、部位和产生的原因及故障发展的趋势等问题。精密诊断法主要解决的问题是分析故障部位、程度、原因及较准确地确定发展趋势。

3. 直接观察法

传统的直接观察法，如"听、摸、看、闻"是早已存在的古老方法，并一直沿用到现在，在一些情况下仍然十分有效。但因该方法主要依靠人的感觉和经验，故有较大的局限性。随着故障诊断技术的发展和进步，目前出现的便携式测振仪、泄漏听诊仪、光纤内窥镜、红外热像仪、激光全息摄影等现代手段，大大延伸了人的感觉器官功能，使这种传统方法又恢复了青春活力，成为一种有效的诊断方法。

4. 振动噪声测定法

机械设备在运动状态（包括正常和异常状态）下都会产生振动和噪声。进一步的研究还表明，振动和噪声的强弱及其包含的主要频率成分和故障的类型、程度、部位和原因等有着密切的联系。大多数机械设备是定速运转设备，各零部件的运动规律决定了它的振动频率。由于是定速运转，零件的振动频率即为该零件的特征频率。观测特征频率的振幅变化，可以了解该零件的运动状态和劣化程度。因此，利用这种振幅变化的信息进行故障诊断是比较有效的方法，也是目前发展得比较成熟的方法。其中特别是振动法，由于不受背景噪声干扰的影响，使信号处理比较容易，因此应用更加普遍。

5. 无损检测法

无损检测是一种从材料和产品的无损检验技术中发展起来的方法，它是在不破坏材料表面及内部结构的情况下检测机械零部件缺陷的方法。它使用的手段包括超声、红外线、X 射线、γ 射线、声发射、磁粉探伤、渗透染色等。这种方法目前已发展成一个独立的分支，在检测由裂纹、砂眼、缩孔等缺陷造成的设备故障时比较有效。其局限性主要是超声、射线等检测手段不便在动态下采用。

6. 磨损残余物测定法

机器的润滑系统或液压系统的循环油路中携带着大量的磨损残余物（磨粒），它们的数量、大小、几何形状及成分反映了机器的磨损部位、程度和性质，根据这些信息可以有效地诊断设备的磨损状态。目前，磨损残余物测定法在工程机械及汽车、飞机发动机监测方面已取得了良好的效果。

7. 机器性能参数测定法

机器的性能参数主要包括机器主要功能的一些数据，如泵的扬程，机床的精度，压缩机的压力、流量，内燃机的功率、耗油量，破碎机的粒度等。一般这些数据可以直接从机器的仪表上读出，由此可以判定机器的运行状态是否离开正常范围。这种机器性能参数测定方法主要用于状态监测或作为故障诊断的辅助手段。

当判定一台设备的故障部位和原因时，往往需要综合地运用多种检测方法。在判定前，要列举各种可能及该种可能的特征参数值，再与检测得到的数据进行对比验证，将对比结果中不相符合的可能排除，剩下相符的可能，即为设备的故障部位和原因。这就是故障诊断中普遍使用的方法——排除法。

思 考 题

1-1　故障诊断是建立在_____原理的基础之上。

1-2　机械故障诊断的基本方法可按不同观点来分类，目前流行的分类方法有两种：一是按机械故障诊断方法的难易程度分类，可分为_____和_____法；二是按机械故障诊断的测试手段来分类，主要分为_____、_____、_____、_____、_____。

1-3　设备运行过程中的浴盆曲线是指什么？

1-4　机械故障诊断包括哪几个方面的内容？

1-5　请叙述机械设备故障诊断技术的意义。

1-6　劣化曲线沿纵轴分成的三个区间分别是什么，各代表什么意义？

第2章 机械振动及信号

机械设备出现的故障种类很多，很复杂，可用于测试与诊断的信息包括温度、声响、变形、应力以及润滑油的物理化学参数等。机械设备的作用是传递力和运动，其中任何一个运动部件或与之相关的零件出现故障，必然破坏机械运动的平稳性，在传递力的参与下，这种力和运动的非平稳现象表现为振动。因而在众多的诊断技术中，没有任何技术能比振动信号分析更能深刻地了解机器设备状况。另外，由于机械设备在运行中易出现受安装质量影响（如不对中）或受工艺外力作用（如喘振）而产生振动的现象，其大小与安装质量和使用中的故障有直接关系，由此可见，振动分析及测量在诊断机械故障中有着重要的地位。当然，振动分析对不影响运动平稳性的故障（如泄漏）是无能为力的。为此，本章主要介绍设备诊断技术中振动分析及振动测量的基本知识。

振动测量简单地讲就是通过对机械设备所表现的振动信号进行检测、分析，以判断机械自身的劣化程度及预测其寿命。一般进行的振动测量大致有以下两方面的内容：

（1）振动基本参数的测量　测量振动构件上某点的位移、速度、加速度、频率和相位，用于识别该构件的运动状态是否正常。由于机械设备往往有多个振源存在，如齿轮啮合处、联轴器处、转子处、轴承处等，而测点又受到诸多限制，因此某一测点所收到的振动信号往往是从多个振源发出，经各个传导通道到达测点处的合成信号。

（2）结构和部件的动态特性测量　这种测量方式以某种激振力作用在被测件上，使被测件产生受迫振动，测量输入（激振力）和输出（被测件振动响应）在不同激振频率下的振幅比，从而确定被测件的固有频率、振型等动态参数，这一类测量称为"频率响应试验"或"机械阻抗试验"。

在机械设备上进行振动测量后，对测试数据进行分析和处理也是十分重要的。数据处理就是将所测的实际数据与预先确定的判断标准进行比较，这是确定设备劣化的关键步骤。设备劣化的确定主要是判断造成机械内部损伤的因素，如开裂、碰撞、磨损、松动、不同心、老化等故障因素，这些故障因素的出现将影响设备的正常运行。确定了故障点后，才能采取对策，进而判断该设备是否可以继续工作。

2.1 机械振动基础

各种机器设备在运行中，都不同程度地存在振动，这是运行机械的共性。然而，不同的机器，或同一台机器的不同部位，以及机器在不同的时刻或不同的状态下，产生的振动形式又往往是有差别的，这又体现了设备振动的特殊性，所以应当从不同的角度来考察振动问题。机械振动一般有以下几种分类方法。

1. 按振动规律分类

按振动的规律，一般将机械振动分为图2-1所示的几种类型。

这种分类，主要是根据振动在时间历程内的变化特征来划分的。大多数机械设备的振动

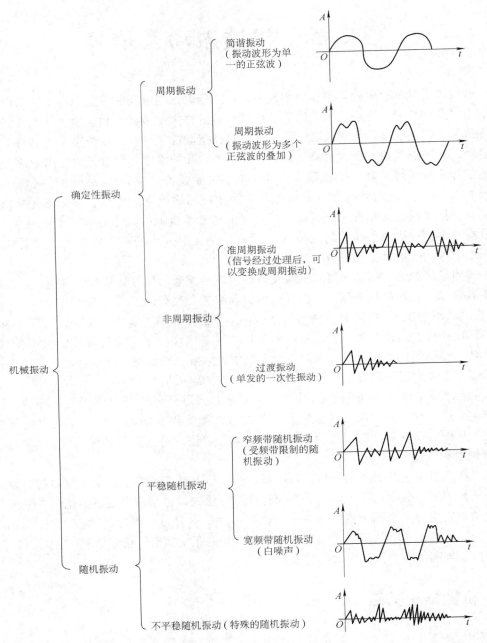

图 2-1 机械振动按振动规律的分类

是周期振动、准周期振动、窄带随机振动和宽带随机振动中的一种，或是某几种振动的组合。一般在起动或停机过程中的振动信号是非平稳的。设备在实际运行中，其表现的周期信号往往淹没在随机振动信号之中。若设备故障程度加剧，则随机振动中的周期成分加强，整台设备振动增大。因此，从某种意义上讲，设备振动诊断的过程，就是从随机信号中提取周期成分的过程。

2. 按振动的动力学特征分类

机器产生振动的根本原因在于存在一个或几个力的激励。不同性质的力激起不同类型的振动。了解机械振动的动力学特征不仅有助于对振动的力学性质作出分析，还有助于说明设备故障的机理。因此，掌握振动动力学知识对设备故障诊断具有重要的意义。据此，可将机械振动分为三种类型：

（1）自由振动与固有频率　自由振动是物体受到初始激励（通常是一个脉冲力）所引发的一种振动。这种振动靠初始激励一次性获得振动能量，历程有限，一般不会对设备造成破坏，不是现场设备诊断所必须考虑的因素。自由振动给系统一定的能量后，系统产生振动。若系统无阻尼，则系统维持等幅振动；若系统有阻尼，则系统为衰减振动。描述单自由度线性系统的运动方程式为

$$m \frac{d^2 x(t)}{dt^2} + kx(t) = 0 \qquad (2-1)$$

式中　x——振动位移量。

通过对自由振动方程的求解，导出了一个很有用的关系式：无阻尼自由振动的振动角频率 ω_n 为

$$\omega_n = \sqrt{\frac{k}{m}} \qquad (2-2)$$

式中　m——物体的质量；

　　　k——物体的刚度。

这个振动频率与物体的初始情况无关，它完全由物体的力学性质决定，是物体自身固有的，称为固有频率。这个结论对复杂振动体系同样成立，它揭示了振动体的一个非常重要的特性。许多设备强振问题，如强迫共振、失稳自激、非线性谐波共振等均与此有关。

但是要注意，物体并不是一受到激励都可发生振动，这是在作激振试验时应该了解的。实际的振动体在运动过程中总会受到某种阻尼作用，如空气阻尼、材料内摩擦损耗等，只有当阻尼小于临界值时才可激发振动。临界阻尼是振动体的一种固有属性，用 C_e 表示。

$$C_e = 2\sqrt{km} \qquad (2-3)$$

实际阻尼系数 C 与临界阻尼 C_e 之比称为阻尼比，记为 ζ。

$$\zeta = \frac{C}{C_e} \qquad (2-4)$$

当阻尼比 $\zeta < 1$ 时，是一种振幅按指数规律衰减的振动，其振动频率与初始振动无关，振动频率 ω 略小于固有频率 ω_n（$\omega = \sqrt{1-\zeta^2}\,\omega_n$，$\omega < \omega_n$）；当 $\zeta \geq 1$ 时，物体不会振动，而是作非周期运动。

（2）强迫振动和共振　物体在持续周期变化的外力作用下产生的振动叫做强迫振动，如由不平衡、不对中的外力所引起的振动。强迫振动的力学模型如图 2-2 所示。其运动方程式为

$$m \frac{d^2 x}{dt^2} + c \frac{dx}{dt} + kx = F_0 \sin\omega t \qquad (2-5)$$

式中　m——振动体的质量；

　　　c——阻尼系数；

k——弹性系数；

x——振动位移；

$m\dfrac{\mathrm{d}^2 x}{\mathrm{d}t^2}$——惯性力；

$c\dfrac{\mathrm{d}x}{\mathrm{d}t}$——阻尼力；

kx——弹性力；

F_0——激振力。

这是一个二阶常系数线性非齐次微分方程，其解由通解和特解两项组成，即

$$x(t) = \underbrace{Ae^{-\zeta\omega_n t}\sin(\sqrt{1-\zeta^2}\,\omega_n t + \varphi)}_{\text{（通解，衰减自由振动）}} + \underbrace{B\sin(\omega t - \psi)}_{\text{（特解，稳态强迫振动）}} \qquad (2\text{-}6)$$

式中　A——自由振动的振幅；

B——强迫振动的振幅；

ζ——阻尼比；

φ、ψ——初相角。

该解的时间波形如图 2-3 所示。

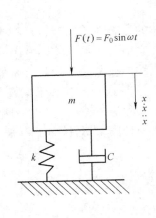

图 2-2　强迫振动的力学模型

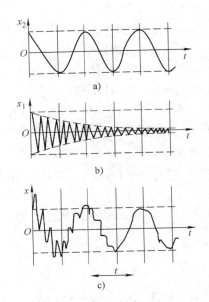

图 2-3　强迫振动的时间波形

a) 强迫振动　b) 衰减振动　c) 合成振动

如图 2-3 所示，衰减自由振动随时间的推移迅速消失，而强迫振动则不受阻尼影响，是振动频率和激振力同频的振动。由此可见，强迫振动过程不仅与激振力的性质（激励频率和振幅）有关，而且与物体自身固有的特性（质量、弹性刚度、阻尼）有关，这就是强迫振动的特点。

具体地说：

1）物体在简谐力作用下产生的强迫振动也是简谐振动，其稳态响应频率与激励力频率

相等。

2）振幅 B 的大小除与激励力大小成正比、与刚度成反比外，还与频率比、阻尼比有关。当激励力的频率很低时，即 ω/ω_n 很小时，振幅 B 与静力作用下位移的比值 $\beta=1$，或者说强迫振动的振幅接近于静态位移（力的频率低，相当于静力）。当激励力的频率很高时，$\beta\approx0$，这时物体由于惯性原因跟不上力的变化而几乎停止不动。当激励力的频率与固有频率相近时，若阻尼很小，则振幅很大。这就是共振现象。注意，共振频率不等于振动体的固有频率，因最大振幅不单与激振频率有关，还和阻尼的大小有关。经推导得知，发生共振的频率 $\omega_r=\sqrt{1-\zeta^2}\,\omega_n<\omega_n$。此时共振振幅

$$B_r=\frac{\lambda_u}{2\zeta\sqrt{1-\zeta^2}}$$

为了避免共振振幅过大造成的危害，设备转速应避开共振区。共振区的宽度视角频率的上、下限而定，一般为 $(0.7\sim1.4)\,\omega_n$。

3）物体位移达到最大值的时间与激振力达到最大值的时间是不相同的，两者之间存在一个相位差。这个相位差同样和频率比与阻尼比有关。当 $\omega=\omega_r$，即共振时，相位差 ψ 等于 $90°$。当 $\omega>>\omega_r$ 时，相位差 $\psi\approx180°$。了解这些特点，对故障诊断是很有用的。

（3）自激振动　自激振动是在没有外力作用下，由系统自身原因所产生的激励而引起的振动，如油膜振荡、喘振等。自激振动是一种比较危险的振动，设备一旦发生自激振动，会使设备运行失去稳定性。

顾名思义，自激振动是由振动体自身能量激发的振动。比较规范的定义是：在非线性机械系统内，由非振荡能量转变为振荡激励能量所产生的振动称为自激振动。自激振动也称为负阻尼振动，这是因为这种振动在振动体运动时非但不产生阻尼力来阻止振动，反而按振动体运动周期持续不断地输入激励能量来维持物体的振动。物体产生自激振动时，很小的能量即可产生强烈振动。只是由于系统的非线性，振幅才被限制在一定量值之内。

凡是进入自激振动的系统都有可能转变到非稳定状态。机械传动系统的本质是稳定的，但是因为内部存在非线性因素，所以在某种条件下，会从稳定系统转变到非稳定系统。

自激振动有如下特点：

1）随机性。因为能引发自激振动的激励力（大于阻尼力的失稳力）一般都是由偶然因素引起的，没有一定规律可循。

2）振动系统非线性特征较强，即系统存在非线性阻尼元件（如油膜的粘温特性，材料内摩擦）、非线性刚度元件（柔性转子、结构松动等）时才足以引发自激振动，使振动系统所具有的非周期能量转为系统振动能量。

3）自激振动频率与转速不成比例，一般低于转子工作频率，与转子第一临界转速相符合。需要注意，由于系统的非线性，系统固有频率会有一些变化。

4）转轴存在异步涡动。

5）振动波形在暂态阶段有较大的随机振动成分，而稳态时，波形是规则的周期振动，这是由于共振频率的振值远大于非线性影响因素所致；与一般强迫振动近似的正弦波（与强迫振动激励源的频率相同）有区别。

自由振动、强迫振动、自激振动这三种振动在设备故障诊断中有各自的主要使用领域。

对于结构件，因局部裂纹、紧固件松动等原因导致结构件的特性参数发生改变的故障，多利用脉冲力所激励的自由振动来检测，以测定构件的固有频率、阻尼系数等参数的变化。

对于减速箱、电动机、低速旋转设备等的机械故障，主要以强迫振动为特征，通过对强迫振动的频率成分、振幅变化等特征参数的分析，来鉴别故障。

对于高速旋转设备以及能被工艺流体所激励的设备，除了需要监测强迫振动的特征参数外，还需监测自激振动的特征参数。

3. 按振动频率分类

机械振动频率是设备振动诊断中一个十分重要的概念。在各种振动诊断中常常要分析频率与故障的关系，要分析不同频段振动的特点，因此了解振动频段的划分对振动诊断的检测参数选择很有实用意义。按照振动频率的高低，通常把振动分为三种类型：

$$\text{机械振动（按频率分类）} \begin{cases} \text{低频振动}: f < 10\,\text{Hz} \\ \text{中频振动}: f = 10 \sim 1\,000\,\text{Hz} \\ \text{高频振动}: f > 1\,000\,\text{Hz} \end{cases}$$

在低频范围，主要测量的振幅是位移量。这是因为在低频范围造成破坏的主要因素是应力的强度，位移量是与应变、应力直接相关的参数。

在中频范围，主要测量的振幅是速度量。这是因为振动部件的疲劳进程与振动速度成正比，振动能量与振动速度的平方成正比。在这个范围内，零件主要表现为疲劳破坏，如点蚀、剥落等。

在高频范围，主要测量的振幅是加速度。加速度表征振动部件所受冲击力的强度。冲击力的大小与冲击的频率与加速度值正相关。

2.2　振动信号的描述

构成一个确定性振动有三个基本要素，即振幅 s、频率 f（或 ω）和相位 φ。即使在非确定性振动中，有时也包含有确定性振动。振幅、频率、相位是振动诊断中经常用到的三个最基本的概念。下面以确定性振动中的简谐振动为例，来说明振动三要素的概念、它们之间的关系以及在振动诊断中的应用。

1. 振幅 s

简谐振动可以用下面的函数式表示，即

$$s = A\sin\left(\frac{2\pi}{T}t + \phi\right) \tag{2-7}$$

式中　A——最大振幅（μm 或 mm），指振动物体（或质点）在振动过程中偏离平衡位置的最大距离（在振动参数中有时也称为峰值或单峰值，2A 称为峰峰值、双峰值或简称双幅；

　　　t——时间（s）；

　　　T——周期，振动质点（或物体）完成一次全振动所需要的时间（s）；

　　　ϕ——初始相位（rad）。

由于 $\frac{2\pi}{T}$ 可以用角频率 ω 表示，即 $\omega = \frac{2\pi}{T}$，所以式（2-7）又可写成

$$s = A\sin(\omega t + \phi) \tag{2-8}$$

简谐振动的时域图像如图 2-4 所示。

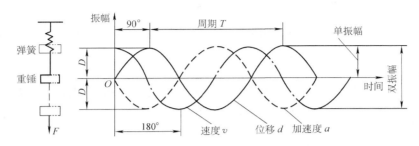

图 2-4　简谐振动的时域图像

振幅不仅可以用位移 s，还可以用速度 v 和加速度 a 表示。将简谐振动的位移函数式（2-8）进行一次微分即得到速度函数式

$$v = V\cos(\omega t + \phi) = V\sin\left(\omega t + \frac{\pi}{2} + \phi\right) \tag{2-9}$$

式中　V——速度最大幅值（mm/s），$V = A\omega$。

再对速度函数式（2-9）进行一次微分，即得到加速度函数式

$$a = K\sin(\omega t + \pi + \phi) \tag{2-10}$$

式中　K——加速度最大幅值（m/s²），$K = A\omega^2$。

从式（2-8）、式（2-9）、式（2-10）可知，速度比位移的相位超前 90°，加速度比位移的相位超前 180°，比速度相位超前 90°，如图 2-4 所示。

在这里，必须特别说明一个与振幅有关的物理量，即速度有效值 $V_{\rm rms}$，亦称为速度方均根值。这是一个经常用到的振动测量参数。目前许多振动标准都是采用 $V_{\rm rms}$ 作为判别参数，因为它最能反映振动的烈度，所以又称为振动烈度指标。

对于简谐振动来说，速度最大幅值 $V_{\rm p}$（峰值）与速度有效值 $V_{\rm rms}$、速度平均值 $V_{\rm av}$ 之间的关系如图 2-5 所示。

可见，速度有效值是介于速度最大幅值和速度平均值之间的一个参数值。用代数式表示，三者有如下关系：

$$V_{\rm rms} = \frac{\sqrt{2}\pi}{4}V_{\rm av} = \frac{\sqrt{2}}{2}V_{\rm p} \approx 0.707 V_{\rm p} \tag{2-11}$$

振幅反映振动的强度，振幅的平方常与物质振动的能量成正比。因此，振动诊断标准都是用振幅来表示的。

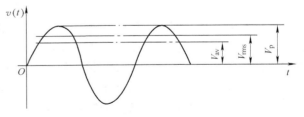

图 2-5　简谐振动的速度有效值 $V_{\rm rms}$、速度峰值 $V_{\rm p}$、速度平均值 $V_{\rm av}$ 之间的关系

2. 频率 f

振动物体（或质点）每秒钟振动的次数称为频率，用 f 表示，单位为 Hz。

振动频率在数值上等于周期 T 的倒数，即

$$f = \frac{1}{T} \tag{2-12}$$

式中　　T——周期（s 或 ms），即质点再现相同振动的最小时间间隔。

频率还可以用角频率 ω 来表示，即

$$\omega = 2\pi f \tag{2-13}$$

我国交流电源的频率为 50Hz。如果一台机器的转速为 1 500r/min，那么其转动频率 $f_r =$ 25Hz。

频率是振动诊断中一个最重要的参数，确定诊断方案、进行状态识别、选用诊断标准等各个环节都与振动频率有关。对振动信号作频率分析是振动诊断最重要的内容，也是振动诊断在判定故障部位、零件方面所具有的最大优势。

3. 相位角 φ

相位角 φ 由转角 ωt 与初相位角 φ_0 两部分组成，即 $\varphi = \omega t + \varphi_0$，有

$$d = D\sin\varphi \tag{2-14}$$

式中　　φ——振动物体的相位角（rad），是时间 t 的函数。

振动信号的相位，表示振动质点的相对位置。不同振动源产生的振动信号都有各自的相位。相位相同的振动会引起合拍共振，产生严重的后果；相位相反的振动会产生互相抵消的作用，起到减振的效果。由几个谐波分量叠加而成的复杂波形，即使各谐波分量的振幅不变，仅改变相位角，也会使波形发生很大变化，甚至变得面目全非。

相位测量分析在故障诊断中也有相当重要的地位，一般用于谐波分析、动平衡测量、识别振动类型和共振点等许多方面。

2.3　设备状态信号的物理表现

机械故障诊断技术的应用分为事故前预防和事故后分析。事故前预防不能预防突发性故障，而只能预防渐变性故障。渐变性故障是随着劣化的进展而逐步恶化，必有某些特征信号在这个过程中相应地变化。事故前预防就是要抓住这些特征信号所发出的预兆，及时采取措施，制止故障发展。这些特征信号就是设备的状态信息，它们的物理表现就是检测、分析的对象。

从根本上讲，所有设备的作用都是进行能量的转换与传递，设备状态越好，转换与传递过程中的附加能量损耗就越小。随着设备的劣化，附加能量损耗就快速地增大。附加能量损耗中包括的各种物理量构成设备的状态信息中的重要部分。

由于各种设备传递、转换能量的种类不同，其附加能量损耗中包括的物理量也就有所不同，但必定包括与所传递、转换的能量相同的物理量。

用来传递力和运动的设备，如齿轮箱，轧钢机，切削、挤压设备等，附加能量损耗的初始形式是以力和运动表现出来的，这就是振动和摩擦。附加能量损耗的二次形式是发热，由此将损耗的能量散发出去。热量的散发使设备空间构成一个非均匀的温度场，所以作为设备状态信息之一的温度测量应尽可能靠近热源点。设备状态信息中主要的物理量是力和运动参数，它传递转换的能量也有多种形式，包含做功的力、做功的运动参数（位移、速度等）、损耗的力和运动参数，以振动及摩擦热的形式表现。振动信号沿着机壳等传递通道传输，在传输过程中受到金属晶粒晶界的阻碍及金属分子发热的影响而衰减。因而测振的探头也应尽可能地靠近振源，以期获得尽量强的振动信号。

用来传送和分配电能为主的设备，如电控柜，设备的状态信息由被传输的电压、电流、漏电流及发热温度等所组成。

液压设备是传输液压能的设备，因此设备状态信息由压力、流量及附加能量损耗（以机械摩擦、粘性摩擦、绝热过程等引起的温度升高为主要表现）所组成。液压泵例外，它是将机械能转换成压力能的旋转机械设备。

以能量转换为主要工作任务的设备，其设备的状态信息包括转换前的能量、转换后的能量以及因这些能量的损耗所衍生的物理量。分述如下：

泵、风机、压缩机等都是将机械能转换成介质能量的设备，设备的状态信息是包括机械能的参数——力、速度、振动、温度，也包含介质的能量——压力、流量。

电动机是将电能转换为机械能的设备，设备的状态信息包括：电压、电流、漏电流，也包括机械能的参数——力、速度、振动（频率、振幅）、温度。

内燃机类的设备是将燃料中的能量转换为机械能，设备的状态信息是以机械能的参数——力、速度、振动、温度等为主。

热工设备（工业炉、窑、化工反应塔等）的状态信息主要为设备的温度场分布。

综上所述，设备故障诊断技术必须获取表征设备状态信息的那些物理量，作为诊断的依据。有时还需要采用辅助的检测技术，如用于判定磨损程度的铁谱分析技术，用于检测某构件内部缺陷、外部裂纹的无损检测技术等。

思 考 题

2-1　按照振动的动力学特性分类，可将机械振动分为三种类型：_____、_____、_____。

2-2　_____频率与物体的初始情况无关，完全由物体的力学性质决定，是物体自身固有的。

2-3　在非线性机械系统内，由非振荡能量转变为振荡激励所产生的振动称为_____。

2-4　构成一个确定性振动有_____个基本要素，即_____，_____和_____。

2-5　机械故障诊断技术的应用分为_____和_____。

2-6　机械振动按照动力学特征分为几种类型？各有什么特征？

2-7　一个确定性振动的三个基本要素是什么？

2-8　强迫振动有什么特点？

2-9　自激振动有什么特点？

2-10　按照振动频率的高低，通常把振动分为哪三种类型？在各类型中主要测量的是什么物理量？为什么？

第3章　振动信号测取技术

机械设备在运行过程中，设备状态的检测信号是反映设备运行正常与否的信息载体。适当的检测方法是发现故障信息的重要条件。能否真实、充分地检测到足够数量并能客观地反映设备运行状态的信号，是诊断是否可信的前提。

机械设备故障诊断与医学诊断有许多相似之处，机械设备出现故障（隐患）时，会反映出各种征兆，诸如振动、温度、压力等信号的变化。但不是所有信号对任何故障隐患都很敏感，如对齿轮箱来说，若是轴承出现破损，振动信号的变化要比温度信号敏感；若是润滑不足，则温度信号就比振动信号敏感。这就是说设备在不同的运行状态下（故障也是一类运行状态），其特征信息的敏感程度是不同的。特征信息的获取，不仅与所选择的信号内容有关，而且与传感器的类型、传感器的精度和测点位置有关。

3.1　加速度传感器

某些物质如石英晶体，在受到冲击性外力作用后，不仅几何尺寸发生变化，而且其内部发生极化，相对的表面出现电荷，形成电场。外力消失后，又恢复原状，这种现象叫做压电效应。将这种物质置于电场中，其几何尺寸也会发生变化，叫做电致伸缩效应。多数人工压电陶瓷的压电常数比石英晶体大数百倍，也就是说灵敏度要高得多。

利用压电效应，制成压电式加速度传感器（图3-1），可用于检测机械运转中的加速度振动信号；利用电致伸缩效应，制成超声波探头，可用于探测构件内部缺陷。

图3-1　压电式加速度传感器外形

1. 压电式加速度传感器的内部结构

常用的压电式加速度传感器有多种结构，图3-2a是中心压缩型，这是一种早期结构，其安装紧固力和温度变化都会影响质量块预紧力，从而干扰测量精度。图3-2b为环行剪切型，能做成极小型、高自振频率的加速度传感器。图3-2c为三角剪切型，这种结构对底座变形及温度变化有极好的隔离作用。

压电式加速度传感器依赖质量块的惯性力产生对压电晶体的作用力。由于在静止状态下，惯性力为零，因此，它只能用于动态测量。

2. 压电式加速度传感器的测量电路

当压电式加速度传感器接入测量电路后，连接电缆的寄生电容形成传感器的并联寄生电容 C，后续电路的输入阻抗和传感器晶体电阻形成的漏电阻 R，导致晶片上的电荷保持时间很短。

由于电荷是非常微弱的量，且因为漏电阻的存在，使之不能传输较长的距离。通常厂家提供的专用低噪声电缆只有 $3 \sim 5 m$，最长不过 $10 m$。因此，需要在被测设备附近布置前置放大器，将电荷量放大数千倍后，再传输给显示计量仪表。

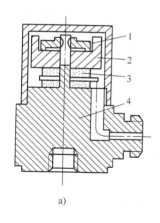
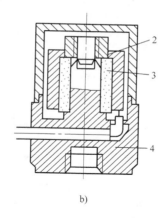
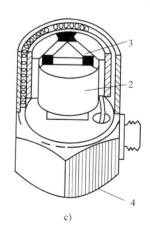

a)　　　　　　　　　　　b)　　　　　　　　　　　c)

图 3-2　压电式加速度传感器结构

a）中心压缩型　b）环形剪切型　c）三角剪切型

1—压板　2—质量块　3—压电晶体　4—底座

前置放大器电路有两种形式：一种是电阻反馈的电压放大器，另一种是电容反馈的电荷放大器。

电压放大器对电缆对地电容的变化非常敏感，电缆的长度变化、电缆与设备金属壳体的距离变化都将产生严重的干扰信号，而被测设备是处于振动状态，保持上述因素不变非常困难。所以现场很少使用电压放大器。

电荷放大器不受上述因素影响，是工业测量现场使用最多的前置放大器。但其电路复杂，数千倍的放大倍数，对各级放大器的性能稳定性提出了极高的要求，因而价格较贵。

目前，新型的压电式加速度传感器采用了内置 IC 电路的方案。由于内部空间极小，由内置 IC 电路实际完成阻抗变换的功能，并需一个 20mA 的恒电流源对其供电。ICP 型加速度传感器测量电路如图 3-3 所示。

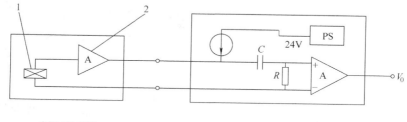

内置 IC 电路　　　　　　　　　　　　　　外接信号调理器

图 3-3　ICP 型加速度传感器测量电路

1—压电加速度传感器　2—微型 IC 放大器

可以将内置 IC 电路看成是一个随加速度值变动的电阻，加速度值升高，电阻值也线性升高，由于恒电流供电，20mA 电流不能通过仪表端的隔直电容，通过变电阻的电流是常数，因此在变电阻的两端产生电压变化，该电压也随加速度的变化而变化。变化的电压可以通过隔直电容输入给放大器 A，最后输出测量电压。

需要注意的是，隔直电容与后面的电阻构成一个高通滤波器，因此电容 C 与电阻 R 的值决定了该测量系统频率响应特性曲线的最低信号频率。某集成电路式压电加速度传感器性能表见表 3-1。

表3-1　某集成电路式压电加速度传感器性能表

型　　号	灵敏度	质量	频率响应		线性	冲击	温度范围	电缆连接	安装方法	外形尺寸
			低	高	范围	极限	低温/高温			
			Hz	kHz						
	mV/g	g			g	g	℃			
用于测量中频加速度振动										
JYDD51	10	8	2	5	100	200	−40/80	侧面	螺杆 M5	ϕ12mm×16mm
JYDD34（三向）	10	18	2	3	100	200	−40/80	侧面	螺杆 M5	ϕ30mm×30mm×40mm
用于测量低频加速度振动										
JYDD52	1 000	100	1	0.5	10	20	−40/80	侧面	螺杆 M5	ϕ30mm×30mm
JYDD53	5 000	500	1	0.2	2	5	−40/80	侧面	螺杆 M5	ϕ50mm×50mm
JYDD35（三向）	1 000	200	1	0.5	10	20	−40/80	侧面	螺杆 M5	50mm×50mm×40mm
JYDD36（三向）	5 000	800	1	0.2	2	5	−40/80	侧面	螺杆 M5	70mm×70mm×60mm

3. 压电式加速度传感器的安装要求

使用压电式加速度传感器一定要注意所测量的信号频率范围。这项指标通常是以幅频特性曲线来表述。

图3-4a反映信号的频率在1～3kHz这一段，压电式加速度传感器能比较好地复现信号的波形。举例来说，若某个信号中包含了振幅为1的1Hz和1kHz两个简谐振动波形，压电

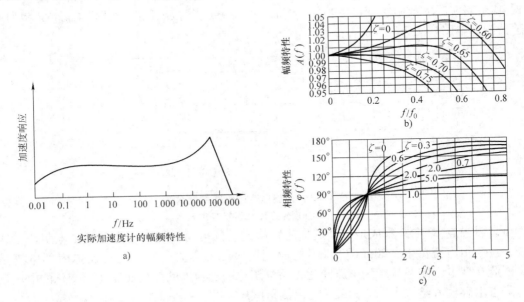

图3-4　压电式加速度传感器的幅频特性

a）加速度响应　b）幅频特性　c）相频特性

f/f_0—频率与固有频率之比

式加速度传感器对 1Hz 波形的振幅增益为 1.01，对 1kHz 波形的振幅增益为 1.03，则压电式加速度传感器输出的电信号波形将是振幅为 1.01 的 1Hz 波形与振幅为 1.03 的 1kHz 波形的叠加，与原始真实波形（振幅为 1 的 1Hz 波形与振幅为 1 的 1kHz 波形的叠加）在振幅上相差不大。假定在 40kHz 频段上的增益为 2，输入的是振幅为 1 的 1Hz 和 40kHz 两个简谐振动波形，则输出的是振幅为 1.01 的 1Hz 波形与振幅为 2 的 40kHz 波形的叠加。显然输出的电压波形相对原始波形发生了很大失真。

由图 3-4a 可知，测量装置对信号中不同的频率波形有不同的放大倍数。为了测得的电信号波形能真实地复现振动波形，就必须使所测信号中最高的频率位于幅频特性曲线上的水平段。为此，要使安装后的压电式加速度传感器具有足够高的共振频率。

共振频率与压电式加速度传感器的固定状况有关，压电式加速度传感器出厂时给出的幅频特性曲线是在刚性连接的情况下得到的。实际使用的固定方法往往难于达到刚性连接，因而共振频率和使用的上限频率都会有所下降。压电式加速度传感器与试件的各种安装固定方式如图 3-5 所示。其中图 3-5a 采用的钢螺栓固定，是使共振频率达到出厂共振频率的最好方法。螺栓不得全部拧入基座螺孔，以免引起基座变形，影响压电式加速度传感器的输出。在安装面上涂一层硅脂可增加不平整安装表面的连接可靠性。需要绝缘时可用绝缘螺栓和云母垫片来固定压电式加速度传感器（图 3-5b），但垫圈应尽量薄。用一层薄蜡把压电式加速度

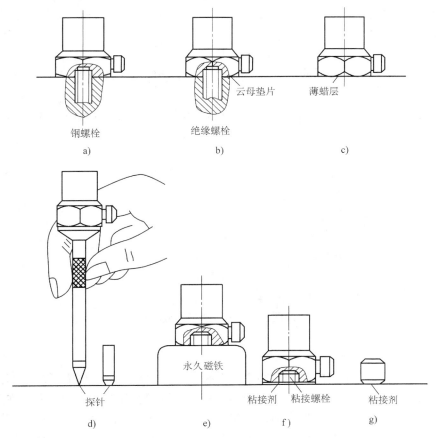

图 3-5　压电式加速度传感器的安装固定方式

传感器粘在试件平整的表面上（图 3-5c），可用于低温（40℃以下）的场合。手持探针测振的方法（图 3-5d）在多点测试时使用特别方便，但测量误差较大，重复性差，使用上限频率一般不高于 1 000Hz。用专用永久磁铁固定压电式加速度传感器（图 3-5e）的方法便于使用，多在低频测量中使用。此法也可使压电式加速度传感器与被测件绝缘。用硬性粘接螺栓（图 3-5f）或粘接剂（图 3-5g）的固定方法也常使用。某种典型的压电式加速度传感器采用上述各种固定方法的共振频率分别约为：钢螺栓，31kHz；云母垫片，28kHz；涂薄蜡层，29kHz；手持探针，2kHz；永久磁铁，7kHz。

此外，低噪声专用电缆的敷设也要注意。对于内置 IC 的集成加速度传感器，由于恒电流供电的阻抗变换方式，对电缆的敷设要求不高。但非集成电路式压电加速度传感器，因电缆与机壳构成耦合电容，是电压干扰的进入通道，所以要求该电容不随机壳的振动而变化。因此电缆必需紧贴机壳固定，使耦合电容值最小且不变。

3.2　速度传感器

速度传感器又称为磁电式变换器，有时也叫做"电动力式变换器"或"感应式变换器"，它利用电磁感应原理，将运动速度转换成线圈中的感应电势输出。它工作时不需要电源，而是直接从被测件吸取机械能量并转换成电信号输出，是一种典型的发生器型变换器。由于它的输出功率较大，因而大大简化了后续电路，且性能稳定，又具有一定的工作带宽（一般为 10 ~ 1 000Hz），所以获得了普遍应用。

速度传感器是利用电磁感应原理，将传感器的质量块与壳体的相对速度转换成电压输出的装置。

当线圈在恒定磁场中作直线运动并切割磁力线时，线圈两端的感应电动势 E 为

$$E = NBLv\sin\theta \tag{3-1}$$

式中　N——线圈匝数；

B——磁感应强度；

L——一匝线圈的有效长度；

v——线圈与磁场的相对运动速度；

θ——线圈运动方向与磁场方向的夹角。

当 $\theta = 90°$ 时，式（3-1）可写为

$$E = NBLv \tag{3-2}$$

即线圈中的感应电动势与线圈的相对运动速度成正比。

速度传感器有绝对式和相对式两种，前者测量被测件的绝对振动速度，后者测量两个运动部件之间的相对振动速度。

1. 磁电式绝对速度传感器

磁电式绝对速度传感器的结构如图 3-6 所示，永久磁铁 4 与壳体 2 形成磁回路，装在心轴上的线圈 5 和阻尼环 3 组成惯性系统的质量块，通过弹簧片 1 和弹簧 7 安装在壳体上。使用时传感器通过其壳体与被测件牢固地连接在一起，并使其轴线方向与被测振动方向一致，这时壳体带动永久磁铁与被测件一起振动。弹簧片的径向刚度很大，而轴向刚度很小，这使惯性系统既能得到可靠的径向支承，又可保证有很低的轴向固有频率。若被测振动的频率高

于 15Hz 时，包括线圈在内的质量块相对大地近似于静止，因而线圈和永久磁铁的相对运动速度即等于被测件的振动速度 v。线圈输出的感应电动势为

$$E = BLv$$

（3-3）

式中　B——磁铁在气隙中产生的磁感应强度；

　　　L——线圈在气隙中导线的长度。

B、L 均为常数，所以通过 E 可以测量振动速度 v。

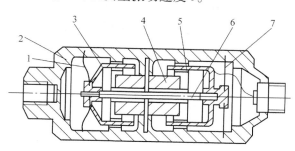

图 3-6　磁电式绝对速度传感器

1—弹簧片　2—壳体　3—阻尼环　4—永久磁铁　5—线圈　6—心轴　7—弹簧

铜制阻尼环一方面可增加惯性系统的质量，降低固有频率；另一方面又利用闭合的铜制阻尼环在磁场中运动时所产生的磁阻尼力，使振动系统具有合理的阻尼，从而减小共振对测量精度的影响。

2. 磁电式相对速度传感器

磁电式相对速度传感器的结构如图 3-7 所示，它的心轴 2 左端伸出壳体 1 外，线圈 5 装在心轴上，使用时传感器的壳体固定在一个部件上，心轴顶住另一个部件。当这两个部件之间出现相对振动时，相对振动速度通过顶杆使线圈在磁场气隙中运动，线圈因切割磁力线而产生感应电动势。此电动势正比于线圈与永久磁铁之间的相对速度，即正比于两个作相对振动的部件之间的相对运动速度。

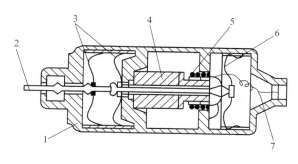

图 3-7　磁电式相对速度传感器

1—壳体　2—心轴　3、6—弹簧片　4—永久磁铁　5—线圈　7—引出线

磁电式绝对速度传感器中线圈骨架和线圈组成了一个惯性质量系统，其固有频率很低（一般为 10～20Hz）。当机器的振动频率在这个惯性质量系统的固有频率以上时，线圈相对于空间没有运动，而传感器是刚性地固定在机壳上，所以永久磁铁和机壳的振动是完全一样的，这就相当于永久磁铁在线圈内运动，因而在线圈内产生与振动信号成正比例的电压信

号。然而，当机器振动的频率在这个惯性质量系统的固有频率附近的时候，线圈输出一个过渡过程的电压信号，图3-8所示的特性曲线由传感器内的阻尼电阻和阻尼线圈所决定，但是在低频时其相位特性变得很差。

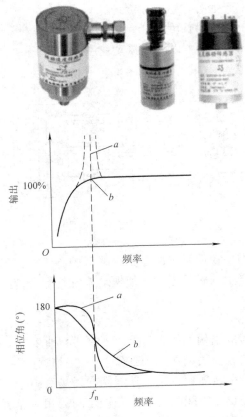

图3-8　绝对速度传感器在低频区的特性
a—无阻尼　b—有阻尼　f_n—固有频率

在选择速度传感器时首先要注意传感器的最低工作频率。凡被测设备的频谱图中低于最低工作频率的信号是失真的，可信度低。其次要注意传感器的灵敏度。例如，20mV／（mm/s）（美国本特利公司）、100mV／（mm/s）（德国申克公司）。灵敏度用于将测得的电压值换算成速度值，也是估计传感器最大输出电压的重要参数。

由于要克服自重的影响，速度传感器分为水平安装（H型）与垂直安装（V型）两种。垂直安装的速度传感器与水平安装的速度传感器的内部机械结构参数是不同的，在使用时必须注意，不能混用。

3.3　电涡流传感器

在振动参数测量中最常用的位移传感器是电涡流传感器。电涡流传感器能静态和动态地非接触、高线性度、高分辨力地测量被测金属导体距探头表面的距离。它是一种非接触的线性化测量传感器，用于高速旋转机械和往复式运动机械的状态分析、振动研究、分析测量中，对非接触的高精度振动、位移信号，能连续准确地采集到转子振动状态的多种参数，如轴的径向振动频率、振幅以及轴向位置。从转子动力学、轴承学的理论上分析，大型旋转机械的运动状态主要取决于其核心——转轴，而电涡流传感器，能直接非接触测量转轴的状态，可对诸如转子的不平衡、不对中、轴承磨损、轴裂纹及发生摩擦等机械问题进行早期的判定，可提供关键的信息。电涡流传感器以其长期工作可靠性好、测量范围宽、灵敏度高、分辨率高、响应速度快、抗干扰力强、不受油污等介质的影响、结构简单等优点，在大型旋转机械的在线监测与故障诊断中得到广泛应用。

　　如图 3-9 所示，高频振荡电流通过延伸电缆流入探头线圈，在探头头部的线圈中产生交变的磁场。当被测金属导体靠近这一磁场时，则在此金属表面产生感应电流。与此同时该电涡流场也产生一个方向与头部线圈方向相反的交变磁场，由于其反作用，使头部线圈高频电流的幅度和相位得到改变（线圈的有效阻抗被改变），这一变化与金属导体的磁导率、电导率、线圈的几何形状和尺寸、电流频率以及头部线圈到金属导体表面的距离等参数有关。通常假定金属导体材质均匀，并且性能是线性和各向同性，则线圈和金属导体系统的物理性质可由金属导体的电导率 σ、磁导率 μ、尺寸因子 τ、探头线圈与金属导体表面的距离 D、电流强度 I 和角频率 ω 等参数来描述。线圈特征阻抗可用 $Z = F(\tau, \mu, \sigma, D, I, \omega)$ 函数来表示。通常可控制 τ、μ、σ、I、ω 这几个参数在一定范围内不变，则线圈的特征阻抗 Z 就成为距离 D 的单值函数，虽然它的整个函数是非线性的，其函数形状特征为 S 形曲线，但可以选取它近似为线性的一段。通过前置放大器电子线路的处理，将线圈阻抗 Z 的变化，即头部体线圈与金属导体的距离 D 的变化转化成电压或电流的变化。输出信号的大小随探头线圈到被测件表面之间的间距的变化而变化，电涡流传感器就是根据这一原理实现对金属物体的位移、振动等参数的测量。其工作过程是：当被测金属与探头之间的距离发生变化时，探头线圈的感抗值也发生变化，感抗值的变化引起振荡电压幅度的变化，而这个随距离变化的振荡电压经过检波、滤波、线性补偿、放大归一等处理转化成输出信号电压（电流）变化，最终使机械位移（间隙）转换成电压（电流）。由上所述，电涡流传感器工作系统中被测件可看做传感器系统的一部分，即电涡流位移传感器的性能与被测件有关。

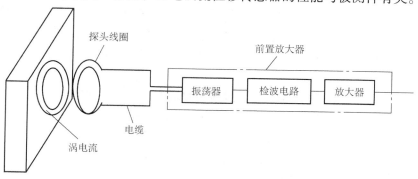

图 3-9　电涡流传感器工作原理图

　　图 3-10 所示是目前工业上常见的电涡流传感器与前置放大器。由于前置放大器与探头线圈分离，连接两者之间的电缆构成振荡电路的电容元件，电缆长度的变化导致电气参数的变化。因此，探头电缆与前置放大器是配套的，没有互换性。一旦电缆损坏，全套报废，而电缆又是最易损坏的部件。图 3-11 所示是新型的集成一体化电涡流传感器，它将前置放大

电路集成到探头内部，这样电缆的作用就仅仅是传输信号，损坏后可以重新接起来，继续使用，所以这种新型的电涡流传感器是应用的方向。

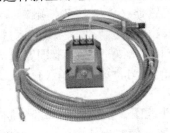

图 3-10 电涡流传感器与前置放大器

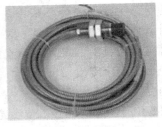

图 3-11 集成一体化电涡流传感器

图 3-12 所示是某电涡流传感器的输入、输出特性曲线。因为供电电压是 −24V，所以输出电压也是负电压。这样做的目的是抗干扰。从图上看，0.4～4.8mm 是特性曲线的直线段，也是使用的测量区间。

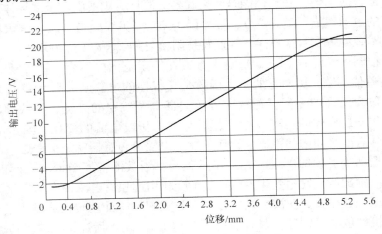

图 3-12 某电涡流传感器的输入、输出特性曲线

电涡流传感器的特性曲线通常由生产厂提供，也可在现场用特制的标定器测出。电涡流传感器在长期使用后其灵敏度——特性曲线的斜率、线性度及测量范围等需要重新标定。

电涡流传感器探头的正确安装是保证传感器系统可靠工作的先决条件，安装时应该注意以下几个环节：

1）探头的安装间隙（探头端面到被测端面的距离）。

2）各探头间的最小间距。

3）探头头部与安装面的安全间距。

4）探头安装支架的选择（牢固性）。

5）电缆转接头的密封与绝缘。

6）探头所带电缆、延伸电缆的安装。

7）探头的耐蚀性。

8）探头的高温、高压环境。

实际的测量值是被测件相对于探头端面的相对位移值，因此通常需要安装支架来将探头固定在基座上，如图 3-13 所示。

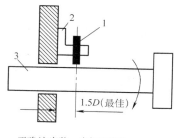

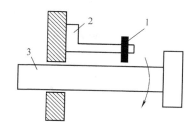

正确地安装，支架刚度大　　　　　　　　不正确地安装，支架刚度小

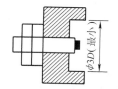

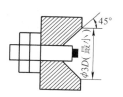

图 3-13　电涡流传感器探头安装的示意图

1—传感器　2—支架　3—转轴

当需要测量轴的径向振动时，要求轴的直径 ϕ 大于探头直径 D 的三倍以上。每个测点应同时安装两个传感器探头，两个探头应分别安装在轴承两边的同一平面上并相隔 $90° \pm 5°$。由于轴承盖一般是水平分割的，因此通常将两个探头分别安装在垂直中心线每一侧 $45°$ 处，从原动机端看，分别定义为 X 探头（水平方向）和 Y 探头（垂直方向），X 探头在垂直中心线的右侧，Y 探头在垂直中心线的左侧。

探头中心线应与轴心线正交，探头监测的轴表面（正轴表面对探头中心线的两边至少各有 1.5 倍探头直径宽度，如图 3-14 所示）应无裂痕或其他任何不连续的表面现象（如键槽、凸凹不平、油孔等），且在这个范围内不能有喷镀或电镀的金属，其表面粗糙度应在 $0.4\mu m$ 至 $0.8\mu m$ 之间。

某些情况下，需要测出最大振幅在轴的哪个方向上。例如在现场动平衡测量时，就需要鉴相测量。

鉴相测量（图 3-15）就是通过在被测轴上设置一个凹槽或凸键，这个特殊结构称为鉴相标记，这就是轴的相对零度。凹槽或凸键要足够大，以使产生的脉冲信号峰峰值不小于 5V（AP1670 标准要求不小于 7V）。一般若采用 $\phi5mm$ 探头，则这一凹槽或凸键宽度应大于 7.6mm，深度或高度应大于 1.5mm（推荐采用 2.5mm 以上）、凹槽或凸键应平行于轴中心线，其长度应尽量长，以防当轴产生轴向窜动时，探头还能对着凹槽或凸键。

图 3-14　轴的径向振动测量

1—被测轴　2—y 方向探头　3—x 方向探头

当采用模/数转换测量时，鉴相标记的宽度决定了鉴相脉冲的最低采样频率。

$$最低采样频率 = \text{INV}^{\ominus} \left(\frac{圆周长度}{鉴相标记的宽度} + 0.5 \right) \times 轴的转动频率$$

这时鉴相脉冲的采样频率越高，其角度分辨率越高。但是从轴振动频谱分析的需要来看，

$\ominus$　INV 是截尾取整函数，意指舍去小数点后的数。

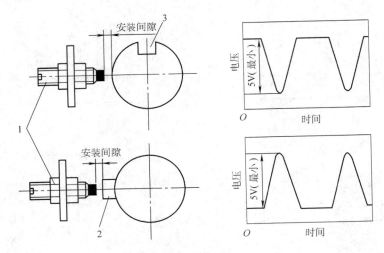

图 3-15 鉴相测量
1—鉴相器探头 2—凸键 3—凹槽

则不需要那么高的采样频率。因此，当鉴相脉冲的采样与轴振动波形的采样是同步时，通常是按鉴相脉冲的采样频率进行采样，然后对轴振动波形的采样进行选抽，如图 3-16 所示。

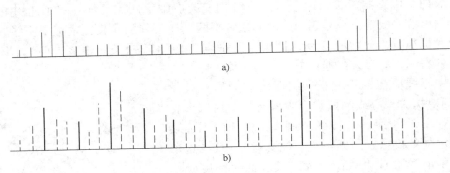

图 3-16 鉴相脉冲的采样
a) 鉴相脉冲的采样波形 b) 轴振动波形的采样选抽

3.4 结构的激振方法

在机械工程中常用的激振方法有以下几种。

1. 稳态正弦激振

稳态正弦激振又称简谐激振，它是借助激振器对被测对象施加一个频率与振幅均可控制的正弦激振力。它的优点是激振功率大，信噪比高，测试精度高；缺点是测试周期长，特别是对小阻尼的测试对象，每次激振频率的改变均需要较长的稳定时间。

2. 瞬态激振

瞬态激振时，施加在被测对象上的力是瞬态变化力，它属于宽带激振方法。常用的瞬态激振方法有以下几种：

（1）快速正弦扫描激振 快速正弦扫描激振的激振信号由振荡频率变化可控的信号发生器供给，激振力的大小仍按正弦规律变化。常采用线性正弦扫描——激振信号频率在扫描周期内线性增加，但激振力的最大振幅不变。扫描周期和激振的上、下限频率可根据试验要求选定，一般情况下扫描周期仅为 1~2s，可快速测出被测对象的动态特性。

（2）脉冲激振　脉冲激振又称锤击法，通常用一个带有力传感器的脉冲锤敲击被激对象，同时测量激励和响应。这种方法具有试验时间短、现场使用的设备简单、在试验对象上没有附加质量等优点。其主要缺点是：力的大小不易控制，过小会降低信噪比，过大会引起非线性；试验结果误差较大，准确度差。

（3）阶跃激振　阶跃激振是指被测对象突然受到或消除一恒作用力而产生自由振动的激振方法。例如在被测对象选定点处，用一重量轻、受拉方向刚度大的钢索对被测对象施加一恒张力，然后突然切断或松脱钢索，就相当于对被测对象施加了一负的阶跃激振力，激起被测对象的宽带自由振动。对于大型结构件，如建筑物、桥梁等的激振，就可采用类似的办法。

3. 随机激振

随机激振也是一种宽带激振方式，一般采用白噪声或伪随机信号发生器作为激振的信号源。市场上所售的白噪声发生器能产生连续的随机信号，它可激起被测对象在一定频率范围内的随机振动。利用频谱分析仪可得到被测对象的频率响应。

许多干扰力和动载荷（如切削力等）也具有随机性质，也可作为现场测试的随机激振源。随机激振方法的优点是测试速度快、效率高，但所用仪器设备复杂而且昂贵。

激振器是对被测对象施加某种预定要求的激振力，使其产生预期振动的装置。激振器应能在所要求的频率范围内，提供波形良好、足够稳定的激振力。激振器的形式有脉冲、正弦和随机三种。目前国内普遍应用的是脉冲力激振器和正弦力激振器。

（1）脉冲力激振器　脉冲力激振器为一个内部装有压电式力传感器的测力榔头，又称脉冲锤。图 3-17 所示为脉冲锤的结构简图及装在锤中的力传感器测得的敲击力的波形图和频谱图。其中，锤帽 1 可以按需要采用不同的材料，如钢、橡胶和塑料等。锤帽装在力传感器 2 上，力传感器 2 装在锤体 3 上，4 为手柄，当用脉冲锤敲击激振对象时，敲击力由力传感器测出，经电荷放大器放大后，可由峰值电压表读出其峰值，或送到光线示波器、磁带记录器中记录其波形。

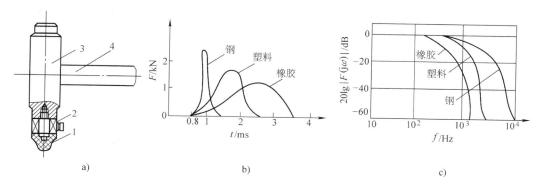

图 3-17　脉冲力激振器

a）结构简图　b）波形图　c）频谱图

1—锤帽　2—力传感器　3—锤体　4—手柄

从图 3-17 所示的波形图和频谱图中可以看出：锤帽材料越硬，其敲击力波形图的峰值越高，持续时间越短，越接近于理想的脉冲函数；而且锤帽材料越硬，其敲击力的频谱特性图中平坦段的频率范围越宽。

试验时应当根据试验对象的特点选择不同的锤帽，使试验对象的响应有效频率范围处于脉冲锤频谱特性的平坦段之内。

脉冲力激振测试系统的设备和试验方法都比较简单，在试验设备上也没有任何附加质量。这种试验方法结果比较分散，通常要进行多次试验，取试验结果的平均值，并应尽量使每次敲击力近于不变。

（2）正弦力激振器　正弦力激振器的特点是：若在激振器的交流励磁线圈中通入频率为 ω 的正、余弦电流，则它将产生同频率的正、余弦波形的交变力。如果力的频响特性在某一范围内近于水平，则它可以用做此频率范围内的正弦力激振器。

正弦力激振器按安装方式的不同，分为绝对式和相对式两种。

1）电动式激振器（绝对式）。电动式激振器是利用电磁感应原理将电能转变为机械能对被测对象提供激振力的装置。

根据磁场形成方式的不同，电动式激振器分为永磁式和励磁式两类，前者多用于小型电动式激振器，后者多用于大型电动式激振器——振动台。电动式激振器的结构如图 3-18 所示。

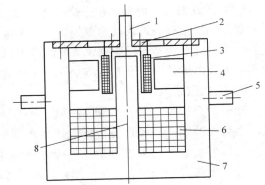

图 3-18　电动式激振器的结构
1—顶杆　2—弹性膜片　3—激振线圈
4—轭铁　5—吊挂耳轴　6—励磁线圈
7—机体　8—中心轭铁

电动式激振器主要用于使试验对象产生绝对振动（以大地作为参考坐标，习惯上称为绝对振动）。激振时，应让电动式激振器壳体在空间基本保持静止，使电动式激振器产生的能量尽量用在对试验对象的激振上。图 3-19 所示的电动式激振器安装方法能满足上述要求。

在进行高频率的激振时，用软弹簧或橡皮绳套在电动式激振器壳体的两个把手上，将它悬挂在空中对试验对象进行激振，如图 3-19a 所示。这时因为电动式激振器本身自重大，弹簧刚度小，当激振力频率不太低时，电动式激振器壳体在空中近于静止。当电动式激振器悬

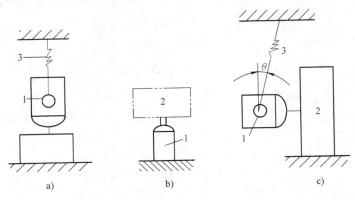

图 3-19　电动式激振器安装方式
1—电动式激振器　2—试验对象　3—弹簧

挂于空中作水平方向激振时，应倾斜悬挂，如图 3-19c 所示。这样一方面可对试验对象 2 施加固定的预加载荷，也可使电动式激振器的弹簧 3 工作于水平段。在进行低频激振时，应将电动式激振器刚性地安装在地面或刚性很好的支架上，如图 3-19b 所示，并让安装支架的固有频率比激振频率高 3 倍以上。

在许多情况下，人们感兴趣的并不是整个部件相对于大地的振动，而是同一台设备的两个部件之间的相对振动。例如对机床而言，直接影响加工精度的是刀具和工件之间的相对振动，这时就希望把电动式激振器放在刀具或工件的位置上。因而要求电动式激振器的自重轻（以免因它安装到机床上去以后，过多地影响系统原有的动态特性），激振力大。在此情况下电动式激振器一般因自重过大而不宜采用，在相对激振时，常采用电磁式激振器。

2）电磁式激振器（相对式）。电磁式激振器是直接利用电磁力作为激振力，它常用于非接触式激振。其结构如图 3-20 所示。在 U 形铁心 1 上放置有交流激振线圈 2、直流励磁线圈 3 和力检测线圈 5，并且常在中央部分安装非接触位移传感器 4。使用时将电磁式激振器安装在两个作相对振动的部件之间。例如对机床进行相对激振时，通常将电磁式激振器装在刀架上对主轴进行激振。为此，在车床的卡盘和尾座顶尖之间夹持一根钢质心棒，当对电磁式激振器的交、直流励磁线圈通入励磁电流后，电磁式激振器对模拟工件产生电磁吸力，车床的刀架和主轴系

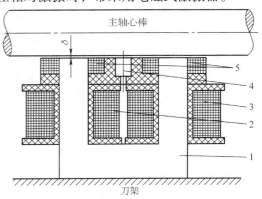

图 3-20　电磁式激振器的结构
1—铁心　2—激振线圈　3—励磁线圈
4—传感器　5—力检测线圈

统将在此电磁吸力的作用下产生相对振动，使电磁式激振器铁心端面和主轴心棒间的间隙 δ 发生变化，通过传感器 4 测出 δ 的变化情况，即可得到车床刀架和主轴在给定电磁力的作用下产生的振动响应。

电磁式激振器的特点是：可以对旋转着的被测对象进行激振，它不受附加重量和刚度的影响，其激振频率的上限约为 500～800Hz。

3.5　传感器的校准与选用

1. 传感器的校准

传感器灵敏度的校准方法很多，常用的有以下几种：

（1）比较法（背靠背法）　利用精度等级较高的传感器（如压电式标准加速度传感器）和被校传感器尽可能靠近在一起装到振动台台面上，选择一定的振动频率及振幅进行振动，比较两个传感器的输出信号，就可算出被校传感器的灵敏度。这种校准方法的精度，主要取决于标准传感器的精度。

（2）互易法　互易法校准是基于某些传感器的输入和输出之间存在互易依存性的原理，即输入与输出之间是可逆的。这种方法需用两个互易传感器（如一个压电式传感器及一个速度型动圈式传感器）及一个激振器。激振器用来对两个传感器进行振动，从而求出两个

传感器的灵敏度比 R。利用对两个传感器中的一个传感器（如动圈式传感器）给以电能而推动另一传感器振动，可以得到两个传感器的灵敏度乘积 P。从 $R = S_1/S_2$ 及 $P = S_1S_2$ 即能算出两传感器的灵敏度 S_1 及 S_2。这种校准方法因不依据振动源的绝对振幅精度及测量仪器的绝对值读数精度（但振动频率读数必须准确），故可取得较高的校准精度，一般精度为 $\pm(0.5 \sim 1)\%$。

（3）读数显微镜校准法及激光校准法　读数显微镜校准法是指将被校传感器装于振动台上，直接测量传感器在振动状态时的位移及输出信号，以及根据振动频率就可算出传感器的灵敏度。在采用读数显微镜校准法测量传感器的位移时，一般用频率及相位可调的闪光灯照射到传感器预先画好的标志线上，令闪光灯、光的频率等于振动台振动频率的整数倍，并调节到合适的发光相位，即可测得正确的位移，这种方法的精度一般在 $\pm 1\%$ 左右。

激光校准法是指用激光干涉仪精确测量振动台的台面振幅（即被校传感器的振动位移）。用激光干涉仪测量被测件的直线位移 S 时，被测件每移动 $\lambda/2$（λ 为激光的波长），激光干涉仪的光电接收元件上就发生一个周期的电信号变化。利用这个原理，在测量振动位移的场合，如以激光干涉仪光电接收元件上的一个周期的电信号变化使电子计数器计上一个数，则振动台每一个振动周期的位移计数为 R_r

$$R_r = \frac{8S}{\lambda}$$

即利用频率计测出计数频率和振动台的振动频率，求出它们的频率比，即得到 R_r 值，这样就可求出位移 S，这种方法的精度可以达到 $\pm 0.5\%$。

2. 传感器的选用

1）传感器安装到被测件上时，不能影响被测件的振动状态，以此来选定传感器的尺寸和重量及考虑固定在被测件上的方法。若必须采用非接触式测量法时，应考虑传感器的安装场所及其周围的环境条件。

2）根据振动测定的目的，明确被测量的量是位移、速度还是加速度，这些量的振幅有多大，以此来确定传感器的测量范围。

对于小振幅（如 $0.1g$ 左右）的振动，宜采用磁电式、伺服式等传感器；一般振幅（如 $10g$ 以下）的振动，各种传感器均可适用；$10 \sim 1\,000g$ 的振动可采用压电式及应变式等加速度传感器；对于更大的振动或冲击宜采用压电式传感器。

3）必须充分估计要测定的频率范围，以此来核对传感器的固有频率。从静态到 $400Hz$，可采用应变式、伺服式等传感器；$0 \sim 3.5kHz$，可用应变式、涡流式等传感器，$2 \sim 1\,000Hz$，可采用磁电式等传感器；$0.03 \sim 20\,000Hz$ 或更高频率可采用压电式传感器。

4）掌握传感器结构和工作原理及其特点；熟悉测量电路的性能，如频率、振幅范围、滤波器特性、整流方式和指示方式等。

3.6 信号预处理

传感器信号调理电路是测试系统的重要组成部分，也是传感器和 A/D 转换器之间以及 D/A 转换器和执行机构之间的桥梁。之所以需要进行信号调理，主要原因在于：

1）目前标准化工业仪表通常采用 $0 \sim 10mA$、$4 \sim 20mA$ 信号，为了和 A/D 转换器的输入形式相适应，必须经 I/V 转换器变换成 0 ～ 5V 或 1 ～ 5V 的电压信号；同样，D/A 转换器的输出也应经 V/I 转换器变换为电流信号。

2）某些测量信号可能是非电量，如热电阻等，这些非电压量信号必须变换为电压信号。还有些信号是弱电信号，如热电偶信号，它必须经放大、滤波。这些处理包括信号形式的变换、量程调整、环境补偿、线性化等。

3）在某些恶劣条件下，共模电压干扰很强。例如，共模电平高达 220V，甚至 500V 以上，不采用隔离的办法则无法完成数据采集任务，因此必须根据现场环境，考虑共模干扰的抑制，甚至采用隔离措施，包括地线隔离、路间隔离等。

1. 放大器电路

在多数情况下，传感器的检测敏感元件只能将物理变化量转换为微弱的电信号。然而，传感器的工作环境往往是复杂和恶劣的，探头在设备上、仪表电路在控制室的情况是最常见的，若探头电路相对地与仪表电路相对地之间存在电位差，则产生共模干扰。

运算放大器由于结构上的不对称，抗共模干扰的能力很差，因此，在微电量、高放大、精密测量的要求下，测量放大器（又称仪用放大器）应运而生。

测量放大器除了对低电平信号进行线性放大外，还担负着阻抗匹配和抗共模干扰的任务，它具有高共模抑制比、高速度、高精度、高频带、高稳定性、高输入阻抗、低输出阻抗、低噪声等特点。

如图 3-21 所示，测量放大器由三个运算放大器组成，其中 A_1、A_2 两个同相放大器组成前级，为对称结构。输入信号加在 A_1、A_2 的同相输入端，从而具有高抑制共模干扰的能力和高输入阻抗。差动放大器 A_3 为后级，它不仅切断共模干扰的传输，还将双端输入方式变换成单端输出方式，以适应对地负载的需要。该测量放大器的放大倍数为

$$G = \frac{U_0}{U_1} = \frac{R_3}{R_2}\left(1 + \frac{R_1}{R_G} + \frac{R_1'}{R_G}\right)$$

式中　R_G——用于调节放大倍数的外接电阻，通常 R_G 采用多圈电位器，并应靠近组件，若距离较远，应将连线绞合在一起，改变 R_G 可使放大倍数在 1 ～ 1 000 范围内调节。

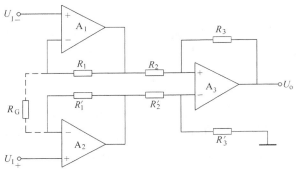

图 3-21　测量放大器原理图

目前，国内外已有不少厂家生产了许多型号的单片测量放大器芯片，供用户选用。如美国 Analog Devices 公司生产的 AD612、AD614、AD521 和 AD522 等。国内生产的有 ZF603、ZF604、ZF605、ZF606 等。AD612 和 AD614 测量放大器是根据测量放大器原理设计的典型三运算放大器结构单片集成电路。其他型号的测量放大器虽然电路有所区别，但基本性能是

一致的。

AD612 和 AD614 是一种高精度、高速度的测量放大器，能在恶劣环境下工作，具有很好的交直流特性。其内部电路结构如图 3-22 所示。电路中所有电阻都是采用激光自动修刻工艺制作的高精度薄膜电阻，用这些网络电阻构成的放大器增益精度高，最大增益误差不超过 $\pm 10 \times 10^{-6}/℃$，用户可很方便地连接这些网络的引脚，获得 1 ~ 1 024 倍二进制关系的增益，这种测量放大器在数据采集系统中应用广泛。

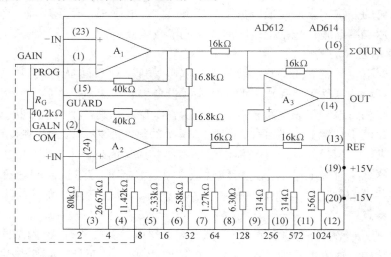

图 3-22 AD612 和 AD614 测量放大器内部电路

当 A_1 的反相端（1）和精密电阻网络的各引出端（3）～（12）不相连时，$R_G = \infty$，$A_f = 1$。当精密电阻网络的引出端（3）～（10）分别和（1）端相连时，按二进制关系建立增益，其范围为 $2^1 \sim 2^8$。当要求增益为 2^9 时，需把引出端（10）、（11）均与（1）端相连。若要求增益为 2^{10}，需把引出端（10）～（12）均与（1）端相连。所以只要在（1）端和（2）～（12）端之间加一个多路转换开关，用数码去控制开关的通与断，就可方便地进行增益控制。

另一种非二进制增益关系的测量放大器与一般三运放测量放大器一样，只要在（1）端和（2）端之间外接一个电阻 R_G，则其增益为

$$A_f = 1 + \frac{80k\Omega}{R_G}$$

在检测系统中，人们往往需要将现场的传感器电路与测量系统电路隔离开，既避免相互间的共模干扰，又防止了某些高电压事件给仪表电路造成损坏。模拟信号的隔离问题要比解决数字信号的隔离问题困难得多。目前，对于模拟信号的隔离广泛采用隔离放大器。

普通的差动放大器和测量放大器，虽然也能抑制共模干扰，但却不能允许共模电压高于放大器的电源电压。而隔离放大器不仅有很强的抗共模干扰能力，而且能承受上千伏的高共模电压，因此隔离放大器一般用于信号回路具有很高（数百伏甚至数千伏）共模电压的场合。

隔离放大器的符号如图 3-23 所示。按原理隔离放大器分为两种方式，一种是变压器耦合方式，另一种是利用线性光耦合器再加相应补偿的方式。由于光电耦合线性度较差，现多

采用变压器耦合方式。

变压器耦合隔离放大器的作用是先将现场的模拟信号调制成交流信号，通过变压器耦合给解调器，输出的信号再送给后续电路，例如送给微机的 A/D 转换器。它有两种结构：一种为双隔离式结构，例如 AD277（图 3-24）、AD284 和 AD202/204 等；另一种为三隔离式结构，例如 AD210、AD290、AD295、GF289 和 AD3656 等。

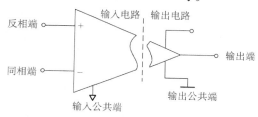

图 3-23　隔离放大器原理图

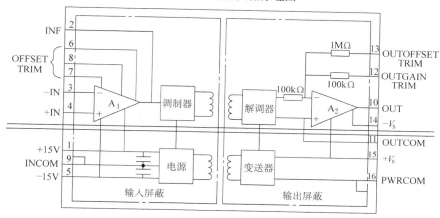

图 3-24　AD277 隔离放大器内部结构和引脚

2. 信号变换电路

各种各样的传感器都是把非电量转换成电量，但电量的形式却不尽统一，有电阻、电感、电容、电压、频率和相位等多种形式。而在数据采集装置或成套仪器系统中，都要求传感器和仪表之间以及仪表与仪表之间的信号传送采用统一的标准信号。这样不仅便于使用微机进行检测，同时可以使指示、记录仪表通用化。

由于电流信号与电压信号比较有以下优点：

1）在信号传输线中，电流不受交流感应的影响，干扰问题易于解决。

2）电流信号不受传输线中的电感、电容等参数变化的影响，使传输接线简单。

3）直流信号便于 A/D 转换。

因而检测系统大多数都是以直流信号作为输入信号。国际电工委员会（IEC）将电流信号为 4～20mA（DC）和电压 1～20V（DC）确定为过程控制系统电模拟信号的统一标准。有了统一标准，无论什么仪表或装置，只要有同样标准的输入电路或接口，就可以从各种测量变送器中获得被测变量的信号。这样兼容性和互换性大为提高，仪表配套也很方便。

常用的信号转换主要有：电压转换为电流、电流转换为电压、电压与频率互换。

（1）电压转换为电流（V/I 转换）　由于微电子技术的发展，在实现 0～5V、0～10V、

4~20mA、0~20mA 转换时，可采用集成电压/电流转换芯片来实现，如 AD693、AD694、XTR110、ZF2B20 等。

图 3-25 是一个典型的两线制变送器电路。应变片供电桥电压由 V_s 提供，电桥电路不平衡电压送到 +SIG 和 -SIG 脚，12 脚（Zero）与 13 脚（4mA）相连，决定最低电流 4mA，因此输出为 4~20mA，15 脚（P_1）用于输出范围的零点调整，16 脚（P_2）是输入量程调整。当电桥不平衡电压为 0~2.1mV 时，AD693 的输出电流为 4~20mA。仪表端通过 250Ω 电阻及运算放大器将 4~20mA 的电流信号转换成 1~5V 的电压信号，再送给 A/D 采样卡。

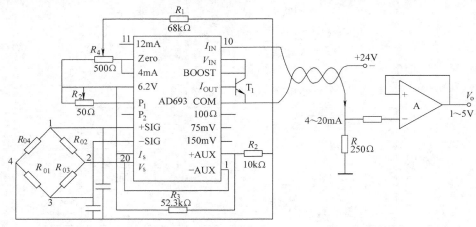

图 3-25   应用 AD693 作电阻应变电桥的信号变换

（2）电流转换为电压（I/V 转换） 当需要将电流信号转换成电压信号时，最简单的 I/V 转换可以利用一个精密电阻。

图 3-26 就是一个电阻式 I/V 转换电路，其中 RC 构成低通滤波网络，可调电阻 R_w 用于调整输出电压值。

（3）电压与频率互换（V/F、F/V 转换） 有些传感器敏感元件输出的信号为频率信号，如测量转速的光电编码器，每转发出几百或几千个脉冲，为了与其他带有标准信号输入电路或接口的A/D卡或显示仪表配套，需要把频率信号转换为电压或电流信号。另一方面，频率信号抗干扰性好，便于远距离传输，可以调制在射频信号上进行无线传输，

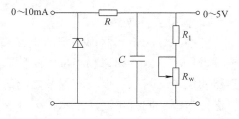

图 3-26   电阻式 I/V 转换电路

也可调制成光脉冲用光纤传送，不受电磁场影响。由于这些优点，在一些非快速而又远距离的测量中，如果传感器输出的是电压或电流信号，越来越趋向于使用 V/F（电压/频率）转换器，把传感器输出的电压信号转换成频率信号。

目前实现 V/F 转换的方法很多，主要有积分复原型和电荷平衡型，这两种方法的工作原理可参看相关资料。积分复原型 V/F 转换器主要用于精度要求不高的场合。电荷平衡型 V/F 转换器精度较高，频率输出可较严格地与输入电压成比例，目前大多数的集成 V/F 转换器均采用这种方法。V/F 转换器常用的集成芯片主要有 VFC32 和 LM31 系列。图 3-27、图 3-28 均以 LM331 为例说明集成 V/F 转换器、F/V 转换器的应用。

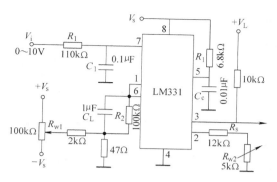

图 3-27 LM331 作 V/F 转换器

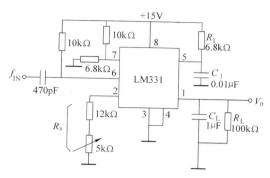

图 3-28 LM331 作 F/V 转换器

3. 滤波器电路

滤波器是一种选频装置，它可以允许信号中某种频率成分通过而对其他频率成分进行极大地抑制或衰减，起到"筛选频率"的作用。滤波器在抑制干扰噪声、数字信号分析的预处理等场合具有重要的作用。

（1）滤波器的分类　根据滤波器的选频作用可将滤波器分为低通、高通、带通和带阻滤波器，其幅频特性如图 3-29 所示。

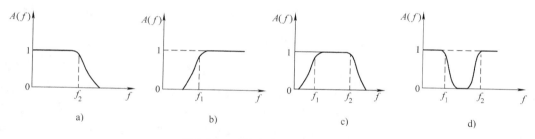

图 3-29　四类滤波器的幅频特性

a）低通　b）高通　c）带通　d）带阻

1）低通滤波器。信号中凡是低于 f_1 的低频成分几乎不受衰减地通过，而高于 f_1 高频成分将受到极大地抑制或衰减。

2）高通滤波器。信号中凡是高于 f_1 的频率成分都几乎不受衰减地通过，而低于 f_1 的频率成分将受到极大地抑制或衰减。

3）带通滤波器。信号中凡是频率介于 f_1 和 f_2 之间的频率成分都几乎不受衰减地通过，而其他频率成分将受到极大地抑制或衰减。

4）带阻滤波器。它的特性与带通滤波器相反，信号中凡是介于 f_1 和 f_2 之间的成分将受到极大地抑制或衰减，而其余频率成分几乎不受衰减地通过。

上述滤波器中，能让信号几乎不受衰减地通过的频率范围称为"通带"；使信号受到极大抑制或衰减的频率范围称为"阻带"。通带和阻带之间不可避免地存在过渡带。在过渡带内，幅频特性不再是直线，信号受到不同程度的衰减。过渡带的存在，模糊了通带与阻带的界线，这是所不希望出现的，但在实际滤波器中也是不可避免的。

实际滤波器的幅频特性与理想滤波器有很大的差异，以图 3-30 所示的带通滤波器为例：理想滤波器的通带和阻带之间是直角转折，没有过渡带。实际上通带和阻带之间不可避免地存在过渡带，没有明显的转折点；通带中幅频特性也不是常数。因此，对于实际滤波器需要用更多的参数来描述其特性。

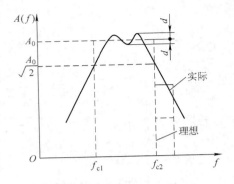

图 3-30　带通滤波器幅频特性

1）截止频率。设幅频特性的平均值为 A_0。幅频特性平均值下降为 $\dfrac{A_0}{\sqrt{2}}$ 时所对应的频率，称为实际滤波器的截止频率。带通或带阻滤波器的截止频率有两个（图 3-30），一个是上截止频率 f_{c1}，另一个是下截止频率 f_{c2}。

2）纹波幅度 d。实际滤波器的幅频特性在截止频率之间不是常数，而是在一定频率范围内呈波纹变化。纹波幅度值 d 与幅频特性的平均值 A_0 相比，越小越好，即：$d \leqslant \dfrac{A_0}{\sqrt{2}}$。

3）带宽 B。上下两截止频率之间的频率范围称为滤波器的带宽 B。

4）中心频率 f_0。中心频率为上下截止频率的几何平均值，即

$$f_0 = \sqrt{f_{c1}f_{c2}}$$

5）品质因素 Q。对于带通滤波器，通常把中心频率 f_0 和带宽 B 之比称为品质因素，即

$$Q = \frac{f_0}{B}$$

6）倍频程选择性。在上下截止频率以外有一段过渡带。在过渡带频段内，幅频特性曲线的倾斜程度，反映了滤波器对通带频段以外其他频率成分的衰减快慢程度。所谓倍频程选择性是指，在两截止频率以外频率变化一倍或 1/2 倍（从 f_{c2} 到 $2f_{c2}$，或从 f_{c1} 到 $f_{c1}/2$）时，幅频特性的衰减量，以 dB 为单位。倍频程选择性越好的滤波器，其过渡带越陡，对通带以外的频率成分衰减越快。

（2）实际 RC 滤波器　由于 RC 滤波器电路简单，低频性能较好，故在测试中应用较多。RC 滤波器分为无源滤波器和有源滤波器两类，前者用标准的电阻和电容元件构成，后者用 RC 调谐网络和运算放大器（有源元件）构成。运算放大器的放大和隔离作用改善了滤波器的性能。下面介绍几种 RC 滤波器。

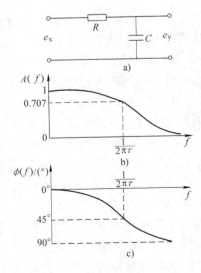

1）一阶 RC 低通无源滤波器。它的典型电路如图 3-31 所示，输入的待滤波信号为 e_x，输出信号为 e_y，$j = e_y/e_x$。电路微分方程式为

$$RC\frac{\mathrm{d}e_y}{\mathrm{d}t} + e_y = e_x$$

令时间常数 $\tau = RC$，上式经变换后，可得频率响应函数

$$H(f) = \frac{1}{\mathrm{j}2\pi\tau f + 1}$$

图 3-31　RC 低通滤波器

这是一个典型的一阶系统，其特性如图 3-31b、c 所示。

当待滤波信号的频率 $f \ll \dfrac{1}{2\pi\tau}$ 时，$A(f) = 1$，滞后相位角 $\phi(f)$ 与 f 的关系近似为一条通过原点的直线，信号几乎不受衰减地通过滤波器。RC 低通滤波器是一个不失真的信号传输系统。

当 $f = \dfrac{1}{2\pi\tau}$ 时，$A(f) = \dfrac{1}{\sqrt{2}}$，即 $f = f_{c2} = \dfrac{1}{2\pi\tau}$。调整电路参数 RC，可以改变低通滤波器的截止频率。

当 $f \gg \dfrac{1}{2\pi\tau}$ 时，滤波器起着积分器的作用，输出 e_y 为

$$e_y = \frac{1}{RC}\int e_x \mathrm{d}t$$

低通滤波器广泛用来剔除高频干扰并平滑信号，或者从高频调幅波中把有用的缓变信号提取出来。

2）一阶 RC 高通无源滤波器。图 3-32 所示为高通滤波器典型电路及其幅频、相频特性。该电路微分方程式为

$$e_y + \frac{1}{RC}\int e_y \mathrm{d}t = e_x$$

令 $RC = \tau$，经变换后，得该系统的频率响应函数为

$$H(f) = \frac{\mathrm{j}2\pi\tau f}{\mathrm{j}2\pi\tau f + 1}$$

当信号频率 $f \gg \dfrac{1}{2\pi\tau}$ 时，$A(f) = 1$，$\phi(f) \approx 0$，说明高频成分几乎可以不受衰减地通过，这时的 RC 高通滤波器可视为不失真信号传输系统。

当 $f = \dfrac{1}{2\pi\tau}$ 时，$A(f) = \dfrac{1}{\sqrt{2}}$，即 $f = f_{c2} = \dfrac{1}{2\pi\tau}$ 时，是高通滤波器的截止频率。

当 $f \ll \dfrac{1}{2\pi\tau}$ 时，$A(f) \approx \mathrm{j}2\pi\tau f$，RC 高通滤波器将起到微分器的作用。

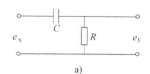

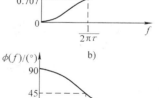

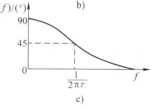

图 3-32　RC 高通滤波器
a）典型电路　b）幅频特性
c）相频特性

3）有源低通滤波器。在图 3-33a 中，一阶低通滤波网络直接接到运算放大器的输入端，运算放大器的主要作用是放大低频信号，使其带负载的能力提高。在图 3-33b 中，高通网络作为运算放大器的负反馈，起到低通滤波器的作用。该滤波器的频率响应特性主要由与 C_f 并联的负反馈电阻 R_f 决定，其时间常数 $\tau = R_f C_f$，截止频率

$$f_{c2} = \frac{1}{2\pi R_f C_f}$$

这种一阶有源低通滤波网络对高频成分的衰减为 $-20\mathrm{dB}/$（10oct）。

4）开关电容滤波器。开关电容滤波器是 20 世纪 70 年代末期出现的新型单片滤波器，具有体积小、滤波阶次高、滤波通带可调等优点，得到了广泛的应用。这种滤波器是由

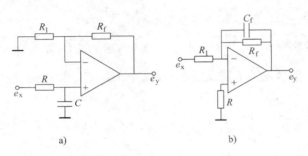

图 3-33   一阶有源低通滤波器

MOS 开关、MOS 电容和运算放大器构成的集成电路，以开关电容替代 RC 滤波器中的电阻 R，这样滤波器的特性取决于开关频率和电路中有关电容的比值。例如，MAX29X 系列开关电容低通滤波器的截止频率是开关频率的 1/100，通过程控改变开关频率就可以获得需要的滤波器特性。

MAX29X 系列产品是美国 MAXIM 公司生产的 8 阶开关电容低通滤波器，由于其具有使用方便（基本上不需外接元件）、设计简单（频率响应函数是固定的，只需确定其拐角频率即截止频率）、尺寸小（有 8-pin，DIP 封装）等优点，在反混叠滤波、噪声分析、电源噪声抑制等领域得到了广泛的应用。

MAX291/295 为巴特沃思型滤波器，在通带内，它的增益最稳定，波动小，主要用于仪表测量等要求整个通带内增益恒定的场合。MAX292/296 为贝塞尔（Bessel）滤波器，在通带内它的延时是恒定的，相位对频率呈线性关系，因此脉冲信号通过 MAX292/296 之后尖峰幅度小，稳定速度快。由于脉冲信号通过贝塞尔滤波器之后所有频率分量的延迟时间是相同的，故可保证波形基本不变。关于巴特沃思和贝塞尔滤波器的特性可以用图 3-34 来说明。图 3-34a 中的波形为加到滤波器输入端的 3kHz 的方波，这里把滤波器的截止频率设为 10kHz。图 3-34b 中的踪迹

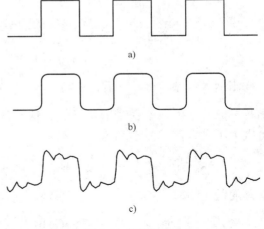

图 3-34   滤波特性

为通过 MAX292/296 后的波形，可以看出，由于 MAX292/296 在通带内具有线性相位特性，输出波形基本上保持了方波形状，只是边沿处变圆了一些。图 3-34c 中的踪迹是方波通过 MAX291/295 之后的波形。由于不同频率的信号产生的时延不同，输出波形中就出现了尖峰（Overshoot）和铃流（Ringing）。

MAX293/294/297 为 8 阶椭圆形（Elliptic）滤波器，其频率响应特性见图 3-35，它在截止频率处的下降速度快，从通带到阻带的过渡带可以做得很窄。在椭圆形滤波器中，设输入信号的振幅不变，不同频率信号的振幅相同。第一个传输零点后输出信号的振幅将随频率的变高而增大，直到第二个零点处。这样几番重复就使阻带频响呈现波浪形。阻带从 f_s 起算起，高于频率 f_s 处的增益远小于 f_s 处的增益。在椭圆形滤波中，通带内的增益存在一定范围的波动。椭圆形滤波器的一个重要参数就是过渡比。过渡比定义为阻带频率 f_s 与拐角频

率（有时也等同为截止频率）之比。截止频率由时钟频率确定。时钟既可以是外接的时钟，也可以是自带的内部时钟。使用内部时钟时只需外接一个定时用的电容即可。

在 MAX29X 系列滤波器集成电路中，除了滤波器电路外还有一个独立的运算放大器（其反相输入端已在内部接地）。用这个运算放大器可以组成配合 MAX29X 系列滤波器使用的滤波、抗混滤波等模拟型低通滤波器。

下面归纳一下 MAX29X 系列滤波器的特点：

1）全部为 8 阶低通滤波器。MAX291/MAX295 为巴特沃思滤波器；MAX292/296 为贝塞尔滤波器；MAX293/294/297 为椭圆形滤波器。

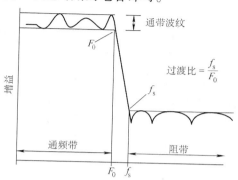

图 3-35　椭圆形滤波器频响特性

2）通过调整时钟，截止频率的调整范围为：0.1Hz ~ 25kHz（MAX291/292/293/294），0.1Hz ~ 50kHz（MAX295/296/297）。

3）既可用外部时钟也可用内部时钟作为截止频率的控制时钟。

4）时钟频率和截止频率的比率为：100:1（MAX291/292/293/294）；50:1（MAX295/296/297）。

5）既可用单 +5V 电源供电也可用 ±5V 双电源供电。

6）有一个独立的运算放大器可用于其他应用目的。

7）8-pin DIP、8-pin SO 和宽 SO-16 多种封装。

MAX29X 系列开关电容滤波器的管脚排列和主要电气参数为：

1）管脚排列。管脚排列图如图 3-36 所示。

2）管脚功能。管脚功能定义如下：

CLK	时钟输入
OP OUT	独立运放的输出端
OP INT	独立运放的同相输入端
OUT	滤波器输出
IN	滤波器输入
V_-	负电源。双电源供电时，$V_- = -2.375 ~ -5.5V$ 之间的电压，单电源供电时 $V_- = 0V$
V_+	正电源。双电源供电时 $V_+ = +2.35 ~ +5.5V$，单电源供电时 $V_+ = +4.75 ~ +11.0V$
GND	地线。单电源工作时 GND 端必须用电源电压的一半做偏置电压
NC	空脚，无连线

图 3-36　管脚排列图

3）电气参数。MAX29X 的极限电气参数如下：

电源（$V_+ ~ V_-$）	12V
输入电压（任意脚）	$-0.3V \leqslant V_{IN} \leqslant +0.3V$
连续工作时的功耗	8 脚塑封 DIP，727mW；8 脚 SO 型，471mW；16 脚宽 SO 型，762mW；8 脚瓷封 DIP，640mW

工作温度范围   MAX29-C, 0 ~ +70℃；MAX29-E： -40 ~ +85℃；MAX29-MJA，-55 ~ +125℃；保存温度范围，-65 ~ +160℃；焊接温度(10s)，+300℃

大多数的开关电容滤波器都采用四节运放级连结构，每一节包含两个滤波器极点。这种方法的特点就是易于设计。但采用这种方法设计出来的滤波器的特性对所用元件的元件值偏差很敏感。基于以上考虑，MAX29X 系列用带有相加和比例功能的开关电容替代梯形无源滤波器，这种方法保持了梯形无源滤波器的优点，在这种结构中每个元件的影响作用是对于整个频率响应曲线的，某元件值的误差将会分散到所有的极点，因此不像四节级连结构那样对某一个极点有特别明显的影响。

1) 时钟信号。MAX29X 系列开关电容滤波器推荐使用的时钟信号最高频率为 2.5MHz。根据对应的时钟频率和拐角频率的比值，MAX291/MAX292/MAX293/MAX294 的拐角频率最高为 25kHz，MAX295/MAX296/MAX297 的拐角频率最高为 50kHz。

MAX29X 系列开关电容滤波器的时钟信号既可由外部时钟直接驱动也可由内部振荡器产生。使用外部时钟时，无论是采用单电源供电还是双电源供电，CLK 可直接与采用 +5V 供电的 CMOS 时钟信号发生器的输出端相连。通过调整外部时钟的频率，可完成滤波器拐角的实时调整。

当使用内部时钟时，振荡器的频率 f_{cosc}（kHz）由接在 CLK 端上的控制时钟频率的电容 C_{cosc}（pF）决定，即

$$f_{cosc} = \frac{105}{3} C_{cosc}$$

2) 供电。MAX29X 系列开关电容滤波器既可用单电源工作也可用双电源工作。双电源供电时的电源电压范围为 ±2.375 ~ ±5.5V。在实际电路中一般要在正负电源和 GND 之间接一旁路电容。

当采用单电源供电时，V_端接地，而 GND 端要通过电阻分压获得一个电压参考，该电压参考的电压值为 1/2 的电源电压。

3) 输入信号幅度范围的限制。MAX29X 系列开关电容滤波器允许的输入信号的最大范围为 V_（-0.3V）~ V_+（+0.3V）。一般情况下在 +5V 单电源供电时输入信号范围取 1 ~4V，±5V 双电源供电时，输入信号幅度范围取 ±4V。如果输入信号超过此范围，总谐波失真 THD 和噪声就大大增加；同样如果输入信号幅度过小（$V_{P-P} < 1V$），也会造成 THD 和噪声的增加。

3.7 传输中的抗干扰技术

3.7.1 噪声干扰的形成

形成噪声干扰必须具备三个要素：噪声源、对噪声敏感的接收电路及噪声源接收电路间的耦合通道。因此，抑制噪声干扰的方法也相应有三个：降低噪声源的强度、使接收电路对噪声不敏感、抑制或切断噪声源与接收电路间的耦合通道。多数情况下，需在这三个方面同时采取措施。

3.7.2 噪声源

在检测系统中，存在着影响结果的各种干扰因素，这些干扰因素来自干扰源，根据干扰的来源，可把干扰分为内部噪声和外部噪声。

1. 内部噪声源

内部噪声源是由检测系统内部的各种元器件引起的，主要有：

（1）电路元器件产生的固有噪声　电路或系统内部一般都含有电阻、晶体管、运算放大器等元器件，这些元器件都会产生噪声，例如电阻的热噪声、晶体管的闪烁噪声和电子管内载流子随机运动引起的散粒噪声等。

（2）感性负载切换时产生的噪声干扰　在检测和控制系统中常常包含有许多感性负载，如交直流继电器、接触器、电磁铁和电动机等，它们都具有较大的自感。当切换这些设备时，由于电磁感应的作用，线圈两端会出现很高的瞬态电压，由此带来一系列的干扰问题。感性负载切换时产生的噪声干扰十分强烈，单从接收电路的耦合介质方面采取被动的防护措施难以取得切实有效的作用，必须在感性负载上或开关触点处安装适当的抑制网络，使产生的瞬态干扰尽可能地减小。

常用的干扰抑制网络如图 3-37 所示，这些抑制电路不仅经常用在有触点开关控制的感性负载上，也可用在无触点开关（如晶体管、可控硅等）控制的感性负载上。

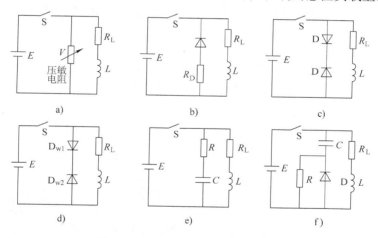

图 3-37　感性负载的干扰抑制网络

（3）接触噪声　接触噪声是由于两种材料之间的不完全接触而引起电导率起伏所产生的噪声。例如：晶体管焊接处接触不良（如虚焊或漏焊），继电器触点之间、插头与插座之间、电位器滑臂与电阻丝之间的不良接触等都会产生接触噪声。

上述三种噪声引起的干扰通常叫做固定干扰。另外，内部噪声干扰中还有一种过渡干扰，它是电路在动态工作时引起的干扰。固定干扰是引起测量随机误差的主要原因，一般很难消除，主要靠改进工艺和元器件质量来抑制。

2. 外部噪声源

外部噪声源主要来自自然界以及检测系统周围的电气设备，是由使用条件和外界环境决定的，与系统本身的结构无关，主要有：

（1）天体和天空辐射放电干扰　天体干扰是由太阳或其他恒星辐射电磁波产生的干扰。天空辐射放电干扰是由雷电、大气的电离作用、火山爆发及地震等自然现象所产生的电磁波和空间电位变化所引起的干扰。

（2）放电干扰　放电干扰是指电动机的电刷和整流子间的周期性瞬间放电。电焊机、电火花加工机床、电气开关设备中的开关通断，电气机车和电车导电线与电刷间的放电等对邻近检测系统的干扰。

（3）射频干扰　电视广播、雷达及无线电收发机等对邻近检测系统的干扰，称为射频干扰。

（4）工频干扰　大功率输、配电线与邻近测试系统的传输通过耦合产生的干扰，称为工频干扰。

3.7.3　噪声的耦合方式

噪声要引起干扰必须通过一定的耦合通道或传输途径才能对检测装置的正常工作造成不良影响。常见的干扰耦合方式主要有静电耦合、电磁耦合、共阻抗耦合和漏电流耦合。

1. 静电耦合（电容性耦合）

静电耦合产生的干扰主要是指两个电路之间存在的寄生电容产生静电效应而引起的干扰，如图 3-38 所示。图中，导线 1 是干扰源，导线 2 为检测系统传输输出线，C_1、C_2 为导线 1、2 的寄生电容，C_{12} 是导线 1 和 2 之间的寄生电容，R 为导线 2 所连接的被干扰电路的等效输入阻抗。

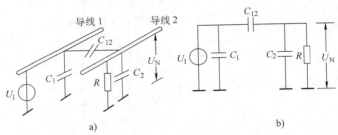

图 3-38　静电耦合

a）电场传播示意　b）等效电路

要降低电容性耦合效应必须减小电路的等效输入阻抗 R 和寄生电容 C_{12}。另外，干扰源的频率越高，静电耦合引起的干扰也越严重，因此应尽量降低干扰源的频率。小电流、高电压噪声源对测试干扰主要是通过这种静电耦合。

2. 电磁耦合（电感性耦合）

由于两个电路间存在互感，所以电磁耦合又称互感耦合。图 3-39 中导线 1 为干扰源，导线 2 为检测系统的一段电路，设导线 1、2 间的互感为 M。当导线 1 中有电流且电流变化时，根据电路理论，则通过电磁耦合产生一个互感干扰电压。干扰耦合方式主要为这种电磁耦合。

3. 共阻抗耦合

共阻抗耦合干扰是指由于两个或两个以上电路有公共阻抗，当一个电路中的电流流经公共阻抗产生压降时，就形成对其他电路的干扰电压，如图 3-40 所示。

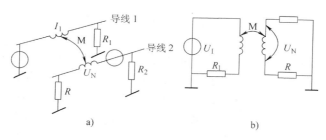

图 3-39　电磁耦合

a）物理结构模型　b）等效电路

图 3-40 中 Z_c 为两个电路之间的公共阻抗，Z_L 为测量电路的接地阻抗，I_n 为干扰源电流，U_{nc} 为共阻抗耦合干扰电压，根据电路理论则有

$$U_{nc} = I_n Z_c$$

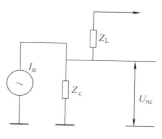

可见共阻抗耦合干扰电压 U_{nc} 正比于公共阻抗 Z_c 和干扰源电流 I_n。若要消除共阻抗耦合干扰，首先要消除两个或几个电路之间的公共阻抗。

图 3-40　阻抗耦合

共阻抗耦合干扰主要有电源内阻抗的耦合干扰、公共地线耦合干扰和输出阻抗耦合干扰三种方式。共阻抗耦合干扰在测量装置的放大器中是很常见的，由于它的影响，使放大器工作不稳定，很容易产生自激振荡，破坏正常工作。

4. 漏电流耦合

由于绝缘不良，流经绝缘电阻的漏电流对检测装置引起的干扰叫做漏电流耦合，如图 3-41 所示。图中 E_n 表示噪声电动势，R_n 为漏电阻，Z_c 为漏电流流入电路的输入阻抗，U_{nc} 为干扰电压，从图 3-41 的等效电路中可知

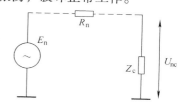

$$U_{nc} = \frac{Z_c}{R_n + Z_c} E_n$$

图 3-41　漏电流耦合

漏电流耦合经常发生在用仪表测量较高的直流、电压的场合，或在检测装置附近有较高的直流电压源时，或在高输入阻抗的直流放大器中。

3.7.4　噪声的干扰模式

噪声源产生的噪声通过各种耦合方式进入系统内部造成干扰，根据噪声进入系统电路的方式以及与有用信号的关系，可将噪声干扰分为差模干扰和共模干扰。

1. 差模干扰

差模干扰是指干扰电压与有效信号串联叠加后共同作用到检测装置的输入端而产生的干扰，又称串模干扰、正态干扰、常态干扰或横向干扰等，如图 3-42 所示。差模干扰通常来自高压输电线、与信号线平行铺设的电源线及大电流控制线所产生的空间电磁场。例如，在热电偶温度测量回路的一个臂上串联一个由交流电源激励的微型继

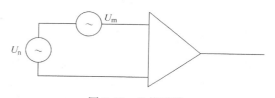

图 3-42　差模干扰

电器时，在线路中就会引入交流与直流的差模干扰。

2. 共模干扰

共模干扰是指检测装置中串联的两个电路输入端对地存在电位差，从而作用在两个电路的干扰电压，又称纵向干扰、对地干扰、同相干扰、共态干扰等。造成共模干扰的主要原因是被测信号的参考接地点和检测装置输入信号的参考接地点不同，因此就会产生一定的电压差。这个电压差虽然不直接影响测量结果，但当信号输入电路不对称时，就会转化为差模干扰，对测量产生影响。如图 3-43 所示，R_1、R_2 是长电缆导线电阻，Z_1、Z_2 是共模电压通道中放大器输入端的对地等效阻抗，它与放大器本身的输入阻抗、传输线对地的漏电抗以及分布电容有关，共模电压 U_{cm} 对两个输入端形成两个电流回路，每个输入端 A、B 的共模电压为

$$U_A = \frac{R_1}{R_1 + Z_1} U_{cm}$$

$$U_B = \frac{R_2}{R_2 + Z_2} U_{cm}$$

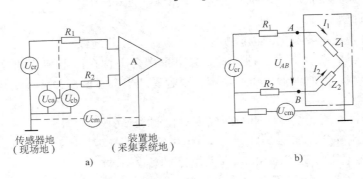

图 3-43 共模干扰

a）电路模型 b）等效电路

因此在两个输入端之间呈现的共模电压为

$$U_{AB} = \left(\frac{R_1}{R_1 + Z_1} - \frac{R_2}{R_2 + Z_2} \right) U_{cm}$$

由上式可以看出：由于 U_{cm} 的存在，在放大器输入端产生一个等效电压 U_{AB}，如果此时 $R_1 = R_2$、$Z_1 = Z_2$，则 $U_{AB} = 0$，表示不会引入共模干扰。但实际上无法满足上述条件，一般情况下，共模干扰电压总是转化成一定的串模干扰出现在两个输入端之间。共模干扰的作用与电路对称程度有关，R_1、R_2 的数值越接近，Z_1、Z_2 越趋于相等，则 U_{AB} 越小。

由于共模干扰只有转换成差模干扰才能对检测装置产生干扰作用，所以其对检测装置影响的大小直接取决于共模干扰转换成差模干扰的大小。

3.7.5 硬件抗干扰技术

检测装置的干扰控制措施主要是：消除或抑制干扰源，阻断或减弱干扰的耦合通道或传输途径，削弱接收电路对干扰的灵敏度。三种措施比较起来消除干扰源是最有效、最彻底的方法，但在实际中是很难完全消除的。削弱接收电路对干扰的灵敏度可通过电子线路板的合

理布局来实现，如输入电路采用对称结构、信号采用数字传输、信号传输线采用双绞线等。干扰噪声的控制就是如何阻断干扰的传输途径和耦合通道。检测装置的干扰噪声控制方法常采用屏蔽技术、接地技术、隔离技术、滤波器等硬件抗干扰措施，以及冗余技术、陷阱技术等微机软件抗干扰措施。在此只介绍接地技术、屏蔽技术和滤波技术等硬件抗干扰技术。

1. 接地技术

"地"是电路或系统中为各个信号提供参考电位的一个等电位点或等电位面，所谓"接地"就是将某点与一个等电位点或等电位面之间用低电阻导体连接起来，构成一个基准电位。接地技术的基本目的就是消除各电路电流流经公共地线时产生的噪声电压，以免受电磁场和地电位差的影响，即不使其形成环路。

检测系统中的地线有以下几种：

（1）信号地 在测试系统中。原始信号是用传感器从被测件上获取的，信号（源）地是指传感器本身的零电位基准线。

（2）模拟地 模拟地是模拟信号的参考点，所有组件或电路的模拟地最终都归结到供给模拟电路电流的直流电源的参考点上。

（3）数字地 数字地是数字信号的参考点，所有组件或电路的数字地最终都与供给数字电路电流的直流电源的参考地相连。

（4）负载地 负载地是指大功率负载或感性负载的地线。当这类负载被切换时，它的对地电流中会出现很大的瞬态分量，对电平的模拟电路乃至数字电路都会产生严重干扰，通常把这类负载的地线称为噪声地。

（5）系统地 为避免地线公共阻抗的有害耦合，模拟地、数字地、负载地应严格分开，并且要最后汇合在一点，以建立整个系统的统一参考电位，该点称为系统地。系统或设备的机壳上的某一点通常与系统地相连接，供给系统各个环节的直流稳压或非稳压电源的参考点也都接在系统地上。

以上五种类型的地线，其接地方式有两种：单点接地与多点接地。单点接地又有串联接地和并联接地两种，主要用于低频系统。

两个或两个以上的电路共用一段地线的接地方法称为串联单点接地，其等效电路如图3-44 所示。图中 R_1、R_2 和 R_3 分别是各段地线的等效电阻，I_1、I_2 和 I_3 分别是电路 1、2 和 3 的接地电流，因此电流在地线等电阻上会产生压降，所以三个电极与地线的连接点的对地电位具有不同的数值，分别为

$$V_1 = (I_1 + I_2 + I_3)R_1$$
$$V_2 = V_1 + (I_2 + I_3)R_2$$
$$V_3 = V_2 + I_3 R_3$$

由此可以看出，在串联接地方式中，任一电路的地电位都受到别的电路对地电流变化的调制，使电路的输出信号受到干扰，这种干扰是由地线公共阻抗耦合作用产生的。离接地点越远，电路中出现的噪声干扰越大，但与其他接地方式相比较，它布线最简单，费用最省。所以连接地电流较小且相差不太大的电路时，通常采用串联接地，并且把电平最低的电路安置在离接地点（系统地）最近的地方与地线相接，以使干扰最小。

正确的做法是：测量系统电路（信号地）距公共地（系统地）最近，其次是控制系统电路（模拟地、数字地），负载电路的地距公共地最远。

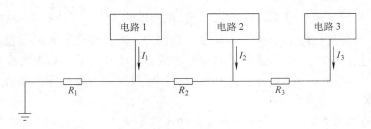

图 3-44 串联单点接地

各个电路的地线只在一点（系统地）汇合的接地方式为并联单点接地，如图 3-45 所示。各电路的对地电位只与本电路的地电流和地线阻抗有关，因而没有公共阻抗耦合噪声。但是所用地线太多时，不能用于高频信号系统。因为这种接地系统中地线一般都比较长，在高频情况下，地线的等效电感和各个地线之间杂散电容耦合的影响是不容忽视的。

在高频系统中，通常采用多点接地方式，各个电路或元件的地线以最短的距离就近连到地线汇流排（Ground Plane，通常是金属底板）上，如图 3-46 所示。因地线很短，金属底板表面镀银，所以它们的阻抗很小，多点接地不能用在低频系统中，因为各个电路的地电流流过地线汇流排的电阻会产生阻抗耦合噪声。

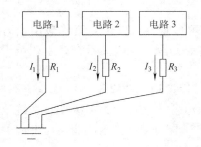

图 3-45　并联单点接地方式

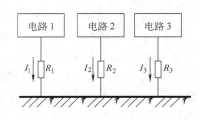

图 3-46　多点接地方式

一般的选择标准是，在信号频率低于 1MHz 时，采用单点接地方式，而当频率高于 10MHz 时，选用多点接地系统。对于频率处于 1～10MHz 的系统，可采用单点接地方式，但地线长度应小于信号波长的 1/20，如不能满足这一要求，应采用多点接地。对于机械故障诊断系统，其信号频率与机械转速相关，都在 1MHz 以下，因此采用单点接地方式。

另外，在进行系统接地设计时还应注意两个基本要求：一是消除各电路电流流经一个公共地线阻抗时所产生的噪声电压；二是避免形成接地环路，以防引起共模干扰。一个系统中包含多种地线，每一个环节都与其中一种或几种地线发生联系。系统接地设计通常包含很多方面，如输入信号传输线屏蔽接地点的选择、电源变压器静电屏蔽层的接地、直流电源接地点的选择、印制电路板的地线布局等，具体内容请参看相关书籍。

2. 屏蔽技术

屏蔽技术主要是用来抑制电磁感应对检测装置的干扰，它是利用铜或铝等低阻材料或磁性材料把元件、电路、组合件或传输线等包围起来以隔离内外电磁的相互干扰。屏蔽包括静电屏蔽、电磁屏蔽、低频磁屏蔽和驱动屏蔽等。

（1）静电屏蔽　在静电场作用下，导体内部无电力线，即各点等电位，因此采用导电性能良好的金属做屏蔽盒，并将它接地，可使其内部的电力线不外传，同时也使外部的电力线不影响其内部。静电屏蔽能防止静电场的影响，用它可以消除或削弱两电路之间由于寄生分布电容耦合而产生的干扰，常见于信号电缆中的铜网屏蔽层。

（2）电磁屏蔽　电磁屏蔽是采用导电性能良好的金属材料做成屏蔽层，利用高频干扰电磁场在屏蔽体内产生涡流，再利用涡流消耗高频干扰磁场的能量，从而削弱高频电磁场的影响。电磁屏蔽层如果接地，还有静电屏蔽的作用。也就是说，用导电良好的金属材料做成的接地电磁屏蔽层，可同时起到电磁屏蔽和静电屏蔽两种作用，如工业现场的金属电缆管、金属软管就起了这样的作用。

（3）低频磁屏蔽　电磁屏蔽的措施对低频磁场干扰的屏蔽效果是很差的，因此对低频磁场的屏蔽，要用导磁材料做屏蔽层，以便将干扰磁通限制在磁阻很小的磁屏蔽体内部，防止其干扰。通常采用坡莫合金等对低频磁通有高磁导率的材料做成磁环体，使低频磁场的磁力线收至磁环内，同时要有一定厚度，以减少磁阻，加工后要进行热处理。

3. 滤波技术

有时尽管采用了良好的电、磁屏蔽和接地技术，但在传感器输出到下一环节的过程中仍不可避免地产生各种噪声，这时就必须用滤波器有效地抑制无用信号的影响。滤波器是一种允许某一频带信号通过，而阻止另一些频带信号通过的电子电路。滤波就是保持需要的频率成分的振幅不变，尽量减小不必要频率成分振幅的一种信号处理方法。

在模拟电路中，有代表性的滤波器是低通滤波器。在热电偶等响应速度慢的传感器中，仅低频成分有效，高频成分全都是噪声，可由低通滤波器去除噪声干扰。

图 3-47 是由电阻 R 和电容 C 构成的简单低通滤波器电路，这种电路具有每 2oct 为 6dB 衰减的幅频特性。若要加速衰减，高通滤波器是保存高频信号，使低频成分衰减的滤波器，用于信号成分是高频、需要去除低频噪声或是想去除直流成分的场合，图 3-48 是由 R、C 构成的高通滤波器。

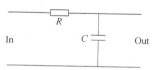

图 3-47　RC 低通滤波器电路

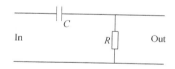

图 3-48　RC 高通滤波器

带通滤波器是让一定频率范围的频率成分通过的滤波器；带阻滤波器则是与之相反，它是衰减一定范围内的频率成分。用户可根据要求选用已集成好的各种滤波器。

3.8　模拟量转换为数字量

为了便于计算机进行数据处理，经常需要将模拟信号转换为数字信号；另一方面，为了推动执行元件调整被控对象，或输入仪表进行模拟显示和记录，往往也需要将数字处理系统输出的离散数字信号转换成连续变化的模拟信号。能实现这种功能的装置称为模/数（A/D）转换器和数/模（D/A）转换器。

3.8.1　数/模（D/A）转换器

D/A 转换器是将离散的数字量转换为模拟量的转换器。D/A 转换可以分为并行转换和串行转换。前者采用若干元件构成并行的电路，将数字量的各位代码同时进行转换，转换速度较高；后者数字量的各位代码串行输入，在时钟脉冲控制下一位接一位地转换，转换速度较慢。

D/A 转换电路主要由电阻网络、模拟开关、运算放大器和电源组成，实质上是一种译码电路。图 3-49 所示是一种最简单的 D/A 转换电路。图中 8 条支路分别代表 8bit 二进制数（b_7、b_6、b_5、b_4、b_3、b_2、b_1、b_0）；电阻网络中采用加权电阻 2^0R、2^1R、2^2R、2^3R、2^4R、2^5R、2^6R、2^7R，高位电阻总是邻近低位电阻的 2 倍。模拟开关决定支路中是否有电流通过：$b_i = 1$，有电流流过该支路；$b_i = 0$，无电流通过。运算放大器的作用是对各支路的电流求和，并为后续电路提供低的输出阻抗和较高的带负载能力。

D/A 转换电路需要阻值不同的若干电阻，由于电阻值分散性大，当转换位数较多时，就很难保证转换精度；如果采用高精度的电阻，又会使电路成本上升。为克服图 3-49 所示电路的不足之处，可用图 3-50 所示的 $R\text{-}2R$ 型梯形电阻网络 D/A 转换器，这种电路只用到两种阻值的电阻，即 R 和 $2R$。

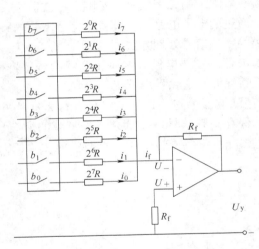

图 3-49　简单的 D/A 转换电路

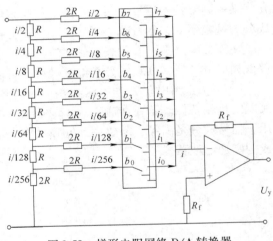

图 3-50　梯形电阻网络 D/A 转换器

由图 3-50 可知

$$i_7 = \frac{i}{2}b_7$$

$$i_6 = \frac{i}{4}b_6$$

$$i_5 = \frac{i}{8}b_5$$

$$\cdots$$

$$i_0 = \frac{i}{256}b_0$$

则

$$U_y = -\frac{R_F}{2}i\left(\frac{b_7}{2^0} + \frac{b_6}{2^1} + \cdots + \frac{b_1}{2^6} + \frac{b_0}{2^7}\right)$$

由上式可知，对一个二进制数，D/A 转换器就有相应的电压信号输出。但是，输出的电压信号仍然是瞬时值，在时间域内不连续。为此，D/A 转换器还需要配置一种保持电路来恢复原始波形。保持电路的作用是在抽样间隔的起始时刻接收一个电压脉冲信号，保持这个信号到下一个抽样间隔的开始。这样就把不连续的瞬时电压值"连接"成连续的模拟电压信号了。

3.8.2　模/数（A/D）转换器

D/A 转换器是将时域内连续变化的模拟量转换成离散的数字量的装置。测试过程中的模拟量大多是电压量，所以模拟转换主要是模拟电压与数字量的转换。

能实现 D/A 转换的电路有许多种，这里介绍常用的双积分式和逐次比较逼近式 A/D 转换电路。

1. 双积分式 A/D 转换器

这种转换器利用的是电压-时间转换原理，它是一种转换精度高，但转换速度较低的一种 D/A 转换器。

双积分式 D/A 转换器的工作原理如图 3-51 所示。它由积分器、比较器、时钟脉冲、与门、计数器、控制器等部分组成。其工作过程分为两个阶段。

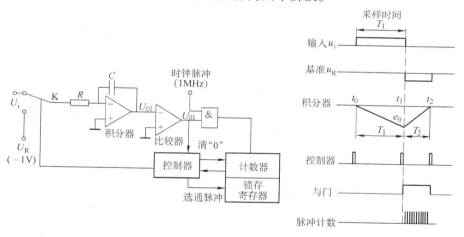

图 3-51　双积分式 D/A 转换器

第一阶段为采样阶段：输入开关接到被转换的模拟信号电压输入端上，积分器开始对模拟信号电压积分，产生负斜坡电压输出，U_{01} 为负值，比较器输出为高电平使与门打开，让时钟脉冲进入计数器计数。当计数器在固定时间内计满约定值 N_1 后，控制电路将计数器清"0"并使开关截断，模拟信号电压输入端转向基准电压 U_R，采样阶段即告结束。

这个阶段的特点是采样时间 T_i 预先确定，积分器定时积分，积分器的输出电压 U_{01} 与模拟电压 U_i 的平均值成正比，即

$$U_{01} = -\frac{1}{RC} \int_0^{t_0+T_i} -U_i \mathrm{d}t$$

第二阶段为测量阶段：当输入开关 K 转向参考电压 U_R 后，积分器开始向零值反向积分，计数器重新计数；当积分器经时间 T_2 积分，电压达到零值时，比较器翻转，由高电平

变成低电平，阻塞与门，使计数器得不到时钟脉冲。这时控制器立即发出选通脉冲，把计数器中的计数值送到锁存寄存器中，并让计数器清"0"，开关 K 又转向模拟信号输入端，为下一个循环做好准备。

这个阶段的特点是：被积分的是定值参考电压 U_R，所以输出电压的斜率是一固定值。积分时间 T_2 的长短完全取决于前一阶段积分终值 e_0，也就是说，本阶段计数值 N_2 与采样阶段的模拟信号电压有关。

计数器输出的数字量正比于模拟信号电压在采样周期内的平均值，实现了 A/D 转换。如果采样时间 T_i 较短，则越逼近模拟信号电压的瞬时值，转换精度也就越高。

2. 逐次比较逼近式 A/D 转换器

图 3-52 为逐次比较逼近式 A/D 转换器原理图。它主要由逐次逼近寄存器（移位寄存器和数据寄存器）、A/D 转换器、D/A 转换器、电压比较器和控制电路、锁存寄存器等组成。

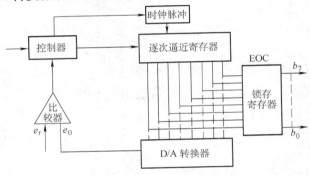

图 3-52 逐次比较逼近式 A/D 转换器原理图

这种 A/D 转换器的工作过程为：转换开始，第一个时钟脉冲使逐次逼近寄存器的最高位 b_7 置"1"，此状态输送给 D/A 转换器转换成电压 e_0 后与瞬时模拟信号电压 e_r 进行比较。

如果 e_0 小于 e_r，那么比较器输出高电平，使逐次逼近寄存器的最高位 b_7 保持置"1"状态；如果 e_0 大于 e_r，则最高位 b_7 置"0"。

第二个时钟到达逐次逼近寄存器，使其第二位又置"1"，即 $b_6 = 1$；同理，又经 D/A 转换器、比较器来决定 b_6 位是保持"1"态还是变为"0"态。照此循环下去，逐次比较，直到最后一位（图 3-52 电路共 8bit），然后由逐次逼近寄存器发出溢位信号，这一瞬时的模拟信号电压值的转换结束，又转入下一个循环。所得的二进制数送入锁存寄存器。这种 A/D 转换器的转换精度主要取决于 D/A 转换器和电压比较器的精度。下面举例说明这种转换器的工作过程。

设该 A/D 转换器为 8bit，模拟量输入范围为 0~10V，若某一采样电压值 $e_r = 6.6$V。

第一个时钟脉冲使逐次逼近寄存器暂时置"1"，即 $b_7 = 1$，其余均置"0"。将这 8bit 值送到 D/A 转换器，输出为 $e_0 = +5$V，在比较器中与 $e_r = 6.6$V 比较，$e_r > e_0$，比较器输出高电平，b_7 保留置"1"。

第二个时钟脉冲同样先使逐次逼近寄存器的第二位置"1"，即 $b_6 = $"1"，其余各位置"0"，即二进制数暂为 11000000，经 D/A 转换器输出电压 $e_0 = +7.5$V，与 e_r 比较，$e_r < e_0$。这时比较器输出低电平，第二位改变，从置"1"变为置"0"。

第三个脉冲又使逐次逼近寄存器的第三位置"1"，即 $b_5 = 1$，二进制数暂为 10100000

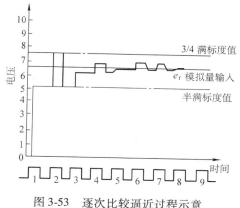

经 D/A 转换器后，$e_0 = 6.25V$，$e_r > e_0$，保留原置 "1" 状态。

依此类推，最后得到数字输出 10101001。第九位脉冲使寄存器溢出，表示对于模拟电压瞬时值 $e_r = +6.6V$ 的转换结束。逐次逼近过程如图 3-53 所示，图中向 e_r 逼近的折线为 e_0。

逐次比较逼近式 A/D 转换器每转换一个模拟信号的采样值需 $n+1$ 个脉冲。其转换速度较快，转换精度也较高。

图 3-53　逐次比较逼近过程示意

3.8.3　模/数转换器的性能指标

模/数转换器的性能指标很多，其中最基本的指标是转换时间、转换位数、分辨率以及通道数。

1. 转换时间

转换时间是指完成一次完整的 A/D 或 D/A 转换工作所需要的时间。对 A/D 转换器而言转换时间越短意味着可以用更高的采样频率采样。在 A/D 转换中转换时间大于 $300\mu s$ 的称为低速 A/D；$20 \sim 300\mu s$ 的称为中速 A/D；小于 $20\mu s$ 的称为高速 A/D。现在高速转换器的转换时间可到达 $5\mu s$，也就是说对模拟信号采用 20MHz 的采样频率。在 D/A 转换器中，转换时间小于 $10\mu s$ 的称为高速 D/A 转换器；大于 $100\mu s$ 的称为低速 D/A 转换器；$10 \sim 100\mu s$ 的称为中速 D/A 转换器。随着大规模、超大规模等集成电路技术的发展，这些技术指标还在不断地向前发展。

还要注意，转换时间不等于采样时间。大多数生产厂家提供的采样频率参数都是按转换时间来计算的，它指的是单通道连续进行 A/D 转换，每秒可以完成的最高次数。实际信号分析系统的采样时间 = 通道切换时间 + 信号稳定时间 + 转换时间 + 数据传送时间。其中产品型号确定后，通道切换时间、信号稳定时间、转换时间都是常数，数据传送时间则与驱动 A/D 转换软件的控制策略相关。因此，实际系统的采样频率是达不到厂家所提供的采样频率的。

2. 转换位数和分辨率

对 D/A 转换器，分辨率反映了输出模拟电压的最小变化量；对 A/D 转换器，分辨率表示输出量变化一个相邻数码所需要输入模拟电压的变化量。

转换器的分辨率定义为满刻度电压与 2^n 之比值，其中 n 为 A/D 或 D/A 转换器的转换位数，常用的转换位数有 8bit、10bit、12bit、14bit、16bit 等。分辨率常用最低有效位值（LSB）来表示。例如：12bitA/D 转换器能够分辨出满刻度的 $\frac{i}{2^{12}}$（12bit，二进制数的最低有效位值）。一个 10V 满刻度的 12bit A/D 转换器能够分辨出输入电压变化的最小值为 $\frac{10V}{2^{12}} = 2.4mV$。

实际上，不论 A/D 或 D/A 转换器，当转换位数确定以后，它的分辨率就已经确定。转换器的位数增多，分辨率提高，但另一方面又会使电路复杂，转换时间拖长，转换器的价格也相应提高。

3. 通道数

能同时输入或者输出模拟信号的路数称为通道数。在考察一个 A/D 或 D/A 转换器的通道数时，还需要注意一个情况，通道是并行输入（出）的还是顺序输入（出）的。并行输入（出）的每个通道都有一个转换器工作，而顺序输入（出）是用一个转换器交替切换工作。在多通道工作时的容许采样频率就比单通道工作时的要低，若单通道工作时的容许最高采样频率为 20MHz，则双通道工作时的容许最高采样频率将为 10MHz。

4. 同步采样与伪同步采样

设备故障诊断系统是一种多通道信号分析系统，它与工业控制系统在信号采集方面的要求是不一样的。工业控制系统中工艺参数往往是缓变量，但数据采集点多，在数据采集策略上基本都是对一个数据采集点取多个样，取平均值作为该采样的采集值，然后切换到下一个数据采集点。也就是说，各个采集点的数据实际上都是在不同时间采集的。

多通道信号分析系统则要求各通道的采样值都是同一时刻的（A1、B1、C1、…、F1 是同一时间的信号样本，Ai、Bi、Ci、…、Fi 也是同一时间的信号样本），即要求同步采样。因此，多通道信号分析系统的 A/D 转换装置有两种硬件策略，一种是每通道一个 A/D 转换电路，实现同步采样，这种方案的同步性最好，成本也是最高的，通常用于少通道（如 2 通道、4 通道）采样；另一种是带有多通道同步保持器的单 A/D 转换电路，同步保持器类似照相机的快门，将各通道的信号电压拍摄下来并保持，再等待 A/D 电路依次进行转换采样。

另外还有一种伪同步采样，它使用普通的高速 A/D 卡，从控制软件上实现伪同步采样。其基本思路是：由于设备诊断所需的采样频率在 10kHz 以下，所以采用 100～300kHz 档次的 A/D 卡（通道数越多，采样频率档次越高），在控制软件的采样策略方面采取以最高速度依次对各通道进行转换传输，然后空循环等待下一次采样指令。控制空循环等待时间以实现所需要的采样频率。伪同步采样原理示意图如图 3-54 所示。

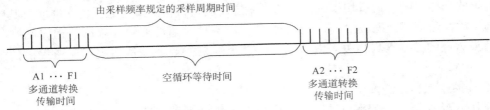

图 3-54 伪同步采样原理示意图

如使各通道转换传输时间远小于空循环等待时间，那么，各通道采样数据之间的时间误差就可忽略。

作为信号测取技术的最后一个环节——A/D 变换，在实际应用时要确定的以下参数：

（1）采样通道数 由所需要的信号路数，即传感器数决定。

（2）采样频率 对于振动类信号，按采样定律的概念，每通道的采样频率是最高感兴趣信号频率的 3～4 倍。在 A/D 变换前应使用低通滤波器将最高感兴趣信号频率以上的成分滤除。

（3）样本长度 按快速傅里叶变换 FFT 的需要，每路信号所取的采样点数是 $M = 2^N$。通常样本长度取 1 024 点或 2 048 点。样本长度与采样频率决定频谱分析的频率分辨率 Δf

$$\Delta f = \frac{f_c}{M}$$

式中　f_c——采样频率；

　　　M——采样点数。

在这里频率分辨率 Δf 是指分辨频率的最小刻度，FFT 变换后的频谱是离散的，每根频谱线之间的频率间距就是分辨频率的最小刻度。因此，Δf 越小，能分辨的频率越精细，精准度越高。

在样本长度不变的条件下，采样频率提高，则频率分辨率下降，Δf 变大。所以采样频率不可太高。

在采样频率不变的条件下，样本长度增加，则频率分辨能力提高，Δf 变小。但样本长度只能按 2^N 的规律增加，即按 2 048、4 096、8 192 数字序列增加。样本长度的增加，造成 FFT 计算量的增加，转换时间成倍数的增长。所以，通常样本长度取 1 024 点或 2 048 点。

3.9　监测与诊断系统的组成与工作程序

机械故障诊断系统从技术上讲，可分为两部分。第一部分由硬件组成，它们的任务是获取包含设备各种信息的物理信号。这一任务的工作程序为：根据具体情况分析应测量的物理信号，选用合适的传感器，将物理信号转换成电信号，这是本章前 4 节的内容。选择合理的后续仪器或预处理电路，将电信号去伪存真，并调节整理转换成符合标准规范的电信号，这是本章 3.6、3.7 节的内容。把符合标准规范的电信号转换成数字量，为后面的信号分析作好准备，这是本章 3.8 节的内容。本节的目的是将前 8 节的内容汇集成一个整体——机械故障诊断系统的硬件组成。

机械故障诊断系统的第二部分由软件组成，它们的任务是对数字量表现的信号进行特性参数提取，并依据特征参数进行设备正常与否的分析以及对特征参数序列进行数据解释。其工作程序为：采用正确的信号分析技术，将信号中反映设备状况的特征信息提取出来，与过去值进行比较，找出其中的差别，以此判定设备是否有故障。若有故障，则进一步指出故障的类型以及故障的部位。这些是下一章的内容。

3.9.1　监测与诊断系统的任务

1）能反映被监测系统的运行状态并对异常状况发出警告。通过监测与诊断系统对机械设备进行连续的监测，可以在任何时刻了解设备的当前状况，并通过与正常状态的特征值的比较，判定现状是否正常。若发现或判定异常，及时发出故障警告。

2）能提供设备状态的准确描述。在正常运行状态时，能反映设备主要零部件的劣化程度，为设备的检修提供针对性的依据。当设备发生故障时，能反映故障的位置——造成故障的零部件及故障的程度。为坚持运行或是停机检修提供决策依据。

3）能预测设备状态的发展趋势。通过对状态特征数据时间历程的统计分析，描绘出状态特征数据的时间历程曲线及趋势拟合方程的曲线，对后续的设备状态发展进行预测，以提供制定大修工作计划内容的依据，避免欠维修或过维修现象发生。

3.9.2 监测与诊断系统的组成

监测与诊断系统的组成与任务目标是配合协调的。它们分为简易诊断系统和精密诊断系统两种。大多数点巡检系统属于简易诊断系统，在线监测与诊断系统属于精密诊断系统。

简易诊断系统由便携式测量仪表（如振动参数测试仪、轴承故障测试仪等）和一些统计图表所组成。表3-2是一个点检数据记录统计表的例子，统计表由示意图、设备名称、结构参数、测量部位、测量参数、判别标准、点检数据及测点趋势图等所组成。是简易诊断系统的重要组成部分。

表3-2　点检数据记录统计表

名称：初轧7架减速器

电动机转速：1 450r/min

齿数：$z_1 = 31$，$z_2 = 56$，$z_3 = 43$，$z_4 = 72$

测点号	测量参数	正常判定条件	标准值
a_1	mm/s^2	<	
a_2	mm/s^2	>	
a_3	mm/s^2	<	
a_4	mm/s^2	<	

测点号	1	2	3	4	5	6	7	8	9	10	11	12	13	14	15	16	17	18	19	20	21	22	23	24	25	26	27	28	29	30	31
a_1	1.0	1.2	1.3	1.1	1.2	1.1	1.2	1.3	1.2	1.3	1.4	1.3	1.5	1.2	1.2	1.3	1.4	1.5	1.4	1.6	1.4	1.3	1.5	1.6	1.4	1.5	1.7	1.5	1.6	1.5	1.7
a_2																															
a_3																															
a_4																															

趋　　　　　　　　　　　势　　　　　　　　　　　图：

属于精密诊断系统的在线监测与诊断系统由三部分组成：数据采集部分、状态识别部分和数据库部分。

数据采集部分包含：传感器、信号调理器（放大、滤波等）、A/D转换器及计算机，还可以有其他辅助仪器，如图 3-55 所示。

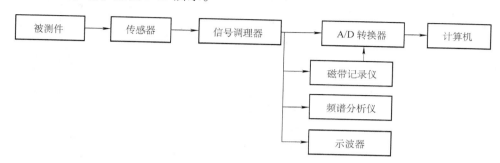

图 3-55　监测与诊断系统的数据采集部分组成

状态识别部分是计算机中的数字信号处理软件。它包含：信号分析模块（时域统计分析、频域分析……）、状态识别模块、趋势分析模块、图形显示模块、数据解释模块、故障诊断模块、数据管理模块、系统管理模块等。

图 3-56 中，上部分是频谱分析窗口，下部分是数据解释窗口。

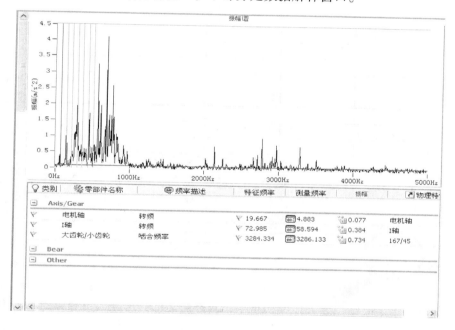

图 3-56　监测与诊断系统的信号处理部分

数据管理部分有两种，早期的监测与诊断系统依托操作系统中的文件管理系统来管理采集的数据，分为周、日、时及故障等几个子目录，分别管理 54 个周数据文件、60 个日数据文件及 48 ~ 72 个分钟数据文件以及包含事故数据的故障数据文件。每个数据文件包含一组（n 个测点）采集的信号数据。

现在的数据管理部分主要依托数据库，最常见的是 Access 数据库和 SQL Server 网络数据库。分别将设备结构参数、测点基础数据、监测数据及周、日数据等划分为多个既独立存在又相互关联的数据表。表 3-3 是 SQL 数据库中监测数据表的记录结构定义。

表 3-3 监测数据表的记录结构定义

序号	字段名	数据类型	字段长度	备注
1	记录序号	长整型	32	主键
2	测点编号	字符	18	外键，测点基础数据表
3	采样时间	日期		
4	采样频率	整型	16	
5	采样参数	字符	2	a、v、s、t、p…
6	采样长度	整型	16	
7	当时转速	整型	16	
8	有效值	浮点型		
9	平均值	浮点型		
10	峰峰值	浮点型		
11	峭度指标	浮点型		
12	脉冲指标	浮点型		
13	裕度指标	浮点型		
14	歪度指标	浮点型		
15	状态判定	逻辑型		
16	采样数据	二进制数组	2 048	

3.9.3 实施故障监测与诊断系统的工作程序

长期现场诊断的实践表明，对机器设备实施振动诊断，必须遵循正确的诊断程序，才能使诊断工作有条不紊地进行，并取得良好的效果。反之，如果方法步骤不合理，或因考虑不周而造成某些环节上的缺漏，则将影响诊断工作的顺利进行，甚至中途遇挫，无果而终。

通观振动诊断的全过程，诊断步骤可概括为三个环节，即准备工作、诊断实施、决策与验证。下面将围绕这三个方面的内容，归纳为六个步骤介绍。

1. 了解诊断对象

诊断的对象就是机器设备。在实施设备诊断之前，必须对它的各个方面有充分的认识和了解，就像医生治病必须熟悉人体的构造一样。经验表明，诊断人员如果对设备没有足够充分的了解，甚至茫然无知，那么，即使是信号分析专家也是无能为力的。所以，了解诊断对象是开展现场诊断的第一步。

了解设备的主要手段是开展设备调查。在调查前应作出一张调查表，它由设备结构参数子表、设备运行参数子表、设备状况子表组成。

设备结构参数子表包括下列项目：

1) 清楚设备的基本组成部分及其连接关系。一台完整的设备一般由三大部分组成，即原动机（大多数采用电动机，也有用内燃机、汽轮机、水轮机的，一般称辅机）、工作机（也称主机）和传动系统。要分别查明它们的型号、规格、性能参数及连接的形式，画出结构简图。

2）必须查明各主要零部件（特别是运动零件）的型号、规格、结构参数及数量等，并在结构图上标明，或另予说明。这些零件包括：轴承形式、滚动轴承型号、齿轮的齿数、叶轮的叶片数、带轮直径、联轴器形式等。

设备运行参数子表包括以下内容：

1）各主要零部件的运动方式。旋转运动还是往复运动。

2）机器的运动特性。平稳运动还是冲击性运动。

3）转子运行速度。低速（<600r/min）、中速（600～6 000r/min）还是高速（>60 000r/min），匀速还是变速。

4）机器平时正常运行时及振动测量时的工况参数值，如排出压力、流量、转速、温度、电流、电压等。

5）载荷性质。均载、变载还是冲击载荷。

6）工作介质。有无尘埃、颗粒性杂质或腐蚀性气（液）体。

7）周围环境。有无严重的干扰（或污染）源存在，如强电磁场、振源、热源、粉尘等。

设备状况子表包括以下内容：

1）设备基础形式及状况，搞清楚是刚性基础还是弹性基础。

2）有关设备的主要设计参数，质量检验标准和性能指标，出厂检验记录，生产厂家。

3）有关设备常见故障分析处理的资料（一般以表格形式列出），以及投产日期、运行记录、事故分析记录、大修记录等。

2. 确定诊断方案

在对诊断对象全面了解的基础上确定具体的诊断方案。诊断方案的正确与否，关系到能否获得必要充分的诊断信息，必须慎重对待。一个比较完整的现场振动诊断方案应包括下列内容：

（1）选择测点　测点就是设备上被测量的部位，它是获取诊断信息的窗口。测点选择的正确与否，关系到能否获得所需要的真实完整的状态信息，只有在对诊断对象充分了解的基础上，才能根据诊断目的恰当地选择测点。测点应满足下列要求：

1）对振动反应敏感。所选测点要尽可能靠近振源，避开或减少信号在传递通道上的界面、空腔或隔离物（如密封填料等），最好让信号直线传播。这样可以减少信号在传递途中的能量损失。

2）信息丰富。通常选择振动信号比较集中的部位，以便获得更多的状态信息。

3）所选测点要服从于诊断目的，诊断目的不同，测点也应随之改换位置。如图 3-57 所示，若要诊断风机叶轮是否平衡，应选择测点④；若要诊断轴承故障，应选择③④；若要诊断电动机转子是否存在故障，则应选择测点①②。

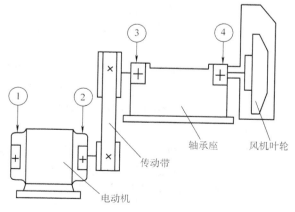

图 3-57　测点选择示意图

4）适于安置传感器。测点必须有足够的空间用来安置传感器，并要保证有良好的接触。测点部位还应有足够的刚度。

5）符合安全操作要求。由于现场振动测量是在设备运转的情况下进行的，所以在安置传感器时必须确保人身和设备安全。对不便操作或操作起来存在安全隐患的部位，一定要有可靠的安保措施；否则只好暂时放弃。

在通常情况下，轴承是监测振动最理想的部位，因为转子上的振动载荷直接作用在轴承上，并通过轴承把机器与基础连接成一个整体，因此轴承部位的振动信号还反映了基础的状况。所以，在无特殊要求的情况下，轴承是首选测点。如果条件不允许，也应使测点尽量靠近轴承，以减小测点和轴承座之间的机械阻抗。此外，设备的地脚、机壳、缸体、进出口管道、阀门、基础等部位，也是测量振动的常设测点，必须根据诊断目的和监测内容决定取舍。

在现场诊断时常常碰到这样的情况，有些设备在选择测点时遇到很大的困难。例如，卷烟厂的卷烟机、包装机，其传动机构大都包封在机壳内部，不便对轴承部位进行监测。这种情况在其他设备上也存在，比如在诊断一台立式钻床时，共选了13个测点，其中只有4个测点靠近轴承，其他都相距甚远。凡碰到这种情况，只有另选测量部位。若要彻底解决问题，必须根据适检性要求对设备的某些结构作一些必要的改造。

有些设备的振动特征有明显的方向性，不同方向的振动信号也往往包含着不同的故障信息。因此，每一个测点一般都应测量三个方向，即水平方向（H），垂直方向（V）和轴向（A），如图3-58所示。水平方向和垂直方向的振动反映径向振动，测量方向垂直于轴线，轴向振动的方向与轴线重合或平行。

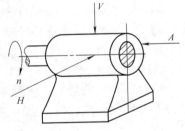

图3-58　测点的三个测量方位

测点一经确定，必须在每个测点的三个测量方位处做上永久性标记，如打上样冲眼，或加工出固定传感器的螺孔。

（2）预估频率和振幅　测量振动前，对所测振动信号的频率范围和振幅大小要作一个基本的估计，为选择传感器、测量仪器和测量参数、分析频带提供依据，同时防止漏检某些可能存在的故障信号而造成误判或漏诊。预估振动频率和振幅可采用下面几种简易方法：

1）根据长期积累的现场诊断经验，对各类常见多发故障的振动特征频率和振幅作一个基本估计。

2）根据设备的结构特点、性能参数和工作原理计算出某些可能发生的故障特征频率。

3）利用便携式振动测量仪，在正式测量前进行分区多点搜索测试，发现一些振动烈度较大的部位，再通过改变测量频段和测量参数进行多次测量，也可以大致确定其敏感频段和振幅范围。

4）广泛搜集诊断知识，掌握一些常用设备的故障特征频率和相应的振幅大小。

（3）确定测量参数　振动测量，要求选用对故障反映最敏感的诊断参数来进行测量，这种参数被称为"敏感因子"，即当机器状态发生小量变化时特征参数却发生较大的变化。

由于设备结构千差万别，故障类型多种多样，因此对每一个故障信号确定一个敏感因子是不可能的。人们在诊断实践中总结出一条普遍性原则，即根据诊断对象振动信号的频率特征来选择诊断参数。常用的振动测量参数有加速度、速度和位移，一般按下列原则选用：

低频振动（<10Hz）采用位移测量。

中频振动（10～1 000Hz）采用速度测量。

高频振动（>1 000Hz）采用加速度测量。

对大多数机器来说，最佳诊断参数是速度，因为它是反映振动强度的理想参数，所以国际上许多振动诊断标准都是采用速度有效值（v_{rms}）作为判别参数。

以往我国一些行业标准大多采用位移（振幅）作诊断参数。在选择测量参数时，还须与所采用的判别标准使用的参数相一致，否则判断状态时将无据可依。

（4）选择诊断仪器　测振仪器的选择除了重视质量和可靠性外，最主要的还要考虑两条：

1）仪器的频率范围要足够宽。要求能记下信号内所有重要的频率成分，一般在 10～1 0000Hz或更宽一些。对于预示故障来说，高频成分是一个重要信息，设备早期故障首先在高频段中出现，待到低频段出现异常时，故障已经发生了。所以，仪器的频率范围要能覆盖高频低频各个频段。

2）要考虑仪器的动态范围。要求测量仪器在一定的频率范围内能对所有可能出现的振动数值，从最高至最低均能保证近似相同的增益和一定的记录精度。这种能够保证一定精度的数值范围称为仪表的动态范围。对多数设备来说，其振动水平通常是随频率而变化的。

（5）选择与安装传感器　用于振动测量的传感器有三种类型，一般都是根据所测量的参数类别来选用：测量位移采用涡流式位移传感器，测量速度采用电动式速度传感器，测量加速度采用压电式加速度传感器。

由于压电式加速度传感器的频响范围比较宽，所以现场测量时，在没有特殊要求的情况下，常用它同时测量位移、速度和加速度三个参数，基本上能满足要求。

振动测量不但对传感器的性能质量有严格要求，对其安装形式也很讲究，不同的安装形式适用不同的场合。在现场测量时，尤其是大范围的普查测试，以采用永久性磁座安装最简便。长期监测测量用螺栓固定为好。在测量前，传感器的性能指标须经检测合格。

还必须要说明的是，在测量转子振动时，有两种不同的测量方式，即测量绝对振动和相对振动。由转子交变力激起的轴承振动称为绝对振动，在激振力的作用下，转子相对于轴承的振动称为相对振动。压电式加速度传感器是用于测量绝对振动的，而测量转子的相对振动，则必须使用电涡流位移传感器，其安装形式请参见本章图3-13。在现场实行简易振动诊断时，主要使用压电式加速度传感器测量轴承的绝对振动。

（6）作好其他相关事项的准备　测量前的准备工作一定要仔细。为了防止测量失误，最好在正式测量前作一次模拟测试，以检验仪器是否正常、准备工作是否充分。比如，检查仪器的电量是否充足，这看起来似乎是小事，但也绝不能疏忽，在现场常常发生因仪器无电而使诊断工作不得不中止的情况。各种记录表格也要准备好，真正做到"万事俱备"。

3. 进行振动测量与信号分析

（1）两种测量系统　目前，现场简易振动诊断测量系统可采取两种基本形式，它们分别代表了故障诊断发展的不同阶段，其结构组成及特点分述如下。

1) 模拟式测振仪所构成的测量系统。我国企业开展设备诊断的初期（即 20 世纪 80 年代），现场振动诊断广泛采用模拟式测振仪，其基本功能主要是测量设备的振动参数值，对设备作出有无故障的判断。当需要对设备状态作进一步分析时，可加上一台简易示波器和一台简易频率分析仪，组成简易测量系统，既可以观察振动波形，又可以在现场作简易频率分析，这种简易测量分析系统在现场诊断中也能解决大量的问题，发挥很大的作用，即使到现在仍有它存在的价值。

2) 以数据采集分析系统为代表的数字式测振仪器所构成的振动诊断测量系统。设备诊断技术在 20 世纪 80 年代末、90 年代初发展起来，以数据采集器为代表的便携式多功能测振仪器在企业中得到了广泛的推广和应用，逐步取代了模拟式测振仪，成了现场简易诊断的主角，使简易诊断技术发生了革命性的变化。其操作方法之简便，功能之丰富，是模拟式仪器望尘莫及的。建立在数字信号分析技术上的精密诊断系统和在线监测与诊断系统也是在这一时期发展起来的。

（2）振动测量与信号分析　在确定了诊断方案之后，根据诊断目的对设备进行各项相关参数测量。在所测参数中必须包括所选诊断标准（例如 ISO2372）中所采用的参数，以便进行状态识别时使用。如果没有特殊情况，每个测点必须测量水平（H）、垂直（V）和轴向（A）三个方向的振动值。

对于初次测量的信号，要进行信号重放和直观分析，检查测得的信号是否真实。若对所测的信号了解得比较清楚，对信号的特性心中有数，那么在现场可以大致判断所测得信号的振幅及时域波形的真实性。如果缺少资料和经验，应进行多次复测和试分析，确认测试无误后再作记录。

如果所使用的仪器具有信号分析功能，那么，在测量参数之后，即可对该点进一步开展波形观察、频率分析等有关项目，特别对那些振动值超过正常值的测点作这种分析很有必要。测量后要把信号储存起来，若要长期储存，则必须储存到合适的数据库中。

（3）数据记录整理　测量数据一定要作详细记录。记录数据要有专用表格，做到规范化，完整而不遗漏。除了记录仪器显示的参数外，还要记下与测量分析有关的其他内容，如环境温度、电源参数、仪器型号、仪器的通道数（数采器有单通道、双通道之分），以及测量时设备运行的工况参数（如负荷、转速、进出口压力、轴承温度、声音、润滑等）。如果不及时记录，以后无法补测，将严重影响分析和判断的准确性。

对所测得的参数值，最好进行分类整理，比如，按每个测点的各个方向整理，用图形或表格表示出来，这样易于抓住特征，便于发现变化情况。也可以把两台设备定期测定的数据或相同规格设备的数据分别统计在一起，这样有利于比较分析。

4. 实施状态判别

根据测量数据和信号分析所得到的信息，对设备状态作出判别。首先判断它是否正常，然后对存在异常的设备作进一步分析，指出故障的原因、部位和程度。对那些不能用简易诊断解决的疑难故障，必须动用精密诊断手段去加以确诊。

5. 作出诊断决策

通过测量分析、状态识别等几个程序，弄清设备的实际状态，为作出决策创造条件。这时应当提出处理意见：或是继续运行，或是停机修理。对需要修理的设备，应当指出修理的具体内容，如待处理的故障部位、所需要更换的零部件等。

6. 检查验证

设备诊断的全过程并不是作出结论就算结束了，最后还有重要的一步，必须检查验证诊断结论及处理决策的结果。诊断人员应当向用户了解设备拆机检修的详细情况及处理后的效果。如果有条件的话，最好亲临现场察看，检查验证诊断结论与实际情况是否符合，这是对整个诊断过程最权威的总结，也是增长经验的重要途径。

思　考　题

3-1　安装加速度传感器时，在安装面上涂一层硅脂的目的是＿＿＿＿＿＿＿＿＿＿。

3-2　磁电式速度传感器有＿＿＿＿＿＿＿和＿＿＿＿＿＿＿两种。

3-3　在选择速度传感器时首先要注意＿＿＿＿＿＿＿，其次要注意是＿＿＿＿＿＿＿。

3-4　当采用模/数转换测量时，＿＿＿＿＿＿＿宽度决定鉴相脉冲的最低采样频率。

3-5　对模拟信号隔离而使用的隔离放大器有哪两种类型：一种是＿＿＿＿＿＿＿，另一种是＿＿＿＿＿＿＿方式。

3-6　常用的信号转换主要有：＿＿＿＿＿＿＿和＿＿＿＿＿＿＿。

3-7　噪声的耦合方式有＿＿＿＿＿＿＿、＿＿＿＿＿＿＿、＿＿＿＿＿＿＿、＿＿＿＿＿＿＿。

3-8　模/数转换器的最基本的性能指标是＿＿＿＿＿＿＿、＿＿＿＿＿＿＿、＿＿＿＿＿＿＿以及＿＿＿＿＿＿＿。

3-9　电涡流传感器根据什么原理实现对金属物体的位移、振动等参数的测量的？

3-10　用压电式加速度传感器能测量静态或变化很缓慢的信号吗？为什么？

3-11　简述速度传感器的工作原理。

3-12　利用电涡流传感器测量物体的位移。试问：

1）如果被测物体由塑料制成，位移测量是否可行？为什么？

2）为了能够对该物体进行位移测量，应采取什么措施？

3-13　电涡流位移传感器测量位移与其他位移传感器比较，其主要优点是什么？电涡流传感器能否测量大位移？为什么？

3-14　选择振动传感器时应注意哪些问题？

3-15　形成噪声干扰必须具备哪几个要素？抑制噪声干扰的方法有哪些？

3-16　常见的干扰耦合方式有哪些？

3-17　在机械工程中常用的激振方法具体有哪些？

3-18　振动传感器的灵敏度的校准方法有哪些？精度如何？

3-19　振动传感器的选用有什么原则？

3-20　电流信号和电压信号相比有什么优点？

3-21　请叙述检测与诊断系统的任务。

第4章　信号特征提取——信号分析技术

信号分析技术也是机械故障诊断技术的内容。通过信号测取技术将机械设备的运行状态转变为一系列的波形曲线——$A(t)$、$B(t)$ 等，通过 A/D 变换转化成离散的数字曲线序列——$A(i)$、$B(i)$ 等。由于运转的机械设备中存在多个振动源，这些振动信号在传输路上又受到传输通道特性的影响，当它们混杂在一起被传感器转换成波形曲线时，呈现出混乱无规律的形态。因此，需要从中进行识别——信号特征的提取。

平稳定转速运转的机械设备，无论有多少个振动源，其产生的振动信号都是与转速相关的强迫振动信号，也是周期性信号。在这个基础上，可以认定：凡是与转速相关的信号属于设备运转状态信号，与转速无关的信号属于工艺参数信号、结构参数信号、电气参数信号。结构参数信号、电气参数信号仍属于故障诊断范围，但不在机械故障诊断范围内。

信号分析技术包含了许多种信号分析方法，各种分析方法都有其适应的范围。评定某个分析方法是否适用于机械故障诊断，只有一个标准——简洁实用。简洁指该分析方法所依据的数学基础清晰易懂，实用指用该分析方法所获取的信号特征能作出明确、合理、有效的解释。

4.1　信号特征的时域提取方法

4.1.1　平均值

平均值描述信号的稳定分量，又称直流分量。

平均值
$$\overline{X} = \frac{1}{N} \sum_{i=1}^{N} x_i(t)$$

在平均值用于使用涡流传感器的故障诊断系统中，把一个涡流传感器安装于轴瓦的底部（或顶部），其初始安装间隙构成了初始信号平均值——初始直流电压分量，在机械运转过程中，由于轴心位置的变动，产生轴心位置的振动信号。这个振动信号的平均值即轴心位置平均值。经过一段时间后，轴心位置平均值与初始信号平均值的差值，说明了轴瓦的磨损量。

4.1.2　均方值、有效值

均方值与有效值用于描述振动信号的能量。

均方值
$$X_{rms}^2 = \frac{1}{N} \sum_{i=1}^{N} x_i^2(t)$$

有效值 X_{rms} 又称方均根值，是机械故障诊断系统中用于判别运转状态是否正常的重要指标。因为有效值 X_{rms} 描述振动信号的能量，稳定性、重复性好，因而当这项指标超出正常值（故障判定限）较多时，可以肯定机械存在故障隐患或故障。

若有效值 X_{rms} 的物理参数是速度（mm/s），就成为用于判定机械状态等级的振动烈度指标。

4.1.3 峰值、峰值指标

通常峰值 X_p 是指振动波形的单峰最大值。由于它是一个时不稳参数，不同的时刻变动很大。因此，在机械故障诊断系统中采取如下方式以提高峰值指标的稳定性：在一个信号样本的总长中，找出绝对值最大的 10 个数，用这 10 个数的算术平均值作为峰值 X_p。

峰值指标 $$I_p = \frac{X_p}{X_{rms}}$$

峰值指标 I_p 和脉冲指标 C_f 都是用来检测信号中是否存在冲击的统计指标。

4.1.4 脉冲指标

脉冲指标 $$C_f = \frac{X_p}{\bar{x}}$$

脉冲指标 C_f 和峰值指标 I_p 都是用来检测信号中是否存在冲击的统计指标。由于峰值 X_p 的稳定性不好，对冲击的敏感度也较差，因此在机械故障诊断系统中逐步应用减少，被峭度指标所取代。

4.1.5 裕度指标

裕度指标 C_e 用于检测机械设备的磨损情况。

裕度指标 $$C_e = \frac{X_{rms}}{\bar{x}}$$

在不存在摩擦碰撞的情况下，即歪度指标变化不大的条件下，以加速度、速度为测量传感器的系统，其平均值反映了测量系统的温漂、时漂等参数的变化。使用涡流传感器的故障诊断系统的平均值则与磨损量有关。

若歪度指标变化不大，有效值 X_{rms} 与平均值的比值增大，说明由于磨损导致间隙增大，因而振动的能量指标——有效值 X_{rms} 比平均值增加快，其裕度指标 C_e 也增大了。

4.1.6 歪度指标

歪度指标 C_w 反映振动信号的非对称性。

歪度指标 $$C_w = \frac{\frac{1}{N}\sum_{i=1}^{N}(|x_i| - \bar{x})^3}{X_{rms}^3}$$

除有急回特性的机械设备外，由于存在着某一方向的摩擦或碰撞，造成振动波性的不对称，使歪度指标 C_w 增大。

4.1.7 峭度指标

峭度指标 C_q 反映振动信号中的冲击特征。

峭度指标

$$C_q = \frac{\frac{1}{N}\sum_{i=1}^{N}(\,|\,x_i\,|\,-\,\bar{x}\,)^4}{X_{rms}^4}$$

峭度指标 C_q 对信号中的冲击特征很敏感，正常情况下其值应该在3左右，如果这个值接近4或超过4，则说明机械的运动状况中存在冲击性振动。一般情况下是间隙过大、滑动副表面存在破碎等原因。

以上的各种时域统计特征指标，在故障诊断中不能孤立地看，需要相互印证。同时，还要注意和历史数据进行比较，根据趋势曲线作出判别。

在流程生产工业中，往往有这样的情况，当发现设备的情况不好，某项或多项特征指标上升，但设备不能停产检修，只能让设备带病运行。当这些指标从峰值跌落时，往往预示某个零件已经损坏，若这些指标（含其他指标）再次上升，则预示大的设备故障将要发生。

4.2 信号特征的频域提取方法

上一节的时域统计特征指标只能反映机械设备的总体运转状态是否正常，因而在机械设备故障诊断系统中用于故障监测，趋势预报。要知道故障的部位、故障的类型就需要进一步地作精密分析。在这方面频谱分析是重要的、最常用的分析方法之一。

4.2.1 频域分析与时域信号的关系

机械设备在运行中发出的振动信号来自于多个振动源，有机械运动状态所产生的，也有工艺参数、流体介质、承载结构等因素产生的。这些信号在传输通道中叠加起来，被传感器转换成单一的电信号。要识别机械运动状态，就必须把相关信号从中分离出来。傅里叶变换提供了重要的数学依据。

图4-1描述了信号的时域与频域关系。信号是由多个正弦波组成，频率比为1:3:5:7:…，振幅比为 $1:\frac{1}{3}:\frac{1}{5}:\frac{1}{7}:…$，信号之间无相位差。在时间域观察这些信号——横坐标轴是时间 t，就如这些信号叠加起来，其合成结果投影到时域平面上，于是看到了方波信号。

需要注意的是如果在频率比、振幅比、相位差这三个方面有任何一个不满足以上条件，其叠加的波形便不是方波。即使所有信号都是周期信号，只有当各信号的频率比是整数，其叠加合成信号才表现出周期性特征，否则看不到周期性特

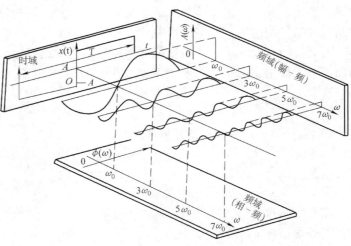

图4-1 信号的时频关系

征。这就是明知设备的状态信号都是强迫周期信号，却很少在波形上看到周期性特征的原因。

傅里叶变换提供了从另一个角度观察信号的数学工具——把信号投影到横坐标轴是频率 f 的频域。在这个观察面上，可以看到信号由哪些正余弦波组成：图像以两部分组成，即幅-频图、相-频图。幅-频图中，棒线在频率轴上的位置表示该信号分量的频率，棒线的长度表示该信号分量的振幅。在相-频图中，棒线的长度表示该信号分量的初相位。这两个频域的图像在专业的领域称为频谱图。

图 4-1 清楚地反映通过傅里叶变换使人们观察信号的角度从时间域转换到频率域，从而更清楚地观察到信号中所包含的多种频率成分，以及各项波形特征参数。

在频谱图中，可以看到哪些是机械运行状态的振动成分（与基准频率——输入轴的旋转频率有固定的数学关系的频率成分），它们之中，谁对振动占主导作用，谁与过去相比有较大振幅值变化，等等，这些状态信息是机械故障诊断的基础。

4.2.2　周期信号与非周期信号的频谱

最简单的周期信号是正弦信号。

$$x(t) = A\sin(\omega t + \theta) = A\sin(2\pi f t + \theta)$$

如果正弦信号的周期为 T，则周期 T 与频率 f、角频率 ω 之间的关系为

$$f = \frac{1}{T} = \frac{\omega}{2\pi}$$

傅里叶级数说明满足狄利克雷条件的周期信号，可以用正弦函数表达成傅里叶级数的形式，即

$$x(t) = a_0 + \sum_{n=1}^{\infty} A_n \sin(n\omega_0 t + \theta_n) \qquad (n = 1,2,3,\cdots)$$

此公式具有明确的物理意义。它表明任何满足狄利克雷条件的周期信号，均可以表述为一个常数分量 a_0 和一系列正弦分量之和的形式。其中 $n=1$ 的那个正弦分量称为基波，对应的角频率 ω_0 称为该周期信号的基频。其他正弦分量按 n 的数值，分别称为 n 次谐波。

在机械故障诊断领域，常数分量 a_0 是直流分量，代表某个变动缓慢的物理因素，如某个间隙。通常从电动机到工作机械的传动是一系列的减速增力过程，因此通常将电动机输入的转动频率称为基频。基频和它的 n 次谐波在机械故障诊断领域都有明确的故障缺陷意义。

周期性方波信号 $x(t)$ 从原本意义上是既无开始又无结束的信号，如图 4-2 所示，但可以在一个周期内表述为

$$x(t) = \begin{cases} -A & -\dfrac{T}{2} < t < 0 \\ A & 0 < t < \dfrac{T}{2} \end{cases}$$

对该方波信号 $x(t)$ 作傅里叶变换

可得该方波的傅里叶级数描述

$$x(t) = \frac{4A}{\pi}\sin(\omega_0 t) + \frac{4A}{3\pi}\sin(3\omega_0 t) + \frac{4A}{5\pi}\sin(5\omega_0 t) + \frac{4A}{7\pi}\sin(7\omega_0 t) + \cdots$$

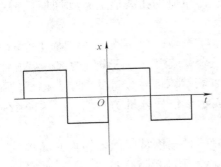

图 4-2　周期性方波信号

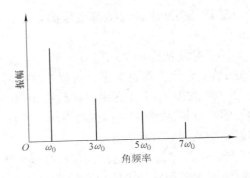

图 4-3　方波的幅频谱图

图 4-3 所示是该方波的幅频谱图，横坐标是角频率 ω，纵坐标是振幅，图中对应于某个频率的直线称为谱线。

从图 4-3 中可知周期信号的频谱具有下列特征：

（1）离散性　即周期信号的频谱图中的谱线是离散的。

（2）谐波性　即周期信号的谱线只发生在基频 ω_0 的整数倍角频率上。

（3）收敛性　周期信号的高次谐波的幅值具有随谐波次数 n 增加而衰减的趋势。

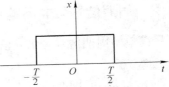

图 4-4　矩形窗函数

非周期信号分为准周期信号和瞬变信号。准周期信号是由一系列正弦信号叠加组成的，但各正弦信号的频率比不是有理数，因而叠加结果的周期性不明显。脉冲函数、阶跃函数、指数函数、矩形窗函数——这些工程中常用的工具都是典型的瞬变信号。

图 4-4 所示的矩形窗函数的时域表达式为

$$\omega(t) = \begin{cases} 1 & |t| < \dfrac{T}{2} \\ 0 & |t| > \dfrac{T}{2} \end{cases}$$

对矩形窗函数作傅里叶变换，得到的频谱图如图 4-5 所示。

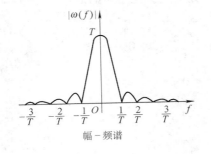

幅－频谱

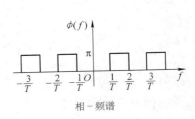

相－频谱

图 4-5　矩形窗的频谱图

从图 4-5 的矩形窗的频谱图中可以看到:第一,谱线是连续的,这是瞬变信号与周期信号在谱图上的显著区别;第二,矩形窗的时间长度 T 越长,幅频图中主瓣越高而窄。意味着能量越集中于主瓣,这在信号分析中是有重要意义的。

4.2.3　截断、泄露与窗函数

在故障诊断的信号分析中需要对信号进行采样,而真实的振动信号的时间历程是无限长的,采样就是对无限长的信号进行截取,也就是对 $x(t)$ 信号乘以窗函数 $w(t)$。当 $w(t)=0$ 时,乘积的结果 $y(t)=0$;当 $\omega(t)=1$ 时,乘积的结果 $y(t)=x(t)$。根据傅里叶变换的特性,在时域内,2 个信号的乘积,对应于这 2 个信号在频域的卷积。

$$x(t)\ \omega(t) \Rightarrow x(f)*\omega(f)$$

由于 $\omega(t)$ 在频谱中是连续无限的函数,它与 $x(t)$ 信号在频域的卷积,必然造成 $x(t)$ 信号的能量分散到 $\omega(t)$ 的谱线上,这就是所谓的谱泄漏。换句话说,就是频域卷积的结果,将使得在频谱图中出现不属于 $x(t)$ 信号的谱线,它们是 $\omega(t)$ 的谱线。这些 $\omega(t)$ 的谱线中以 $\omega(t)$ 的第一旁瓣影响最大。为了减少谱泄漏,工程上采用两种措施。

第一种措施,加大矩形窗的时间长度,即增大采样的样本点数。也就是使 $\omega(f)$ 的主瓣尽量地高而窄,能量最大限度地集中于主瓣,将旁瓣尽量压缩,同时主瓣越窄越好。

第二种措施,采用旁瓣较低的函数作为采样窗函数,如汉宁窗、海明窗等。这类窗函数与矩形窗的显著区别在于:矩形窗在开始与终止处是突变的,从 0 一下跳到 1。而这类窗函数是渐变的,按函数式从 0 缓慢地上升,直到中间点才上升到最大(有的是 1,有的修正到大于 1),然后再缓慢下降到终点 0。

图 4-6、图 4-7、图 4-8 所示分别为矩形窗函数、汉宁窗函数、海明窗函数的时域、频域曲线图,除矩形窗函数之外的窗函数存在以下不足:

第一,初相位信息消失。所以采用它们的频谱分析软件没有相频谱图。

第二,谱图中的振幅相对实际信号该频率成分的振幅存在着失真。失真度的大小与所取的修正值相关。

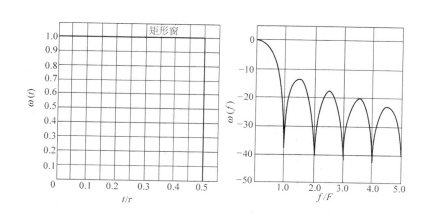

图 4-6　矩形窗函数的时域、频域曲线图

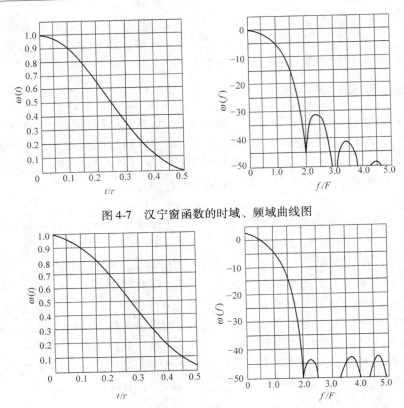

图 4-7　汉宁窗函数的时域、频域曲线图

图 4-8　海明窗函数的时域、频域曲线图

4.2.4　频混和采样定理

如果以 $x_c(t)$ 代表采样获得的数据信号，$x(t)$ 代表原始的连续时间信号，则 $x_c(t)$ 可以看成是 $x(t)$ 与脉冲序列 $\delta_0(t)$ 的乘积。

脉冲序列 $\delta_0(t)$ 是一系列的脉冲函数，数学表达式为

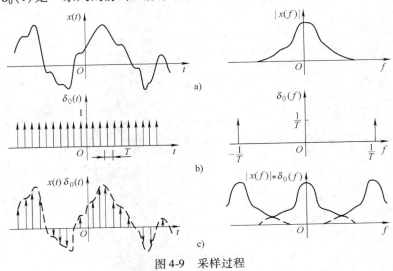

图 4-9　采样过程

$$\delta_0(t) = \sum_{n=-\infty}^{\infty} \delta(t - nT)$$

图 4-9 所示为采样过程。图 4-9a 左边是 $x(t)$ 的时域曲线，右边是 $x(t)$ 的频谱图；图 4-9b 是采样函数 $\delta_0(t)$，左边为时域图像，右边是 $\delta_0(t)$ 的频谱图。图 4-9c 的左边是 $x(t)$ 与 $\delta_0(t)$ 的乘积，右边是 $x(f)$ 与 $\delta_0(f)$ 卷积的结果。

采样后得到间隔为 T 的等距脉冲序列，这个序列的包络线应与原始信号 $x(t)$ 一致。即采样后的信号应能恢复原信号，不发生失真。这主要取决采样间隔 T。图 4-10 中上面两个的原信号 $x(t)$ 的频率较高，采样间隔 T 过大，因此采样序列不能复原原信号。图中实线表示原信号，虚线表示采样点描述的曲线。图 4-10 说明，当采样频率过低时，高频信号被采集成了低频信号。

这一现象表现在频谱图上，就是发生了频率混叠。如图 4-11 所示，左边为时域波形，右边为频谱图。图中 f_1 为实际信号所包含的最高频率，$-f_1$ 为理论上的负频率，是数学分析所产生的折叠镜像，现实中并不存在。T 为采样周期。当采样间隔合适（图 4-11b），其频谱图中原信号的谱图与左右镜像不产生交错，因此在频谱图显示时，很容易将镜像谱线排除。而采样间隔过大（采样频率过低，如图 4-11c 所示），其频谱图中原信号的谱图与左右镜像发生交错，在频谱图中无法将折叠过来的镜像谱线排除。镜像谱线的高频部分混淆到主频谱图的低频区间。

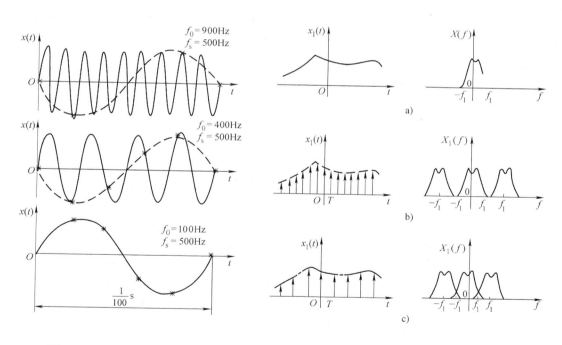

图 4-10　采样序列及还原曲线　　　　　图 4-11　采样信号的频混现象

综上所述，对信号 $x(t)$ 采样时，一定要有合适的采样频率。设 $x(t)$ 所包含的各成分中最高频率为 f_x，这要靠抗混低通滤波器来实现（截止频率稍高于 f_x）。快速傅里叶变换（FFT）的最高分析频率 $f_c = (1.5 \sim 2) f_x$，采样频率 $f_s = 2f_c = (3 \sim 4) f_x$。

4.2.5 量化误差和栅栏效应

1. 量化误差

模拟信号的振幅是连续的，而数字信号受到位数的限制，其值是跳跃的。模拟信号在数字化过程中采样点的振幅若落在两相邻的量化值之间，就要舍入到邻近的一个量化值上，造成了量化误差。量化误差必然给原信号的频谱造成误差，也使得对数字序列的积分存在较大的失真。减小量化误差只能选用位数高的 A/D 转换装置，从而增大了故障诊断系统的成本。

虽然数字序列的时域积分误差较大，但对频域的积分则简单易行。如下列算式：

位移函数 $\qquad\qquad\qquad x(t) = A\sin(\omega t)$

速度函数 $\qquad\qquad\qquad x(t)' = A\omega\cos(\omega t)$

加速度函数 $\qquad\qquad\qquad x(t)'' = -A\omega^2\sin(\omega t)$

振幅频谱图中只表述振幅的大小，加速度频谱图中每一根谱线所代表的振幅 A_i 被它所在的角频率 $\omega = 2\pi f$ 所除，可以获得速度频谱图。同理，对速度频谱图采用同样的算法也可以得到位移频谱图。这个频谱积分算法使得低频部分的信号上升，高频部分的信号下降，即突出低频信号。

当使用加速度传感器测量，又需要以振动烈度（速度值）来表现频谱图时，可以采用这个算法。

2. 栅栏效应

快速傅里叶变换 FFT 是一种离散傅里叶数字算法，其变换计算出的频谱谱线也是离散的。离散谱线之间的频谱被忽略，其能量分配到相邻的离散谱线上，由此造成频率误差，这就是栅栏效应。

两条离散谱线的频率间隔称为频率分辨率 Δf。

$$\Delta f = \frac{f_s}{N}$$

式中 $\quad f_s$——采样频率；

$\qquad N$——样本点数。

提高频率分辨率的方法是加大样本点数 N，同时也增加了傅里叶变换的计算量。

3. 频率细化分析

频率细化分析或称为局部频谱放大，能使某些感兴趣的重点频谱区域得到较高的分辨率，提高分析的准确性，这是 20 世纪 70 年代发展起来的一种新技术。

频率细化分析的基本思想是利用频移定理，对被分析信号进行复调制，再重新采样作傅里叶变换，即可得到更高的频率分辨率。其主要计算步骤为：假定要在频带（$f_1 \sim f_2$）范围内进行频率细化，此频带的中心频率为 $f_0 = (f_1 + f_2)/2$。对被分析信号 $x(k)$ 进行复调制（可以是模拟的也可以是数字的），得频移信号

$$y(k) = x(k)e^{-j2\pi KL/N} \qquad\qquad L = \frac{f_0}{\Delta f}$$

式中 $\quad \Delta f$——未细化分析前的频率间隔，也可仅为一参考值。

根据频移定理，$Y(n) = X(n+L)$，相当于把 $X(n)$ 中的第 L 条谱线移到 $Y(n)$ 的零谱线位置了。此时，降低采样频率为 $2N\Delta f/D$。对频移信号重采样或对已采样数据频移处

理后进行选抽，就能提高频率分辨率 D 倍，分析 $Y(n)$ 零谱线附近的频谱，也即 $X(n)$ 中第 L 条谱线附近的频谱。D 是一个比例因子，又称为选抽比或细化倍数

$$D = \frac{N\Delta f}{f_2 - f_1}$$

为了保证选抽后不至于产生频混现象，在选抽前应进行抗混滤波，滤波器的截止频率为采样频率的 1/2。

复调制细化包括振幅细化与相位细化。由于复调制过程中需通过数字滤波器产生附加相移，所以一般要按滤波器的相位特性予以修正，才能得到真实的细化相位谱。

4.3　信号特征的图像表示

4.3.1　统计指标的图像表示

信号特征在时域中的统计指标有两类，即单值函数类和分布函数类。机械故障诊断系统需要对所提取的信号特征进行明确的解释，以指导设备维护工作。时域信号统计指标的主要任务是用于判定机械设备是否有故障（故障隐患）、程度如何、发展趋势怎样等这类维修指导性工作。分布函数类指标在指导设备维护上的不足，所以很少在机械故障诊断系统中应用。单值函数类统计指标以简单的 1 个数值来实现判定要求，因而成为机械故障诊断系统中时域信号特征的主要指标。它们是平均值、方均根值（有效值）、峰值指标、脉冲指标、裕度指标、歪度指标、峭度指标。其中最主要的是方均根值，它是判定是否存在故障的重要指标。其他指标用于回答程度如何，这些指标的时间历程曲线用于回答发展趋势怎样。

因为单值函数就是一个结果值，所以通常是用条形图或类似图形来表示。如图 4-12 所示，图中需表示以下几个要素：

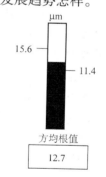

- 统计指标的名称——方均根值
- 统计指标的数值——12.7
- 数值的物理量单位——μm
- 警告限（又称一级报警限）——11.4
- 报警限（又称二级报警限）——15.6

色条突破警告限意味着机械设备已经有故障，但还可以运转。色条突破报警限就表示故障已经很危险，需要及时停机修理。

图 4-12　统计指标条形图

4.3.2　频谱的图像表示

频谱图在机械故障诊断系统中用于回答故障的部位、类型、程度等问题。

大多数机械的运动都是恒速运动，各运动部件都有固定的运动规律，并通过各部件的运动关系，传递力和运动，也就是传递机械能。由于部件之间存在着摩擦、间隙及运动的非平稳性，因此带来了附加能耗损失。这些附加能耗损失以摩擦热及振动的形态散失。机械设备的运行状态监测与诊断就是对这些附加能耗损失进行分析，判断机械设备的运行状态。其最主要的两个物理对象就是温度与振动参数。频谱图就是分析振动参数的主要工具。

振动参数有三项，即频率、振幅和初相位。相位差与各部件之间的运动关系相关，频率与该部件的运动规律相关，振幅与该部件的运动平稳性相关。

恒速运动的机械，其各部件之间的运动关系在结构设计制造完成后是不变的，同样，运动速度不随时间变化，则运动部件所激发的振动频率也是固定的，只是由于傅里叶变换数值计算的误差，该运动部件的特征频率在频谱图中的位置与理论频率存在一定的偏差。当机械状态劣化时，首先表现的是运动平稳性变坏，由此造成振幅的增大。关注频率与振幅的变化是机械故障分析工作的指导原则。

从另一方面看，由于机械设备的各部件之间的运动关系存在着固定的比例关系，因此，各运动部件所激发的振动频率之间同样存在着固定的比例关系，都是强迫振动的周期性信号。当把轴Ⅰ电动机的转动频率定为基准频率，各部件的特征频率与基频就存在同样固定的比例关系。例如：轴Ⅰ的转动频率为24.6Hz，与轴Ⅱ的传动比是3:1，那么，轴Ⅱ的转动频率就是8.2Hz。由此可知，在频谱图中要关注那些与基频存在比例关系的谱线。

图4-13所示是幅频谱示意图，它表现了幅频谱图最基本的图形要素。它的横坐标是频率，纵坐标是振幅。纵横坐标都必须标明物理量单位。

横坐标的量通常是频率（Hz），也有用角频率ω的，有的转子故障监测系统用阶比——各频率与基频之比。

纵坐标的量有电压（mV）、加速度、速度、位移，电压是测量系统最直接的参数，其他量意味着需要将测量系统提供的测量值，经过测量系统灵敏度转换后所标识的振动物理量。

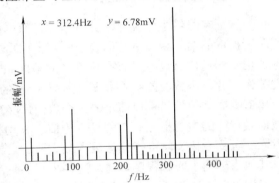

图4-13 振幅—频谱图示意

频谱图中还需要一个游标读数构件，它们由十字游标、游标操作器、读数显示器所组成。移动游标，在读数显示器上显示游标所在处的频率（X）和振幅（Y），用来读取感兴趣的频谱成分，如两个尖峰之间的频率间距——频谱间距。

有的机械故障诊断系统还有一个特征频率对应表（如武汉昊海立德科技有限公司的产品），表中列举了机械设备的所有特征频率、谱图中自动识别的对应频率、对应的机械部件名称以及该频率在频谱图中的振幅。给使用者识别存在故障的特征频率所对应的零件提供了很大的方便。

频谱图中各频率成分的振幅描述，存在着两派意见。实用派认为，经过傅里叶变换后的谱线本身就是离散的，人们只关心那些对机械振动影响较大的谱线，所以谱线应按原始面貌以离散的方式描绘（图4-13）。学院派认为，所分析的信号从广义的角度看，都是周期信号与非周期信号的混合物，其频率成分是连续的，所以谱线应按包络线的形式绘制。由于这两种意见的存在，导致谱线图存在两种样式。不管哪种谱线图，对机械故障分析来说，都是一样的功效。因为从谱线的读取来看，不管哪种画法，都是离散的，没有本质的不同。

在实际使用中，频谱图有三种，即线性振幅谱（图4-13）、对数振幅谱、自功率谱。线性振幅谱的纵坐标有明确的物理量纲，是最常用的。

对数振幅谱中各谱线的振幅都作了对数计算，所以其纵坐标的单位是 dB（分贝）。这个变换的目的是使那些振幅较低的成分相对高振幅成分得以拉高，以便观察掩盖在低幅噪声中的周期信号。

自功率谱是先对测量信号作自相关卷积，目的是去掉随机干扰噪声，保留并突出周期性信号，损失了相位特征，然后再作傅里叶变换。自功率谱图使得周期性信号更加突出。

在观察频谱图作故障诊断分析时，应注意以下要点：

1）首先，注意那些振幅比过去有显著变化的谱线，它们的频率对应部件的特征频率。

2）观察那些振幅较大的谱线（它们是机械设备振动的主要因素），分析这些谱线的频率所对应的运动零部件。

3）注意与转动频率有固定比值关系的谱线（它们是与机械运动状态有关的状态信息），它们之中是否存在与过去相比发生了变化的谱线。

4.3.3　时间历程的频谱图像表示——三维瀑布图

三维瀑布图是由多个频谱图按时间历程组合成的分析图像，各时间历程的频谱图按时间序列等间距排列。若这个时间历程恰恰对应了等间距的转速，例如转子系统的起动或停机过程，就变成了转速三维谱图，如图 4-14 所示。

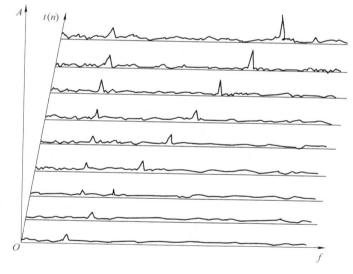

图 4-14　三维瀑布图

由于纵坐标时间或转速的不同，三维瀑布图的解读也有所不同。

对于时间历程，时间间距可能是日、周、月。观察的重点是，随着时间历程，哪些振动谱线发生了改变，振幅变化的趋势如何。若没有改变，意味着机械设备一直处于良好的运行状态；若有改变，改变位于的频率所对应的机械部件，其目前发展的趋势是需要被密切监测的。

对于转速三维谱，纵坐标是转速 n，所以应关注随着转速的升降，各主要振动频率成分的振幅是否随转速变化。那些随转速升降而振幅也升降的频率成分一定是机械运动状态信息，如图 4-14 中与纵坐标——转速轴呈扇形分布的山脊，表现出山脊所在的频率与转速成某个比例关系，可以肯定这是与转速相关的设备状态信息。若山脊所处的频率是一阶转动频率，并且山脊的峰值随转速升高而增大，这是刚性转子不平衡的特征信息。若有与转速无关的山脊存在，那么有两种情况区分：

1）在低速下没有山脊，在某个转动频率之上才出现，它是与转子固有频率相联系的油膜振荡，即故障信息。

2）山脊一直存在，而振幅与转动频率无关，那它是结构振动信号。

转速三维谱还有一个用途——区分振动的原因是机械的或电气的。在停机过程中，当电动机的供电切断，某个频率的振动立刻消失，说明这个振动由电气原因引起；若某个振动的频率随转速变化，则一定是由与转速相关的机械原因引起的。频率不随转速变化的是结构因素。

4.3.4 轴心轨迹的图像表示

轴心轨迹图是分析机械转子系统状态信息的一种常用工具。

因为轴心轨迹的半径单位是 μm，所以对测量系统有一定的要求。需用两个交错90°的涡流传感器，在转轴的径向布置，如图 4-15 所示。

必须两路同步采样，而且轴心轨迹的绘制有两种方式：

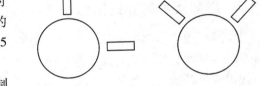

图 4-15　电涡流传感器的布置

1）直接用测量所获得的数据绘制。这种方式要求采样频率是轴转动频率的几十倍，每一转采的数据点越多，绘制的轴心轨迹越光顺。其次需要低通滤波器的截止频率略大于4倍的转动频率。将 X、Y 两个传感器所测的数值看做是轴心轨迹在 x、y 两个方向的投影，去掉其中的直流分量（平均值——传感器与轴颈表面的间隙），再按照（x，y）坐标值进行绘制。

2）利用频谱图中基频、2 阶频、4 阶频的振幅与初相角来绘制。这种方式要求采样频率是轴转动频率的 16 倍以上即可，为了保留相位信息，要求采样窗函数必须是矩形窗，傅里叶变换必须获得相频谱。设频谱图中的振幅为 A_{xn}、A_{yn}，初相角为 β_{xn}、β_{yn}。下标 x、y 表示坐标轴，下标 n 表示相对基频（轴转动频率）的阶次。则有

$$X(i) = A_{x1}\sin(\Delta\omega i + \beta_{x1}) + A_{x2}\sin(2\Delta\omega i + \beta_{x2}) + A_{x4}\sin(4\Delta\omega i + \beta_{x4}) \tag{4-1}$$

$$Y(i) = A_{y1}\sin(\Delta\omega i + \beta_{y1}) + A_{y2}\sin(2\Delta\omega i + \beta_{y2}) + A_{y4}\sin(4\Delta\omega i + \beta_{y4}) \tag{4-2}$$

以上两式分别描述轴心轨迹在 x 或 y 轴上的投影值，可以用某种组合方式，按计算得到的 x、y 坐标绘制轴心轨迹图。例如，只取公式的第一项，绘制的轴心轨迹图表现了转子不平衡所影响的轴心轨迹，由于转子系统在 x、y 两个方向的刚度不同，造成所绘的圆多数不是正圆，如图 4-16a 所

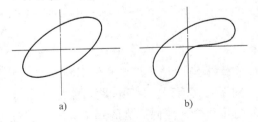

a)　　　　　　b)

图 4-16　轴心轨迹图

示，椭圆的长轴方向与采样开始时转子的状态相关，这是因为 x 方向（或 y 方向）开始采样点并不是对准该方向的最大（或最小）振动点，开始时与振动矢量的夹角影响椭圆的长轴方向。若每次采样开始点不是轴表面的同一个点，即与振动矢量的夹角是随机的，则椭圆的

长轴方向也不是一个稳定的方向。

也可以取公式的第二、第三项来绘制不对中因素对轴心轨迹的影响，或用全部三项来绘制在不平衡、不对中因素共同作用下的轴心轨迹，如图 4-16b 所示。

4.3.5 轴心轨迹的空间图像表示（三维全息图）

图 4-16 所示的轴心轨迹图只表现了转轴的某个截面的轴心轨迹，若沿着转轴的全长，将各个测量截面的轴心轨迹图上同一时点连接起来，就构成了轴心轨迹的空间图像。

这样做需绘制的点、线很多。为了使图像清晰，突出需要观察的重点，将图分解为一阶轴线图（观察动不平衡的影响）、二阶轴线图（观察不对中的影响）等。

图形表示曲线的数学公式就是式（4-1）和式（4-2），分别取 1 阶项（或 2 阶项）来计算 x、y 值。图 4-17 所示为一阶轴线轨迹图。

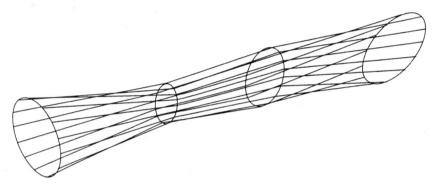

图 4-17　一阶轴线轨迹图

现场故障诊断的实际经验：

1）用振动分析方法进行故障诊断，是建立在机械的转动是恒速运转这一基础上的，因此机械传动系统的故障一定是强迫性周期振动，也就是说振动的频率是稳定在很小范围内的，即使是自激振动也有稳定的周期特征。当观察到一个高振幅振动的频率，在时间轴上呈现非稳定特征，那么这个频率漂动的振动成分肯定不属于机械传动系统的故障特征，其振动原因应在结构因素、工艺因素等方面去寻找。

2）机械传动系统的故障在经过初期发展阶段后，一定在时域波形图上表现出某种周期性特征。这是判定是否存在机械传动系统故障的一个重要的参考依据。

3）如果某测点的时域波形表现为"牙刷"状的图像，就很有可能是传感器损坏或信号导线断开等原因。

4.4 自相关函数

4.4.1 自相关函数的性质

1. 自相关函数的定义

在信号分析领域，自相关函数定义为信号与自身滞后 τ 时刻信号的卷积，其公式为

$$R_f(\tau) = f(\tau) * f^*(-\tau)$$

2. 自相关函数的性质

1）对称性，连续性信号的自相关函数为偶函数。

2）连续性信号的自相关函数的峰值在原点（$\tau = 0$）处。

3）周期信号的自相关函数仍然保留了信号的周期特征。

4）对均值为零且不含周期成分的"纯"随机信号，当 τ 足够大时，信号趋于零。

5）若随机信号中含有常值分量，则自相关函数中含有常值分量。

自相关函数的上述性质为判断设备的故障提供了理论依据，其中最重要的是第3）点：保留了信号的周期特征，特别是中低频信号的周期特征表现突出。而轴、轴承等零件的特征频率恰好在这个区间，使快速地判定滚动轴承的故障成为可能。自相关函数图像可以在早期清晰地反映出轴承的故障，无论是轴转动周期特征还是轴承故障周期特征都表征了轴承故障。

自相关函数图像的局限性：它只反映了信号的中低频信号特征，不能清晰地表现齿轮啮合频率的周期特征。这是因为通常为了对低频信号保持足够的频率分辨率，设备故障在线监测与诊断系统的采样频率往往不是很高，在一个齿轮啮合振动的周期中，采样点数很少，造成自相关函数图像的时间分辨率不足，而无法表现出高频信号的周期性特征。

4.4.2 自相关函数图像的判读

1. 以随机信号为主体的图像

图 4-18 所示的图像表现为菱形，这个形象说明设备的振动信号是以随机信号为主体的，包含的周期信号较微弱——表现为稳定周期的部分是周期信号的特征，即设备状态正常。

通常机械设备是恒速运转设备，或者在短时间——采样时间内认为是恒速运转设备。设备正常状态下的特征是运转平稳，振动信号中所包含的周期成分相对随机成分不占主导地位。当传动系统中某个零件出现故障，其运动平稳性必然下降，与该零件的运动规律相关联的周期性振动被增强。相应地在自相关图像上该零件的周期信号特征也会表现突出。

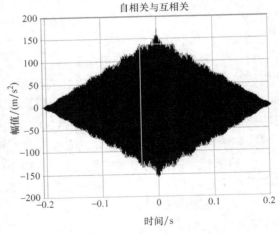

图 4-18　以随机信号为主体的图像

2. 以周期信号为主体的图像

图 4-19 所示的自相关函数图像表现出强烈的周期性特征。随机信号的特征相对较弱，并且周期特征表现出存在尖峰冲击的图像。

尖峰冲击的图像表明故障轴承已经发生破损，必须及时安排更换。

3. 故障中期的自相关图像

图 4-20 所示的图像表现出故障中期的特征，在随机信号的特征基础上，叠加了周期信号的特征，并且周期信号有两个。图像的横坐标是时间，所表示的是周期信号的周期时间，周期时间小的是较高频率的周期信号，通常是存在故障的滚动轴承的特征频率；周期时间较

大的是低频的周期信号，通常是故障轴承所在轴的转动频率信号。

因为自相关函数保留了信号的周期特征，从图中可以看到：尖峰性冲击还不够强烈，轴承的故障形式是疲劳点蚀或严重磨损。

4. 自相关图像的判读

（1）故障部位的判读　以图 4-19 为例，在基点（$\tau = 0$）任一方向找到第一个高点，其与基点对应时间的距离，为故障信号的周期时间 T。故障信号的频率为

$$f = \frac{1}{T}$$

由于周期时间 T 的读数误差较大，故障信号的频率只是一个重要的参考值。它的物理对象可以是：

1）故障轴承所在轴的转动频率，即轴每转一周，故障冲击发生一次。

2）故障轴承的特征频率。

例如：图 4-19 的时间间隔大约是 $0.08 \sim 0.09\mathrm{s}$，对应的频率是 $11 \sim 12\mathrm{Hz}$，这个频率应是某个轴的转动频率，故障轴承在这个轴上。

（2）故障程度的判读　故障程度依据周期信号的强度与随机信号的强度之比。

如图 4-19 所示，周期信号表现强烈，这是已经到达故障晚期的特征，必须尽早安排更换，以免故障扩大化。

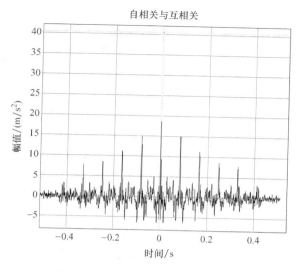

图 4-19　以周期信号为主体的图像

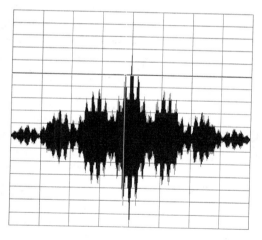

图 4-20　故障中期的自相关图像

图 4-20 所示表现出故障中期的特征。设备还可以运行较短时间，可以安排在最近的一次检修计划中处理。但要注意观察故障的恶化速度。

4.4.3　自相关函数图像用于故障诊断的实例

这是取自对某钢铁公司热轧带钢厂卷取机的诊断报告。

1. 卷取机传动链图

卷取机传动链图如图 4-21 所示。电动机带动的 1 轴有两个齿轮（$z = 21$、$z = 38$），2 轴的中部有一个离合器，通过离合器的选择，获得所需的输出转速。

2. 概率密度曲线图

概率密度曲线图如图 4-22 所示。

从图 4-22 可以看出，1 号卷取机大减速器输入下测点在 10 月 21 日 10:18 的概率密度曲

线，与标准的概率密度正态分布相差很大，
而且图形也很陡峭，可以看到存在明显的冲
击振动，初步判断1号卷取机大减速器有故
障隐患出现。

3. 自相关函数图像

从图4-23可以看出，1号卷取机大减速
器测点在10月21日10:18的自相关函数图
像，图中有明显的等时间间隔 $t = 0.082$s，对
应故障频率为 $f = 1/t = 1/0.082 = 12.195$Hz，
与Ⅰ轴的轴频（11.667Hz）相近，且图形明

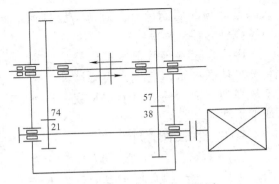

图4-21　1号卷取机传动链图

显呈菱形，说明1号卷取机大减速器有故障隐患出现。在缩小了故障鉴别的范围后，就可以
在精密诊断中针对目标进行搜索，这对于在故障现场快速诊断具有重要的意义。

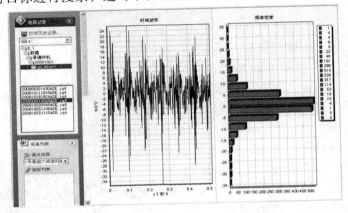

图4-22　1号卷取机大减速器概率密度

4. 幅值谱

图4-24所示为1号卷取机
大减速器输入轴下测点10月21
日10:18的幅值谱。Ⅰ轴的转频
（11.667Hz）幅值为 0.401m/s^2，
并伴有Ⅰ轴转频的2、3、4、5
倍等高次谐波成分，说明滚动轴
承对Ⅰ轴的定心约束已经失效，
即滚动轴承已经发生破损。

近几年来，在机械设备的故
障诊断工作中，采用自相关函数
图像判断冶金企业中轧钢设备的

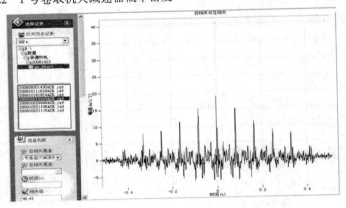

图4-23　1号卷取机减速器自相关函数图

滚动轴承的早、中期故障，取得了满意的效果。诊断的准确率高于80%。滚动轴承的晚期
故障往往因轴承已经散架，导致特征不明显且混乱，还需要利用频谱分析的图像才能确诊。

在故障诊断中，尝试用自相关函数图像判定设备的危险程度，取得了较为有效的成果。

如图 4-18 所示，以随机信号为主，周期信号才出现特征，大约高出 5%，是 0 级，大致可以长期运行。当周期信号与随机信号的比值大约高出 15% 左右时，是 1 级，可以坚持 2 周及以上时间。当周期信号与随机信号的比值大约高出 30% 左右时，是 2 级，可以坚持 1 至 2 周。当周期信号与随机信号的比值大约高出 50% 以上时，是 3 级，大约在 1 周之内出故障。当处于 4 级以上时，异

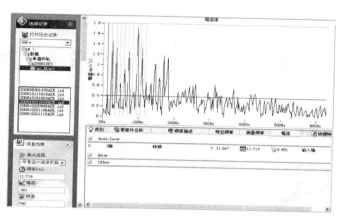

图 4-24　1 号卷取机幅值谱

常声响已经提醒现场操作者，事故马上发生，需赶紧处理。图 4-23 所示就是 4 级危险的例子，图 4-20 所示是 2 级危险的例子。

在故障诊断工作中，没有哪一种方式是万能的，正确的诊断往往需要综合分析。这就是常说的孤证不成立。

思　考　题

4-1　峭度指标对信号中的_____很敏感，正常情况下其值在_____左右，如果这个值接近 4 或超过 4，则说明_____。

4-2　非周期信号分为_____和_____。

4-3　周期信号频谱有哪些特征？

4-4　信号特征的时域提取方法包括哪些？

4-5　阐述周期信号频谱和非周期信号频谱的区别。

4-6　信号 $x(t)=\sin(2\pi t)$ 是否为周期信号，若是周期信号，求其周期，并用公式求其平均值和均方值。

4-7　什么是泄漏？为什么会产生泄漏？窗函数为什么能减少泄漏？

4-8　什么是窗函数？描述窗函数的各项频域指标能说明什么问题？

4-9　什么是栅栏效应？如何减少栅栏效应的影响？

4-10　时域信号统计指标和频谱图在机械故障诊断系统中的作用分别是什么？

4-11　在观察频谱图作故障诊断分析时，应注意哪些要点？

4-12　如何绘制轴心轨迹曲线？

4-13　测试信号中最高频率为 100Hz，为了避免混叠，时域中的采样时间应该如何选取？

4-14　矩形窗频谱图有什么特点？

4-15　为了减少谱泄漏，工程上采用哪两种措施？

4-16　采样定律的内容是什么？

4-17　频率细化分析的基本思想是什么？

4-18　轴心轨迹图通常应用在什么场合？如何绘制轴心轨迹图？

4-19　自相关函数图像的优势是什么？可否利用自相关函数图像的形态判断设备还可以坚持使用的天数？

第5章　设备状态的判定与趋势分析

5.1　设备状态诊断标准

5.1.1　振动诊断标准的判定参数

设备振动诊断标准（或称判定标准）是指通过振动测试与分析来评价设备技术状态的一种标准。在选好设备对象，决定测试方案之后，就要进行认真的测试。而对所测得的数值如何，判定它是正常值还是异常值或故障值，就需要依靠诊断标准。因此，诊断标准的制定和应用是设备诊断工作中的一项十分重要和必不可少的任务。

理论证明，振动部件的疲劳损伤的发展速度与振动速度成正比，而振动所产生的能量则是与振动速度的平方成正比。由于能量传递的结果造成了磨损和其他缺陷，因此，在振动诊断判定标准中，以速度为判定参数比较适宜。

对于大多数的机器设备，最佳参数也是速度，这也就是为什么有很多诊断标准，如 ISO 10816、ISO 3945 及 VDI 2056 等采用速度为判定参数的原因。当然，还有一些标准，根据设备的低、高频工作状态，分别选用振幅（位移）和加速度为判定参数。

各种回转机械的振源主要来自设计制造、安装调试、运行维修中的一些缺陷和环境影响。振动的存在必然会引起结构损伤及材质疲劳，这种损伤并非静力学的超载破坏，而多属于动力学的振动疲劳，它能在相当短的时间产生，并迅速发展扩大，因此必须引起足够的重视。

对于低频振动，主要应考虑由于位移造成的破坏，其实质是疲劳强度的破坏，而非能量性的破坏；但对于 1kHz 以上的高频振动，则主要应考虑冲击脉冲以及零件共振的影响。

美国齿轮制造协会（AGMA）曾对滚动轴承的预防损伤对策，提出过对判定参数的建议。这个建议认为：在低频段（10Hz 以下）以振动位移作为判定参数；在中频段（10Hz ~ 1kHz）以速度作为判定参数；在高频段（1kHz 以上），则以加速度作为判定参数。

5.1.2　状态判定标准的分类

根据判定标准的制定方法的不同，通常将振动判定标准分为三类：

（1）绝对判定标准　绝对判定标准由某些权威机构颁布实施。由国家颁布的国家标准又称为法定标准，具有强制执行的法律效力。还有由行业协会颁布的行业标准，由国际标准化协会 ISO 颁布的国际标准，以及大企业集团联合体颁布的企业集团标准。这些标准都是绝对判定标准，其适用范围覆盖颁布机构所管辖的区域。

国际标准、国家标准、行业标准、企业集团标准都是根据某类设备长期使用、观测、维修及测试后的经验总结，并规定了相应的测试方法。因此，在使用这些标准时，必须按规定的适用范围和测定方法操作。目前应用较广泛的有 ISO 10816《在非旋转部件上测量和评价机器的机械振动》、ISO 3945《振动烈度的现场测定与评定》、CDA/MS/NVSH 107《轴承振动测量的判据》、VDI 2056《振动烈度判据》等。

（2）相对判定标准 相对判定标准是对同一设备，在同一部位进行定期测试，按某个时刻的正常值作为判定基准，而根据实测值与基准值的倍数，进行设备状态判定的方法。

由于是基于设备自身某时刻的测量值作为判定基准，所以称为相对判定标准。

（3）类比判定标准 相对判定标准是建立在长期对某一设备的测量数据的基础上。若某个设备运行时间不长或没有建立长期测量数据的基础，在对设备进行状态判定时，可以采用类比判定标准。

类比判定标准是对多台同样设备在相同条件下运行时，通过对各设备的同一部位的测量值进行相互对比，来判定设备状态的方法。

5.1.3 振动判定标准介绍

为了方便现场诊断查找使用，把收集到的各类有代表性的诊断标准，按照诊断对象分类列出，同时把属于同类设备的有关标准排列在一起，它们在数值上可能有些差异，可以根据诊断对象的具体情况参照选用。对每个标准，以表注的形式简要说明了该标准的主要特点、约束条件及应用范围。

1. 旋转机械振动标准

（1）旋转机械几个常用的绝对判定标准 目前，旋转机械常用的振动诊断标准有国际标准化组织颁布的 ISO 10816 和 ISO 3945、德国标准 VDI 2056、英国标准 BS 4675、我国国家标准 GB/T 6075—2001 等。这些标准在数值级别上大同小异，但在各类诊断文献中常以各自的标准名称出现，为了便于参考，在此分别列出，见表 5-1 ~ 表 5-4。

表 5-1 机械振动诊断标准（ISO 10816 和 ISO 3945）

振 动 强 度		ISO 10816				ISO 3945	
速度有效值/		分级范围				刚性基础	柔性基础
（mm/s）		I 类	II 类	III 类	IV 类		
0.28	0.28	A	A	A	A	优	优
0.45	0.45						
0.71	0.71						
1.12	1.12	B					
1.80	1.80		B				
2.80	2.80	C		B		良	
4.50	4.50		C		B		良
7.10	7.10			C		可	
11.20	11.2				C		可
18	18	D					
28	28		D	D		不可	
45	45				D		不可
71							

注：1. ISO 10816 标准中，把诊断对象分为四个类别；I 类—小型机械，15kW 以下电动机等；II 类—中型机械，15 ~ 75kW 电动机等；III 类—刚性安装的大型机械（600 ~ 12 000 r/min）；IV 类—柔性安装的大型机械（600 ~ 12 000 r/min）。

2. A、B、C、D 及优、良、可、不可代表对设备状态的评价等级。A—良好，B—允许，C—较差，D—不允许。

3. 采用 ISO 10816 标准时，要考虑被诊断设备的功率大小、基础形式、转速范围等约束条件；采用 ISO 3945 标准时，要考虑基础特性。

4. 标准 ISO 10816 和 ISO 3945 所采用的诊断参数均为速度有效值。

支承基础分刚性与柔性两类，机械行业标准中规定当支承系统的一阶固有频率低于机组的主激振频率（指轴的转动频率）时属于柔性基础，反之则属于刚性基础。

表 5-2 机械振动诊断标准（VDI 2056）

振动烈度 v_{rms}/（mm/s）	机械类型			
	K 类	M 类	G 类	T 类
0.25	良好	良好	良好	良好
0.45				
0.71				
1.12				
1.8	可用			
2.8		可用		
4.5	还允许		可用	
7.1		还允许		可用
11.2			还允许	
18.0	不允许			还允许
28.0		不允许		
45.0			不允许	不允许

注：1. VDI 2056 标准把机器类型分为四类：

　　 K 类—小型电动机，原动机与工艺机单独传动，功率不超过 15kW；M 类—中型电动机，功率为 15～75kW，如用专门底座，功率可达 300kW；G 类—大型电动机，原动机和工作机安装在刚性和重型基础上；T 类—大型原动机，大型涡轮发电机组等，安装在刚性很小的结构底座上。

　　 2. 对设备状态评价分为四个等级：良好、可用、还允许、不允许。

　　 3. 采用本标准主要考虑机器的功率大小及基础、底座特性等因素。

　　 4. 诊断参数 v_{rms}。

T. C. RATHBONE 所制定的大型旋转机械振动标准（图 5-1），是国外应用得最早的振动判据之一，它是在长期经验积累的基础上制定的。使用该标准应注意以下四点：

1）这是一个用坐标图形表达的振动标准，每根曲线划分为一个状态范围值。

2）该标准主要考虑转速这个因素，转速单位为 r/min。判断时，根据测值和转速在坐标图上找到状态曲线上的交汇点，即可判断设备处于何种状态。

3）该标准对状态评价分为六个级别：非常好、良好、容许、稍坏、坏、非常坏。

4）诊断参数为最大位移（双峰）。

国家标准 GB/T 6075—2001 共分为六个部分：

1）总则。

2）功率大于 50MW 的陆地安装的大型汽轮发电机组。

3）额定功率大于 15kW、额定转速在 120r/min 至 15 000r/min 之间的在现场测量的工业机器。

4）不包括航空器类的燃气轮机驱动装置。

5）水力发电厂和泵站机组。

表 5-3　机械振动诊断标准（BS 4675）

振动烈度	机械类型			
v/rms（mm/s）	K 组	M 组	G 组	T 组
45	不允许	不允许	不允许	不允许
28				
18				
11.2				
7.1				还可以
4.5	还可以	还可以	还可以	
2.8				可以
1.8	可以	可以	可以	
11.2				
0.71				
0.45	好	好	好	好
0.28				
0.18				

注：1. BS 4675 标准把诊断对象分为 K、M、G、T 四组，其意义与 VDI 2056 振动标准中的字母意义相同。

2. 对设备状态的评价分为四个等级：好、可以、还可以、不允许。

3. 采用本标准时，要先根据机器的功率大小、基础形式将其归入某一组，再将测值与标准对照判别其状态。

4. BS 4675 振动标准的诊断参数为 v_{rms}。

表 5-4　第 1～4 组机器评定区域值

组别	支承类型	区域边界	位移方均根值/μm	速度方均根值/（mm/s）
第 1 组	刚性	A/B	29	2.3
		B/C	57	4.5
		C/D	90	7.1
	柔性	A/B	45	3.5
		B/C	90	7.1
		C/D	140	11.0
第 2 组	刚性	A/B	22	1.4
		B/C	45	2.8
		C/D	71	4.5
	柔性	A/B	37	2.3
		B/C	91	4.5
		C/D	113	7.1
第 3 组	刚性	A/B	18	2.3
		B/C	36	4.5
		C/D	56	7.1
	柔性	A/B	28	3.5
		B/C	56	7.1
		C/D	90	11.0

（续）

组别	支承类型	区域边界	位移方均根值/μm	速度方均根值/（mm/s）
第4组	刚性	A/B	11	1.4
		B/C	22	2.8
		C/D	36	4.5
	柔性	A/B	18	2.3
		B/C	36	4.5
		C/D	56	7.1

注：1. 这些值用于当机器在额定转速或规定的转速范围处于稳定运行状态时所有的轴承、轴承座或机器机座上进行径向振动测量以及推力轴承的轴向振动测量，但不能用于机器处于瞬态条件下（例如转速或载荷变化时）的测量。

2. 对于特殊的机器或特殊的支承及运行条件可以允许不同的或较高的振动评价值。所有这些情况都应当得到制造商与用户的同意。

3. 目前在一般应用中不对机器的加速度值进行监测。希望积累对机器加速度值监测的经验。

4. 对于不阻塞或具有类似运行方式的特殊叶轮的泵，一般可以预期会有较表中限值更高的振动幅值（如单叶片叶轮可达到3mm/s）。

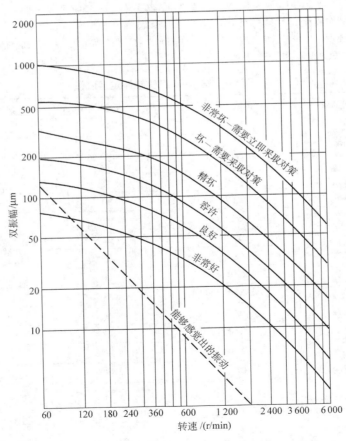

图5-1 T. C. RATHBONE 所制定的大型旋转机械振动标准

6）功率超过 100kW 的往复式机器。

国家标准 GB/T 6075.3—2001（ISO 10816-3：1998）是 GB/T 6075—2001 的第 3 部分。该标准主要针对在非旋转部件上测量和评价机械的机器振动。由于设计、型号或轴承及支承结构的显著区别，将机器分类成 4 组，这 4 组机器可具有水平、垂直及倾斜轴，并可安装在刚性或柔性基础上，评定区域值见表 5-4。

1）第 1 组：额定功率大于 300kW 并小于 50MW 的大型机器；转轴高度 $H > 315mm$ 的电动机。这类机器通常具有滑动轴承。运行或额定转速范围相对较宽，从 120r/min 至 15 000r/min。

2）第 2 组：中型机器，其额定功率大于 15kW，小于或等于 300kW；$160mm \leqslant H < 315mm$ 的电动机。这类机器通常具有滚动轴承并且运行转速超过 600r/min。

3）第 3 组：额定功率大于 15kW 的多叶片叶轮并与原动机分开连接的泵（离心式、混流式或轴流式）。这组机器通常具有滑动轴承或滚动轴承。

4）第 4 组：额定功率大于 15kW 的多叶片叶轮与原动机成一体（共轴）的泵（离心式、混流式或轴流式）。这组机器几乎都用滑动轴承或滚动轴承。

（2）旋转机械相对标准（表 5-5）

表 5-5　旋转机械振动诊断的相对标准

振动频率/Hz	实测值与初值之比						
	1	2	3	4	5	6	7
≤1 000（低频振动）	良好	注意			危险		
>1 000（高频振动）	良好				注意		危险

注：1. 本标准的判断依据有二；1）实际测量振动值与其初始值之比；2）所测振动信号的频率范围。

2. 标准将设备状态的评判分为三个等级：良好、注意、危险。

（3）电动机振动标准　电动机也属于旋转机械。它是一种原动机，为它制定了专用标准后，便于单机检测，也有利于加强对电动机的维护管理。国际标准化组织制订的 ISO 2373 标准和德国标准 DIN 45665，在内容上是相同的，故合并列于表 5-6。国家标准 GB 10068—2008 针对电动机"不同轴中心高 H（mm）用位移、速度、加速度表示的振动强度限值（方均根值）"的规定见表 5-7。

表 5-6　电动机振动标准（ISO 2373 和 DIN 45665）

质量等级	转速 /（r/min）	允许最大 $v_{rms}/$（mm/s）（电动机中心高 $H = 80 \sim 400mm$）		
		$S \leqslant H \leqslant 132mm$	$132mm < H \leqslant 225mm$	$225mm < H \leqslant 400mm$
N（正常值）	600 ~ 3 600	1.8	2.8	4.5
H（良好级）	600 ~ 1 800	0.71	1.12	1.8
	1 800 ~ 3 600	1.12	1.8	2.8
S（特佳级）	600 ~ 1 800	0.45	0.71	1.12
	1 800 ~ 3 600	0.71	1.12	1.8

注：1. 本标准把电动机按其中心高度（H）分为三个类型，中心高度越大，振动阈值越大。

2. 电动机状态判别分为三个等级：正常、良好、特佳。

3. 本标准是指电动机在空转（不带负荷）条件下的阈值。

（4）汽轮机及汽轮发电机组振动标准　汽轮机也属于旋转机械的类型。我国颁布的《电力工业技术管理法规》中规定了转速在 1 500r/min、3 000r/min 和 5 000r/min 之内的汽轮发电机组轴承的振动标准，见表 5-8。国际电工委员会（IEC）推荐的汽轮机振动标准见表 5-9。

表5-7 不同轴中心高 H（mm）用位移、速度、加速度表示的振动强度限值（方均根值）

振动等级	轴中心高/mm	$56 \leqslant H \leqslant 132$			$132 \leqslant H \leqslant 280$			$H > 280$		
	安装方式	位移/μm	速度/(mm/s)	加速度/(m/s²)	位移/μm	速度/(mm/s)	加速度/(m/s²)	位移/μm	速度/(mm/s)	加速度/(m/s²)
A	自由悬置	25	1.6	2.5	35	2.2	3.5	45	2.8	4.4
A	刚性安装	21	1.3	2.0	29	1.8	2.8	37	2.3	3.6
B	自由悬置	11	0.7	1.1	18	1.1	1.7	29	1.8	2.8
B	刚性安装	—	—	—	14	0.9	1.4	24	1.5	2.4

注：1. 等级A适用于对振动无特殊要求的电动机。
2. 等级B适用于对振动有特殊要求的电动机。轴中心高小于132mm的电动机，不考虑刚性安装。
3. 位移与速度、速度与加速度的接口频率分别为10Hz和250Hz。

表5-8 汽轮发电机组轴承的振动标准（轴承双振幅允许值）

转速/（r/min）	振动位移 D_{p-p}/μm		
	优	良	合格
1 500	<30	<50	<70
3 000	<20	<30	<50
≤3 000	<20	<30	<50
≤5 000	<10	<30	<30

注：1. 本标准规定测点位置在轴承处的垂直和水平方向。
2. 阈值的大小取决于汽轮机的转速，转速越大，振动位移允许值越小。
3. 状态评判分为三个等级：优、良、合格。

表5-9 国际电工委员会（IEC）推荐的汽轮机振动标准

测量方式	振动位移 D_{p-p}/μm				
	转速/（r/min）				
	≤1 000	1 500	3 000	3 600	≥6 000
轴承上	75	50	25	21	12
轴上（靠近轴承）	150	100	50	44	20

注：1. 本标准按转速将汽轮机分为五种类型，转速增大，汽轮机允许振幅减小。
2. 表中分别列出两种测量方式的标准值，即测量轴承与测量轴，轴振动允许值约为轴承振动的两倍。

（5）离心鼓风机和压缩机振动标准 表5-10为我国对离心鼓风机和压缩机技术规定的轴承振动标准。

表5-10 离心鼓风机和压缩机技术振动标准

测点部位	振动位移 D_{p-p}/μm			
	转速/（r/min）			
	≤3 000	≤6 500	≤10 000	>10 000
主轴轴承	50	≤40	≤30	≤20
齿轮箱轴承	—	≤40	≤40	≤30

注：1. 本标准按转速将离心鼓风机和压缩机分为四种类型，转速越高，允许振动值越小。
2. 测点部位分为两种形式：主轴轴承和齿轮箱轴承，后者振动值公差略高于前者。

2. 金属切削机床振动标准

金属切削机床大多属于旋转机械，但作为工作母机，它与一般非加工机械有很大的差别。它的工作性质决定着它要有很高的运动精度，因此对振动水平的控制特别严格，比一般机械的振动标准要求高得多，故用于一般非加工机械的振动标准不能用作机加工设备的判据。表5-11是金属切削机床的振动标准。

表 5-11　部分金属切削机床振动标准（美国）

机床类型	位移允许值 $D_{p-p}/\mu m$
螺纹磨床	0.25～1.3
仿形磨床	0.76～2.0
外圆磨床	0.76～2.5
平面磨床	0.76～3.0
无心磨床	1.00～2.5
镗　床	1.52～2.5
普通车床	5.00～25.4

注：1. 本标准规定：测量位置在轴承的垂直和水平方向；测定转速在规定的验收转速或加工使用转速条件下测量。
　　2. 不同的机床类型其判别阈值不同。

3. 齿轮判定标准

图 5-2 是国外的一种齿轮箱的判断标准。齿轮的类型和大小不同，其判断标准也不相同，本标准只能算是一个实例。

1）本标准分两个频段确定判别参数及其阈值。测量频率在 1 000Hz 以下，用速度作为诊断参数，且其标准值不随频率变化；当测量频率在 1 000Hz 以上，用加速度作为诊断参数，且标准值随频率增大而减小。

2）齿轮状态分为三个等级，即良好、注意和危险。

4. 滚动轴承判断标准

图 5-3 是国外某公司用于判断滚动轴承的加速度标准。

使用该标准的几点说明：

1）应用该标准时，须根据转速与转轴轴颈直径之积与实测的轴承加速度值来确定轴承的状态。

2）标准把轴承状态分成三个等级，即 A（良）、B（注意）、C（危险）。

3）测量参数采用加速度 g。

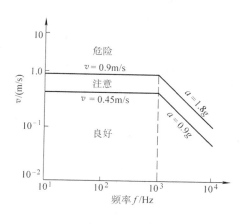

图 5-2　齿轮箱判断标准实例

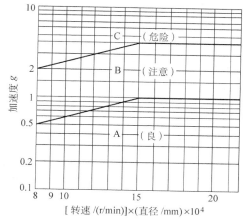

图 5-3　滚动轴承判断标准

5. 往复机械振动标准

在工业生产中，应用最多的往复机械是往复式空压机。目前用于往复机械振动诊断的标准较少，使用经验也不多，下面介绍一种，见表 5-12。

表 5-12　容积式活塞压缩机机械振动测量与评价（GB/T 7777—2003）

压缩机类别	压缩机结构形式	振动烈度 v_{rms}（mm/s）$\leq$
Ⅰ	对称平衡型	18.0
Ⅱ	角度式（L形、V形、W形、扇形、对置）	28.0
Ⅲ	其他卧式	45.0
Ⅳ	微型、无基础	45.0
Ⅴ	移动式，直联便携式	71.0

注：本标准按压缩机的结构形式把压缩机分为四种类型，规定了各类压缩机振动烈度的允许最大值。

6. 多种机型混合的振动标准（即综合型标准）

表 5-13 是加拿大政府颁布的轴承振动速度判据。此标准包括 12 种机型、24 种规格的各类设备，其中主要是旋转机械（有多种机型），也有往复机械。下面把它作为综合型标准列出，以利查询。

表 5-13　轴承振动测量值的机器状态判据（10～10 000Hz）

用于下列机器的振动烈度允许值	新机器				旧机器（全速、全功率）			
	长寿命①		短寿命②		检查限③		修理限④	
	V_{db}⑤	mm/s⑥	V_{db}	mm/s	V_{db}	mm/s	V_{db}	mm/s
燃气轮机：								
＞20 000hp	138	7.9	145	18	145	18	150	32
6～20 000hp	128	2.5	135	5.6	140	10	145	18
≤5 000hp	118	0.79	130	3.2	135	5.6	140	10
汽轮机：								
＞20 000hp	125	1.8	145	18	145	18	150	32
6～20 000hp	120	1.0	135	5.6	145	18	150	32
≤5 000hp	115	0.56	130	3.2	140	10	145	18
空气压缩机：								
自由活塞	140	10	150	3.2	150	32	155	56
高压空气、空调	133	4.5	140	10	140	10	145	18
低压空气	123	1.4	135	5.6	140	10	145	18
电冰箱	115	0.56	135	5.6	140	10	145	18
柴油发电机组	123	1.4	140	10	145	18	150	32
离心机：								
油分离器	123	1.4	140	10	145	18	150	32
齿轮箱：								
＞10 000hp	120	1.0	140	10	145	18	150	32
10～10 000hp	115	0.56	135	5.6	145	18	150	32
≤10hp	110	0.32	130	3.2	140	10	145	18
锅炉辅机	120	1.0	130	3.2	135	5.6	140	10
发电机组	120	1.0	130	3.2	135	5.6	140	10

（续）

用于下列机器的振动烈度允许值	新机器				旧机器（全速、全功率）			
	长寿命①		短寿命②		检查限③		修理限④	
	V_{db}⑤	mm/s⑥	V_{db}	mm/s	V_{db}	mm/s	V_{db}	mm/s
泵：								
>5hp	123	1.4	135	5.6	140	10	145	18
≤5hp	118	0.79	130	3.2	135	5.6	140	10
风扇：								
<1 800r/min	120	1.4	135	3.2	135	5.6	140	10
>1 800r/min	115	0.79	130	3.2	135	5.6	140	10
电动机：								
>5hp 或 1 200r/min	108	0.25	125	1.8	130	3.2	135	5.6
≤5hp 或 1 200r/min	103	0.14	125	1.8	130	3.2	135	5.6
变流机：								
>1kVA	103	0.14	—	—	115	0.56	120	1.0
≤1kVA	100	0.10			110	0.32	115	0.56

注：1. 本标准确定的频率范围较宽，所包括的机器类型较多，因此适用范围较广。

2. 标准除着重考虑功率（1hp＝745.700W）因素外，还考虑了转速、工作寿命、机器的新旧程度等多种因素，准确性较大，可作为制定相对标准的参考。V_{db} 为速度分贝值。

① 长寿命为 1 000 ~ 10 000hp。

② 短寿命约为 100 ~ 1 000hp。

③ 达到此值时，应进行检查，同时要进行频繁的频程分析并与下一行的数据进行比较。

④ 任何一个倍频程分量达到此值时应立即进行修理。

⑤ 速度参考值 $v_0 = 10^{-6}$ mm/s，v 为实际速度，$v_{db} = 20\lg(v/v_0)$。

⑥ 以振动速度有效值为准的振动烈度允许值。

7. 行业设备判断标准

国内有的部门也曾制定了本行业的设备判断标准。表5-14 是化工行业制订的几种设备的振动标准。

表5-14 部分化工设备的振动标准

序 号	设备类别	设备转速/（r/min）	允许位移全振幅/mm	标准代号
1	活塞式压缩机①基础振动	<200	0.25	HGJ 1018—1979
		200 ~ 400	0.15	
		>400	0.10	
2	汽轮机	—	0.02	HGJ 1019—1979
3	离心式压缩机	—	0.015	HGJ 1020—1979
4	离心式冷冻机	—	0.015	HGJ 1021—1979
5	螺杆式压缩机	—	0.05	HGJ 1022—1979
6	离心式通（鼓）风机	1 000	0.12	HGJ 1024—1979
		1 500	0.11	
		2 000	0.10	
		2 500	0.09	
		3 000	0.06	
		4 000	0.05	

（续）

序　号	设备类别	设备转速/（r/min）	允许位移全振幅/mm	标准代号
7	轴流式通风机		0.15	HGJ 1025—1979
8	柱塞泵	<200	0.20	HGJ 1027—1979
		200～400	0.15	
		>400	0.10	
9	深井泵	1 500	0.12	HGJ 1030—1979
		3 000	0.06	
10	轴流泵	<750	0.15	HGJ 1031—1979
		750～1 500	0.11	
11	低温泵	1 500	0.038	HGJ 1032—1979
		3 000	0.025	
12	高速泵		0.03	HGJ 1033—1979
13	潜水泵、 金属耐蚀泵	<750	0.24	HGJ 1034—1979
		1 500	0.12	
		3 000	0.06	
14	离心式热油泵	1 500	0.09	HGJ 1035—1979
		3 000	0.06	
15	多级离心泵	1 500	0.09	HGJ 1036—1979
		3 000	0.06	
16	SZ型水环真空泵	—	0.09	HGJ 1038—1979
17	行星齿轮增速器	—	0.01②	HGJ 1041—1979
18	齿轮减速器	—	0.08	HGJ 1042—1979
19	行星摆线针轮减速器	—	0.08	HGJ 1043—1979
20	沉降式离心机	主轴承 差速器尾轴 进料口 双轴承箱 机座	空载/负荷 0.02/0.04 0.20/0.30 0.05/0.10 0.02/0.04 0.025/0.05	HGJ 1044—1979

注：1. 化工行业制订的机械振动标准门类比较齐全，主要是旋转机械，也有往复机械，齿轮减速（增速）器。影响振动的因素除考虑设备转速外，少数机型还考虑了载荷的影响。这些标准适用于现场设备巡检或普查测试时参考。

2. 测量参数为位移峰峰值（全振幅）。

① 30MPa活塞式压缩机转速 <200r/min 时，允许振动全振幅为0.20mm。

② 此为参考值。

8. 部分引进设备振动标准

改革开放以来，许多企业从国外引进了大批设备，设备制造厂家一般都提供了这些设备的振动标准，表5-15、表5-16所示为部分引进设备的诊断标准。

表 5-15　部分从日本引进设备的振动标准

序　号	设备类别	转速/（r/min）	允许位移全振幅 D_{p-p}/mm	标准代号
1	单列式往复压缩机	—	0.15	JISB 8341—1976
2	多列式往复压缩机	—	0.03	JISB 8341—1976
3	对称平衡往复压缩机	—	0.02	JISB 8341—1976
4	离心泵	1 500	0.04	
		3 000	0.03	
5	离心压缩机	4 000	0.022	
		6 000	0.018	
		8 000	0.015 5	
		10 000	0.014	
		12 000	0.012 5	
		14 000	0.012	

注：1. 表中设备的振动标准主要考虑了转速这个因素。

2. 诊断参数为位移全振幅（D_{p-p}）。

3. 检测应遵循的条件：测点在轴承或其附近位置。

表 5-16　日本制造厂为宝钢引进设备提供的部分振动标准

序　号	设备名称	测定位置	功率/kW	转速/（r/min）	振动位移全振幅 D_{p-p}/μm
1	高炉引风机	轴	4 800	3 000	50
2	烧结机主排风机	轴承	9 300	1 000	28
3	转炉 OG 风机	轴承	3 100	600 ~ 1 450	80
4	初轧均热炉风机	轴承	370	1 426	80
5	焦化煤气排送机	轴承	830	7 308	30
6	烧结余热回收风机	轴承	—	570 ~ 1 440	33
7	烧结冷却机送风机	轴承	—	750	53
8	除尘风机	轴承	—	—	1.68mm/s

注：1. 本表所列全部是风机的振动标准。考虑的相关因素有转速、功率、测点位置及设备的作业场地等，这也是参考使用表中数据时应当考虑的。

2. 判断参数为位移全振幅（D_{p-p}）。

9. 类比判断标准

数台机型相同、规格一致的设备，在相同条件下对它们进行同等测量时，一般按下列标准判断：

1）在低频段（≤1 000Hz）测量，其振动值大于其他大多数设备振动值的4倍以上时，判为异常；在高频段（>1 000 Hz），实测振动值大于正常值的2倍以上时，判为异常。

2）在低频段测量，若其振动值大于其他设备的2倍以上，或高频段的振动值大于其他设备的4倍以上时，一般判为严重故障，应考虑停机修理。

10. 管道振动判断标准

机器设备的异常振动有时会引起与之相连接的管道振动；同样，管道的异常振动（如压气管道振动）也会导致设备的振动超差。管道的异常振动还会引起管道本身及其构筑物的损坏。因此，在有些情况下必须检测管道的振动极限，为维修决策提供依据。表 5-17 和图 5-4 分别给出管道振动的两种判断标准。

（1）管道振动速度判断标准 1984 年加拿大梅特提出了管道和机器的振动速度现场判断标准，见表 5-17。

表 5-17　管道和机器振动速度现场判据v_{rms}　（单位：mm/s）

管道在管道两支架的中心测量	机器在轴承壳体上测量	现场评估
<15.3	<5.1	可接受
15.3～38	5.1～12.7	恶化，应进行应急修理
38.1～76.2	12.7～25.4	危险，考虑停机修理

注：1. 本标准着重考虑了测点位置的选择，可作为现场初步评估。
　　2. 本标准把管道和机器的振动状态分为三个等级：可接受、恶化和危险。

（2）管道振动位移判断标准 日本西南研究所曾经作出了一个容许的管道振动标准，如图 5-4 所示。

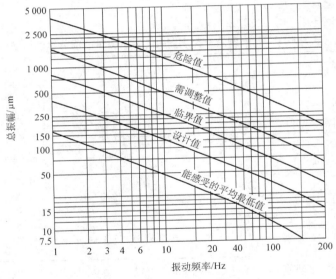

图 5-4　管道振动允许标准

使用该标准时必须注意：
1）标准给出的容许振动值是指某一振动频率范围内的总振幅。
2）管道状态评价分为五个等级（分别用五条曲线标定）。
3）测量振动的参数为位移全振幅 D_{p-p}/μm。

5.2　设备状态劣化趋势分析

5.2.1　状态趋势分析在故障监测预警中的作用

设备诊断的实质就是设备运行状态识别。在工业现场有两类设备诊断模式在应用。一类是在线故障监测诊断系统，它依靠复杂的测试分析系统对重要设备进行 24h 的连续监测分析。由于费用高，因此在流程工业（冶金、化工等）中用于一旦发生事故，其直接损失（主要是设备损坏的修复费用等，包括连锁反应造成的其他设备损坏）和间接损失（原料、燃料损失及停产损失）都很大的重大、关键设备的故障诊断。另一类是采用便携式仪器，对设备进行定期的巡检，记录所测定的参数，根据时间历程的数据进行故障判断、劣化趋势分析。这类模式称为点巡检制度，又称为定人员、定时间、定测点参数、定测点部位、定测量仪器的"五定"作业制度。

　　这两类设备诊断模式都在使用过程中产生大量的具有时间序列特征的数据，是设备状态劣化趋势分析的基础。趋势分析属于预测技术，对于设备劣化趋势分析属于设备趋势管理的内容，也是状态预知维修方式与其他维修方式相比具有显著而独特的方面，其目标是从过去和现在的已知情况出发，利用一定的技术手段，去分析设备的正常、异常和故障三种状态，推测故障的发展过程，有利维修决策和过程控制。

　　设备劣化趋势分析的作用有：

　　1）检查设备状态是否处于控制范围以内。

　　2）观测设备状态的变化趋向或现实状况。

　　3）预测设备状态发展到危险水平的时间。

　　4）早期发现设备异常，及时采取对策。

　　5）及时找出有问题的设备（提交精密诊断）。

　　设备劣化趋势分析的数据类型可以是状态信号分析中的各项时域指标，也可以是频谱分析中的某一特征频率的振幅，或者是执行点巡检制度所获得的记录数据。

　　图 5-5 所示是时域指标的趋势分析图例。其中，最下面的趋势曲线是有效值 v_{rms}，中间的趋势曲线是峰值指标，最上面的是劣化指标——峭度值 C_q。

　　这是一个在实验室专用试验机上作出的试验数据趋势曲线，所以曲线点连接光滑。检测对象是滚动轴承，由于 C_q 对轴承缺陷十分敏感，不易受型号参数、转速、负荷、温度等影响，且其在正常状态下的标准值为 3，因而常用于故障诊断中作为趋势分析的一项指标。在实际工业现场，由于有许多信号混杂在一起，时域指标不将它们分开，所以趋势曲线有较大的起伏，但仍然可以看到趋势的大致走向。

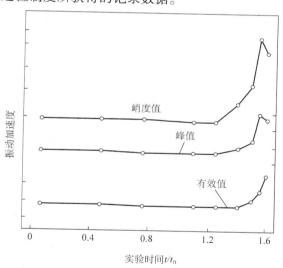

图 5-5　时域指标的趋势分析图例

　　图 5-6 所示是一个趋势分析管理所用图表的实例。在图表的上部，要求绘出被诊断设备的简图，并需要注明振动的测点位置。

　　在右上栏要填写额定功率（kW）、额定转速（r/min）、轴承及齿轮的名称和型号，并记入每个测点上的初始振动值（又称为标准值）。

　　图中的 H、V、AV 分别表示水平方向、垂直方向和轴向的测定位置。当经验不足时，这三个方向的测定都必不可少，而随同经验积累，则可以减少测点和方向。

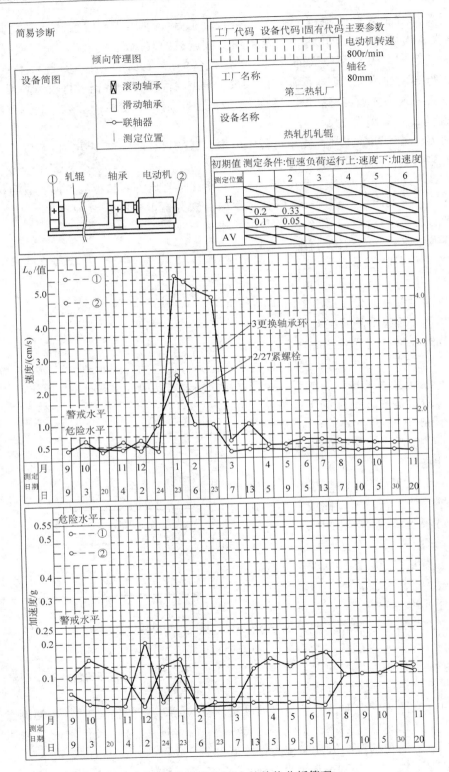

图 5-6 点巡检制度中的趋势分析管理

因为低频领域 L_o 的数值是以振动速度（cm/s）来测量的，所以图表中部计量单位为 cm/s。而中频领域 H_d 及高频领域 H_i 通常以加速度（g）来测量，所以在图表下部的加速度用 g（$g = 9.8\text{m/s}^2$）来表示。

绘制趋势管理图的步骤如下：

第 1 步，制作图表格式。

首先要编制如图 5-6 所示的表，在左上栏绘出设备简图，标明测点。设备的规格参数是诊断的重要依据，必须从实填写。

第 2 步，标明刻度。

低频领域 L_o 以振动速度表示，选择合适的计量单位，如图 5-6 所示的范围在 0.5 ~ 5.0cm/s 之间。中频领域 H_d 及高频领域 H_i 以加速度 g 为计量单位，范围在（0.1 ~ 0.6）g 之间。这些刻度可以根据具体设备的振动情况自行划分。

第 3 步，填入标准值。

把设备在正常状态下的振动平均值作为标准值 $\bar{x}$ 记入图表。当无历史数据或经验数据以确定标准值时，可用正常状态下的振动平均值取代。其方法为：在认为设备处于正常状态时，测定 N 个（$\geqslant 20$）振值 x_1、x_2、$\cdots$、x_n，并以其平均值作为标准值 $\bar{x}$。这个做法又称为基准线估计。

其计算公式为

$$\bar{x} = \frac{x_1 + x_2 + \cdots + x_n}{N} \tag{5-1}$$

第 4 步，填入判断标准。

需填入报警（Caution）值 x_c 及危险（Danger）值 x_d，当无历史数据或经验数据时，可利用第 3 步中在正常状态下测得的 N 个振值，首先计算出标准方差 σ，然后再利用 σ 计算出报警值 x_c 及危险值 x_d。

$$\sigma = \sqrt{\sum_{i=1}^{N} (x_i - \bar{x})^2 / (N - 1)} \tag{5-2}$$

$$x_c = \bar{x} + 3\sigma \tag{5-3}$$

$$x_d = 3\bar{x} + 9\sigma \tag{5-4}$$

以上报警值和危险值都必须记入图中。

第 5 步，按时间序列填写测定值。

按规定的点检测定间隔时间——点检周期，对被监测的设备各规定测点进行设备状态参数的测取，然后将测得的值按时间的先后填入表格，用曲线或折线将这些数据点连接起来，构成了设备状态参数的趋势曲线。

图 5-6 所示的设备是冶金企业热轧工厂轧钢机的轧辊机构，其结构虽然简单，但对产品质量的影响很大。上部低频领域 L_o 的标准值 $\bar{x}$ 为 0.3cm/s，报警值为 1.0cm/s。危险值尚难确定，故未填写。

用式（5-1）及式（5-3），分别计算的标准值 $\bar{x}$ 及报警值 x_c，都必须记入图表中，并且在下部高频领域 H_i 的标准值 $\bar{x}$、报警值 x_c 和危险值 x_d 的数值也都要记入。

从图中可以看到，1 月 23 日有两路监测信号的测量值突然升高，是正常值的 2.5 ~ 5

倍，因此需要安排检修计划，准备备品备件，确定施工方案等；在 2 月 27 日～3 月 1 日的检修中分别紧固松弛的螺栓和更换轧辊轴承。

5.2.2　趋势分析应用方法

即便是趋势管理图中的总体测量值都位于注意范围之内，也必须经常注意有无任何特殊的趋势。因为设备如在正常状态下，其测点值是中间多两端少，在标准线 $\bar{x}$ 的上下均等，并且是随机分布。因此，在采用了理论性的统计方法之后，对数据的不规则性的检查很有必要，在现场如能对以下五项内容进行检验，将会取得好的效果。

1）测点值的连接链是否够长。

2）测点值是否偏向标准值（$\bar{x}$）的一侧。

3）测点值是否多分布于注意线（$\pm x$）的近旁。

4）测点值是否具有一定的倾向性。

5）测点值是否具有一定的周期性。

链是由连续出现在标准值的某一侧的测点值所构成的。链的长度为连续出现在标准值一侧测点值的个数。

丰田利夫的报告中指出：

（1）当测定值跑出上下管理线外时　此时因为已经有了设备存在异常的证据，所以可以很好地判定异常。

（2）当测定值处在上下管理线内时　此时可以说并无设备处于异常的证据，但也未必能保证设备是绝对正常的。因而有必要探索在数据上还有无特殊缺陷或倾向。这也正是每个设备管理人员可以表现他的技能之处。

（3）当利用"链"进行判断时　可以有以下几种情况：

1）测点值是否在标准值中心线的一侧连续出现，其判定式是：

当测点值的链在 5 点以上时，需要注意。

当测点值的链在 7 点以上视为异常。

2）测点值是否在偏向标准值中心线的一侧有数值偏多现象，其判定式是：

在连续的 11 点中有 10 点以上偏向标准值中心线的一侧时，视为异常。

在连续的 20 点中有 16 点以上偏向标准值中心线的一侧时，视为异常。

3）测点值的链是否表示出时而上升、时而下降的倾向，其判定式是：

在连续的 5 个点以上升降时，需要注意。

在连续的 7 个点以上升降时，视为异常。

4）测点值的链是否具有周期性变化，其判定式是需要注意周期长度和振幅变化。

图 5-7 所示为三个不同形式的趋势管理图。

设备劣化趋势分析的第一个任务是观察近期设备的振动发展情况，判断是否存在异常。第二个任务是预测设备状态达到危险值的时间，以便及早采取预防性措施，以利于检修计划安排。

通常在线机械故障监测诊断系统自带趋势分析功能模块，能很方便地观察预测的趋势走向。而点巡检模式下的测量数据则需要利用 Excel 电子表格来进行趋势预报分析。

在 Excel 电子表格（表 5-18）中的操作过程如下：

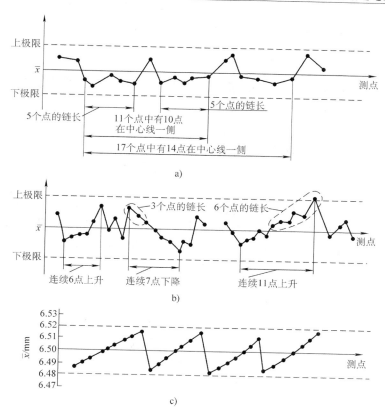

图 5-7　三个不同形式的趋势管理图

a）偏向一侧　b）有倾向性　c）周期变化

表 5-18　趋势数据表

日　　　期	测　量　值
3 月 2 日	0.80
3 月 9 日	0.70
3 月 16 日	0.82
3 月 23 日	0.74
3 月 30 日	0.84
4 月 6 日	0.78
4 月 13 日	0.90
4 月 20 日	0.85
4 月 27 日	0.95
5 月 4 日	0.91
5 月 11 日	0.85
5 月 18 日	0.99
5 月 25 日	1.04
6 月 1 日	1.16
6 月 8 日	1.09

1）将日期与测量值分两列填写。由于在 Excel 中坐标轴的刻度必须是等间隔的，因此日期也必须等间距。

2）选中所填写的两列，单击图表向导。

3）选择 x-y 散点图中连续曲线的模式，按提示进行下一步的操作。

4）散点图制作完成后，用鼠标右键单击曲线，弹出菜单。

5）选择"添加趋势线"。

6）选择"多项式"，阶数 2。

7）在"选项"中，选择"显示公式"，并"趋势预测——前推" X 个日期单位，最后确定。

图 5-8 显示了测量值和拟合抛物线公式的预测曲线，预测到 8 月 11 日的数据可能的大小。图中纵坐标的单位与用于绘制曲线的测量值的单位相同，即测量值的单位为速度 mm/s，纵坐标的单位也为 mm/s；测量值的单位为加速度 g，纵坐标的单位也为 g。

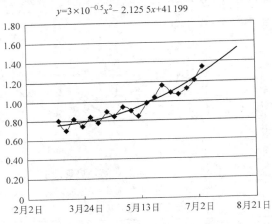

$$y=3\times10^{-0.5}x^2-2.125\,5x+41\,199$$

图 5-8　从测量数据拟合抛物线趋势公式

5.3　设备状态报告的编写

在设备故障诊断与诊断工作中有两类报告产生，一类是按工作计划安排，逐月编写的设备状态监测报告；另一类是针对特定设备编写的设备状态诊断报告。这两类报告都归于设备管理工作中设备运行类，是需要妥善保管的文件，只是保管的期限有所不同。监测报告属于短期保管的文件，一般期限为 1～2 年，诊断报告属于长期保管的文件，贯穿于整个设备的寿命周期。

考虑到任何岗位都会发生人员更换，新上岗的人员要尽快熟悉管理范围内的设备，必然要依赖设备状态报告。所以报告编写的基本指导原则是：报告的阅读者是并不熟悉设备、但具有基本机械知识的人员。

报告内容的编排顺序：由表及里，循序渐进，逐步深化。

报告内容的组成：

1）时间：指数据采集分析的监测时间或时间范围，不是报告编写时间。报告编写时间放到报告的结尾处。

2）设备：应包含设备的传动简图，相关的与诊断分析有关的参数，环境、工艺状况等。

3）背景材料：现场操作、维护人员所观察到的情况、推测等内容。

4）测试技术说明：包含测点布置、测量参数、使用仪表及调定参数、采样频率、分析频率等技术说明。对于按计划定期编写的监测报告，可以适当省略。

5）测试所获得的原始数据：包含原始波形、相关统计分析获得的数据，对于监测类报告还有发展过程曲线的趋势分析及相应内容。尽可能指出应特别关注的情况特征等。

6）精密诊断或通过特殊技术手段所获得的特征数据、图像，这一部分是最终结论的依据，必须认真对待。在这里应将与最终结论相关的依据——指出，也就是表述了分析过程。有些情况需要以标准作依据，必须标明标准的编号，发布单位等。

7）最终结论：有多项证据指向的同一情况，可以用结论来表达，只有一项证据的情况或感到证据的可靠度不足的情况，用推论表达。这两种表达有不同的含义：结论是后续决策的依据，可信度高的表述；推论只是重要的参考。

8）复核：这一部分包含最后的决策及决策执行后的情况，是对前面诊断结论或推论的验证。

9）报告的结尾：报告的结尾应有报告的撰写单位、部门、执笔人等，还要有报告的编制日期。

设备状态报告的编写是一个严肃的过程，每个编写人员都应持有严谨的态度。大多数状态监测报告的结论是"一切正常"，这类正常的报告保存的价值最低，因为包含的信息量很小。只有包含了故障信息的报告才具有长期保管的价值，特别是那些包含了复核信息的文件，具有最高的价值。

思 考 题

5-1　对于大多数的机器设备，最佳参数是_____，这也就是为什么有很多诊断标准，如 ISO2372、ISO3945 及 VDI2056（德）等采用该参数的原因，当然也还有一些标准，根据设备的低、高频工作状态，分别选用_____和_____。

5-2　振动诊断标准的判定参数有哪些？

5-3　根据判定标准的制定方法的不同，通常将振动判定标准分为哪几类？

5-4　点巡检制度设备诊断模式是指什么？五定作业制度指什么？

5-5　为什么要对设备进行劣化趋势分析？

5-6　在现场对数据的不规则性检查时，应该对哪五项进行检验？

5-7　设备诊断的实质是什么？在工业现场通常采用哪两类设备诊断模式？

第6章　旋转机械故障诊断

6.1　旋转机械振动的动力学特征及信号特点

旋转机械是指主要功能由旋转运动完成的机械。电动机、离心式风机、离心式水泵、汽轮机、发电机等，都属旋转机械范围。

6.1.1　转子特性

转子组件是旋转机械的核心部分，由转轴及固定安装其上的各类盘状零件（如叶轮、齿轮、联轴器、轴承等）所组成。

从动力学角度分析，转子系统分为刚性转子和柔性转子。转动频率低于转子一阶横向固有频率的转子为刚性转子，如电动机、中小型离心式风机等。转动频率高于转子一阶横向固有频率的转子为柔性转子，如燃气轮机转子。

在工程上，也把对应于转子一阶横向固有频率的转速称为临界转速。当代的大型转动机械，为了提高单位体积的做功能力，一般均将转动部件做成高速运转的柔性转子（工作转速高于其固有频率对应的转速），采用滑动轴承支撑。由于滑动轴承具有弹性和阻尼，因此，它的作用远不止是作为转子的承载元件，而且已成为转子动力系统的一部分。在考虑到滑动轴承的作用后，转子—轴承系统的固有振动、强迫振动和稳定特性就和单个振动体不同了。

由于柔性转子在高于其固有频率的转速下工作，所以在起动、停车过程中，它必定要通过固有频率这个位置。此时机组将因共振而发生强烈的振动，而在低于或高于固有频率转速下运转时，机组的振动是一般的强迫振动，振幅都不会太大，共振点是一个临界点。因此，机组发生共振时的转速也称之为临界转速。

转子的临界转速往往不止一个，它与系统的自由度数目有关。实际情况表明带有一个转子的轴系，可简化成具有一个自由度的弹性系统，有一个临界转速；转轴上带有两个转子，可简化成两个自由度系统，对应有两个临界转速，依次类推。其中转速最小的那个临界转速称为一阶临界转速 n_{c1}，比它大的依次叫做二阶临界转速 n_{c2}、三阶临界转速 n_{c3}、…。工程上有实际意义的主要是前几阶，过高的临界转速已超出了转子可达到的工作转速范围。

为了保证大机组能够安全平稳的运转，轴系转速应处于该轴系各临界转速的一定范围之外，一般要求：

刚性转子　$n < 0.75 n_{c1}$

柔性转子　$1.4 n_{c1} < n < 0.7 n_{c2}$

式中　n_{c1}、n_{c2}——轴系的一阶、二阶临界转速。

机组的临界转速可由产品样本查到，或在开、停机过程中由振动测试获取。需要指出的是，样本提供的临界转速和机组实际的临界转速可能不同，因为系统的固有频率受到种种因素影响会发生改变。这样，当机组运行中因工艺需要调整转速时，机组转速很可能会落到共振区内。针对这种情况，设备故障诊断人员应该了解影响临界转速改变的可能原因。一般地说，一台给定的设备，除非受到损坏，其结构不会有太大的变化，因而其质量分布、轴系刚度系数都是固定的，其固有频率也应是一定的。但实际上，现场设备结构变动的情况还是很多的，最常遇到的是更换轴瓦，有时是更换转子，不可避免的是设备维修安装后未能准确复位，这些因素都会影响到临界转速的改变。多数情况下，这种临界转速的改变量不大，在规定必须避开的转速区域内，因而被忽略。

6.1.2　转子-轴承系统的稳定性

转子-轴承系统的稳定性是指转子在受到某种小干扰扰动后能否随时间的推移而恢复原来状态的能力，也就是说扰动响应能否随时间增加而消失。如果响应随时间增加而消失，则转子系统是稳定的。若响应随时间增加，则转子系统就失稳了。

比较典型的失稳是油膜涡动。在瓦隙较大的情况下，转子常会因不平衡等原因而偏离其转动中心，致使油膜合力与载荷不能平衡，就会引起油膜涡动。机组的稳定性能在很大程度上取决于滑动轴承的刚度和阻尼。当系统具有正阻尼时，系统具有抑制作用，振动逐渐衰减。反之，系统具有负阻尼时，油膜涡动就会发展为油膜振荡。油膜涡动与油膜振荡都是油膜承载压力波动的反映，表现为轴的振动。

1. 油膜涡动与油膜振荡的发生条件

1）只发生在使用压力油润滑的滑动轴承上，在半润滑轴承上不发生。

2）油膜振荡只发生在转速高于临界转速的设备上。

2. 油膜涡动与油膜振荡的信号特征

1）油膜涡动的振动频率随转速变化，与转动频率的关系为 $f = (0.43 \sim 0.48)f_n$。

2）油膜振荡的振动频率在临界转速所对应的固有频率附近，不随转速变化。

3）两者的振动随油温变化明显。

3. 油膜涡动与油膜振荡的振动特点

1）油膜涡动的轴心轨迹是由基频与半速涡动频率叠加成的双椭圆，较稳定。

2）油膜振荡是自激振荡，维持振动的能量是转轴在旋转中供应的，具有惯性效应。由于有失稳趋势，导致摩擦与碰撞，因此轴心轨迹不规则，波形幅度不稳定，相位突变。

4. 消除措施

1）设计时使转子避开油膜共振区。

2）增大轴承比压，减小承压面。

3）减小轴承间隙。

4）控制轴瓦预负荷，降低供油压力。

5）选用抗振性好的轴承结构。

6）适当调整润滑油温。

7）从多方面分析并消除产生的因素。

6.1.3　转子的不平衡振动机理

旋转机械的转子由于受材料的质量分布、加工误差、装配因素以及运行中的冲蚀和沉积等因素的影响，致使其质量中心与旋转中心存在一定程度的偏心距。偏心距较大时，静态下，所产生的偏心力矩大于摩擦阻力矩，表现为某一点始终恢复到水平放置的转子下部，其偏心力矩小于摩擦阻力矩的区域内，称之为静不平衡。偏心距较小时，不能表现出静不平衡的特征，但是在转子旋转时，表现为一个与转动频率同步的离心力矢量，离心力 $F = Me\omega^2$，从而激发转子的振动。这种现象称之为动不平衡。静不平衡的转子，由于偏心距 e 较大，表现出更为强烈的动不平衡振动。

虽然做不到质量中心与旋转中心绝对重合，但为了设备的安全运行，必须将偏心所激发的振动幅度控制在许可范围内。

1. 不平衡故障的信号特征

1）时域波形为近似的等幅正弦波。

2）轴心轨迹为比较稳定的圆或椭圆，这是由轴承座及基础的水平刚度与垂直刚度的不同所造成的。

3）频谱图上转子转动频率处的振幅。

4）在三维全息图中，转动频率的振幅椭圆较大，其他成分较小。

2. 敏感参数特征

1）振幅随转速变化明显，这是因为激振力与角速度 ω 是指数关系。

2）当转子上的部件破损时，振幅突然变大。例如，某烧结厂抽风机转子焊接的合金耐磨层突然脱落，造成振幅突然增大。

6.1.4 转子与联轴器的不对中振动机理

转子不对中包括轴承不对中和轴系不对中。轴承不对中本身不引起振动，只影响轴承的载荷分布、油膜形态等运行状况。一般情况下，转子不对中都是指轴系不对中，故障原因在联轴器处。

1. 引起轴系不对中的原因

1）安装施工中对中超差。

2）冷态对中时没有正确估计各个转子中心线的热态升高量，工作时出现主动转子与从动转子之间产生动态对中不良。

3）轴承座热膨胀不均匀。

4）机壳变形或移位。

5）地基不均匀下沉。

6）转子弯曲，同时产生不平衡和不对中故障。

轴系不对中可分为三种情况：

1）轴线平行不对中。

2）轴线交叉不对中。

3）轴线综合不对中。

在实际情况中，都存在着综合不对中。只是其中轴线平行不对中和轴线交叉不对中所占的比例不同而已。

由于两半联轴器存在不对中，因而产生了附加的弯曲力。随着转动，这个附加弯曲力的方向和作用点也被强迫发生改变，从而激发出转动频率的 2 倍频、4 倍频等偶数倍频的振动。其主要激振量以 2 倍频为主，某些情况下 4 倍频的激振量也占有较重的分量。更高倍频的成分因所占比例很少，通常显示不出来。

2. 轴系不对中故障特征

1）时域波形在基频正弦波上附加了 2 倍频的谐波。

2）轴心轨迹图呈香蕉形或 8 字形。

3）频谱特征主要表现为径向 2 倍频、4 倍频的振动成分，有角度不对中时，还伴随着以回转频率的轴向振动。

4）在全息图中 2 倍频、4 倍频轴心轨迹的椭圆曲线较扁，并且两者的长轴近似垂直。

故障甄别：

1）不对中的谱特征和裂纹的谱特征类似，均以 2 倍频为主，两者的区分主要是振幅的稳定性，不对中振动比较稳定。用全息谱技术则容易区分，不对中为单向约束力，2 倍频椭圆较扁。轴横向裂纹则是旋转矢量，2 倍频全息谱比较圆。

2）带滚动轴承和齿轮箱的机组，不对中故障可能引发出轴承转动频率或啮合频率的高频振动，这些高频成分的出现可能掩盖真正的振源。如高频振动在轴向上占优势，而联轴器相连的部位轴向转动频率的振幅亦相应较大，则齿轮振动可能只是不对中故障所产生的过大的轴向力的响应。

3）轴向转动频率的振动原因有可能是角度不对中，也有可能是两端轴承不对中。一般情况下，角度不对中，轴向的转动频率的振幅比径向的大，而两端轴承不对中正好相反，因为后者是由不平衡引起，它只是对不平衡力的一种响应。

6.1.5　转轴弯曲故障的机理

设备停用一段较长的时间后重新开机时，常常会遇到振动过大甚至无法开机的情况。这多半是设备停用后产生了转子轴弯曲的故障。转子弯曲有永久性弯曲和暂时性弯曲两种情况。永久性弯曲是指转子轴呈弓形。造成永久弯曲的原因有设计制造缺陷（转轴结构不合理、材质性能不均匀）、长期停放方法不当、热态停机时未及时盘车或遭凉水急冷所致。临时性弯曲指可恢复的弯曲。造成临时性弯曲的原因有预负荷过大、开机运行时暖机不充分、升速过快等，致使转子热变形不均匀。

轴弯曲振动的机理和转子质量偏心类似，都要产生与质量偏心类似的旋转矢量激振力，与质量偏离不同的是轴弯曲会使轴两端产生锥形运动，因而在轴向还会产生较大的一阶转动频率振动。

振动信号特征（轴弯曲故障的振动信号与不平衡故障基本相同）：

1）时域波形为近似的等幅正弦波。

2）轴心轨迹为一个比较稳定的圆或偏心率较小的椭圆，由于轴弯曲常陪伴某种程度的轴瓦摩擦，故轴心轨迹有时会有摩擦的特征。

3）频谱成分以转动频率为主，伴有高次谐波成分。与不平衡故障的区别在于弯曲在轴向方面产生较大的振动。

6.1.6　转轴横向裂纹的故障机理

转轴横向裂纹的振动响应与其所在的位置、裂纹深度及受力的情况等因素有极大的关系，因此所表现出的形式也是多样的。在一般情况下，转轴每转一周，裂纹总会发生张合。

转轴的刚度不对称，从而引发非线性振动，能识别的振动主要是 1×、2×、3× 倍频分量。

振动信号特征：

1）振动带有非线性性质，出现旋转频率的高倍分量（1×、2×、3× 等），随裂纹扩展，刚度进一步下降，1 倍频、2 倍频等频率的振幅随之增大，相位角则发生不规则波动，与不平衡故障的相位角稳定有区别。

2）开停机过程中，由于谐振频率非线性谐频关系，会出现分频共振，即转子在经过 1/2、1/3、… 临界转速时，相应的高倍频（2×、3×）正好与临界转速重合，振动响应会出现峰值。

3）裂纹的扩展速度随深度的增大而加速，相应的 1 倍频、2 倍频的振动也会随裂纹扩展而快速上升，同时 1 倍频、2 倍频的相位角出现异常波动。

4）全息谱表现为 2 倍频的椭圆形状，与轴系不对中的扁圆形状有明显的差别。

故障甄别：稳态运行时，应能与不对中故障区分。全息谱是最好的区分方法。

6.1.7 连接松动故障的机理

振幅由激振力和机械阻抗共同决定，松动使连接刚度下降，这是松动、振动异常的基本原因。支承系统松动引起异常振动的机理可从两个因素加以说明：

1）当轴承套与轴承座配合具有较大间隙或紧固力不足时，轴承套受转子离心力的作用，沿圆周方向发生周期性变形，改变轴承的几何参数，进而影响油膜的稳定性。

2）当轴承座螺栓紧固不牢时，由于结合面上存在间隙，使系统发生不连续的位移。

上述两项因素的改变，都属于非线性刚度改变，变化程度与激振力相联系，因而使松动振动显示出非线性特征。松动的典型特征是产生 2 倍频及 3 倍频、4 倍频、5 倍频等高倍频的振动。

振动特征：

1）轴心轨迹混乱，重心漂移。

2）频谱图中，具有 3 倍频、5 倍频、7 倍频等高阶奇次倍频分量，也有偶次分量。

3）松动方向的振幅大。

高次谐波的振幅大于转动频率振幅的 1/2 时，应怀疑有松动故障。

6.1.8 碰摩故障的机理

动静件之间的轻微摩擦，开始时故障症状可能并不十分明显，特别是滑动轴承的轻微碰摩，由于润滑油的缓冲作用，总振值的变化是很微弱的，主要靠油液分析发现这种早期隐患；有经验的诊断人员，由轴心轨迹也能作出较为准确的诊断。当动静碰摩发展到一定程度后，机组将发生碰撞式大面积摩擦，碰摩特征就将转变为主要症状。

动静碰摩与部件松动具有类似特点。动静碰摩是当间隙过小时发生动静件接触再弹开，改变构件的动态刚度；部件松动是连接件紧固不牢，受交变力（不平衡力、对中不良激励等）作用，周期性地脱离再接触，同样是改变构件的动态刚度。不同点是，前者还有一个切向的摩擦力，使转子产生涡动。转子强迫振动、碰摩自由振动和摩擦涡动运动叠加到一起，产生出复杂的、特有的振动响应频率。由于碰摩产生的摩擦力是不稳定的接触正压力，在时间上和空间位置上都是变化的，因而摩擦力具有明显的非线性特征（一般表现为丰富的超谐波）。因此，动静碰摩与部件松动相比，振动成分的周期性相对较弱，而非线性更为突出。

由于碰摩产生的摩擦力是非线性的，振动频率中包含有 2 倍频、3 倍频等高次谐波及 $\frac{1}{2}$ 倍频、$\frac{1}{3}$ 倍频等分次谐波。局部轻微摩擦时，冲击性突出，频率成分较丰富；局部严重摩擦时，周期性较突出，超谐波、次谐波的阶次均将减少。

振动特征：

1）时域波形存在"削顶"现象，或振动远离平衡位置时出现高频小幅振荡。

2）频谱上除转子工频外，还存在非常丰富的高次谐波成分（经常出现在气封摩擦时）。

3）严重摩擦时，还会出现 1/2 倍频、1/3 倍频、1/N 倍频等精确的分频成分（经常出现在轴瓦磨损时）。

4）全息谱上出现较多、较大的高频椭圆，且偏心率较大。

5）提纯轴心轨迹（1 倍频、2 倍频、3 倍频、4 倍频合成）存在"尖角"。

6）轴瓦磨损时，还伴有轴瓦温度升高、油温上升等特征。气封摩擦时，在机组起停过程中，可听到金属摩擦时的声音。

7）轴瓦磨损时，对润滑油样进行铁谱分析，可发现如下特征：

① 谱片上磁性磨粒在谱片入口沿磁力线方向呈长链密集状排列，且存在超过 $20\mu m$ 的金属磨粒。

② 非磁性磨粒随机地分布在谱片上，其尺寸超过 $20\mu m$。

③ 谱片上测试的光密度值较上次测试有明显的增大。

故障甄别：

1）由于碰摩故障的机理与部件松动故障的类似，两者不容易加以区分。据现场经验，部件松动时以高次谐波为特征，摩擦时以分谐波为特征。另外，部件松动振动来源于不平衡力，故松动振动随转速变化比较明显，碰摩受间隙大小控制，与转速关系不甚密切，由此可对两者加以区分。在波形表现形式上，摩擦常可见到削顶波形，松动则不存在削顶问题。

2）局部碰摩与全弧碰摩的区分。全弧碰摩分频明显，超谐波消失；局部轻微摩擦很少有分频出现，谐波振幅小但阶次多；局部严重摩擦介于两者之间，有分频也有低次谐波，且谐波振幅比基频还大，基频则由未碰撞前的较大值变为较小值。在轨迹上，局部碰摩轨迹乱而不放大，正进动；连续全弧碰摩则随时间逐渐扩散，进动方向为反进动。

6.1.9 喘振的机理

喘振是一种很危险的振动，常常导致设备内部密封件、叶轮导流板、轴承等损坏，甚至导致转子弯曲、联轴器及齿轮箱等机构损坏。它也是流体机械特有的振动故障之一。

喘振是压缩机组严重失速和管网相互作用的结果。它既可以是管网负荷急剧变化所引起，也可以是压缩机工作状况变化所引起。当进入叶轮的气体流量减少到某一最小值时，气流的分离区扩大到整个叶道，使气流无法通过。这时叶轮没有气体甩出，压缩机出口压力突然下降。由于压缩机总是和管网连在一起的，具有较高背压的管网气体就会倒流到叶轮中。瞬间倒流来的气流使叶轮暂时弥补了气体流量的不足，叶轮因而恢复正常工作，重新又把倒流来的气流压出去，但过后又使叶轮流量减少，气流分离又重新发生。如此周而复始，压缩机和其连接的管路中便产生出一种低频率高振幅的压力脉动，造成机组强烈振动。

喘振是压力波在管网和压缩机之间来回振荡的现象，其强度和频率不但和压缩机中严重的旋转脱离气团有关，还和管网容量有关：管网容量越大，则喘振振幅越大，频率越低；管网容量小，则喘振振幅小，喘振频率也较高，一般为 0.5～20Hz。

6.2　不平衡分析案例

例 6-1　某厂芳烃车间一台离心式氢气压缩机是该厂生产的关键设备之一。驱动电动机的功率为 610kW，压缩机轴功率为 550kW，主机转子转速为 15 300r/min，属 4 级离心式回转压缩机，工作介质是氢气，气体流量为 38 066m³/h，出口压力为 1.132MPa，气体温度为 200℃。该压缩机配有本特利公司 7200 系列振动监测系统，测点有 7 个，测点 A、B、C、D 为压缩机主轴径向位移传感器，测点 E、F 分别为齿轮增速箱高速轴和低速轴轴瓦的径向位移传感器，测点 G 为压缩机主轴轴向位移传感器。

该压缩机没有备用机组，全年 8 000h 连续运转，仅在大修期间可以停机检查。生产过程中一旦停机将影响全线生产。因该机功率大、转速高、介质是氢气，振动异常有可能造成极为严重的恶性事故，是该厂重点监测的设备之一。

该压缩机于 5 月中旬开始停机大检修，6 月初经检修各项静态指标均达到规定的标准。6 月 10 日下午起动后投入催化剂再生工作，为全线开机作准备。再生工作要连续运行一周左右。催化剂再生过程中工作介质为氮气（其相对分子质量较氢气大，为 28），使压缩机负荷增大。压缩机起动后，各项动态参数，如流量、压力、气温、电流都在规定范围内，机器工作正常，运行不到两整天，于 6 月 12 日上午振动报警，测点 D 振幅越过报警限，在高达60～80μm 之间波动，测点 C 振幅也偏大，在 50～60μm 之间波动，其他测点振动没有明显变化。当时，7200 系列振动监测系统仪表只指示出各测点振动位移的峰峰值，它说明设备有故障，但是什么故障就不得而知了。依照惯例，设备应立即停下来，解体检修，寻找并排除故障，但这要使催化剂再生工作停下来，进而拖延全厂开机时间。

首先，采用示波器观察各测点的波形，特别是 D 点和 C 点的波形，其波形接近原来的形状，曲线光滑，但振幅偏大，由此得知，没有出现新的高频成分。

进而用磁带记录仪记录各测点的信号，利用计算机进行频谱分析，如图 6-1 所示，并与故障前 5 月 21 日相应测点的频谱图（图 6-2）进行对比，发现：

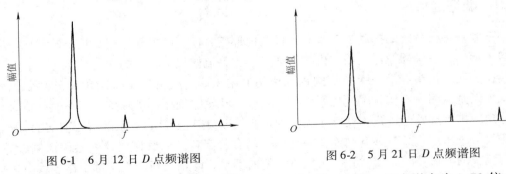

图 6-1　6 月 12 日 D 点频谱图　　　　　图 6-2　5 月 21 日 D 点频谱图

1）1 倍频的振幅明显增加，C 点增大到 5 月 21 日的 1.9 倍，D 点增大为 1.73 倍。

2）其他倍频成分的振幅几乎没变化。

5月21日与6月12日频率、振幅对比表见表6-1。

表6-1 频率、振幅对比表

谐波	频率/Hz	21/5 振幅	12/6 振幅	改变量
1×	254.88	170.93	295.62	125
2×	510.80	38.02	38.82	0
3×	764.65	34.40	35.38	1
4×	1 021.53	23.38	26.72	3

根据以上特征，可作出以下结论：

1）转子出现了明显的不平衡，可能是因转子的结垢所致。

2）振动虽然大，但属于受迫振动，不是自激振动，并不可怕。

因此建议作以下处理：

1）可以不停机，再维持运行4~5天，直到催化剂再生工作完成。

2）密切注意振动状态，催化剂再生工作完成后有停机的机会，作解体检查。

6月18日催化剂再生工作圆满完成，压缩机停止运行。

6月20日对机组进行解体检查，发现机壳气体流道上结垢十分严重，结垢最厚处达20mm左右。转子上结垢较轻，垢的主要成分是烧蚀下来的催化剂，第一节吸入口处约3/4的流道被堵，只剩一条窄缝。

因此检修主要是清垢，其他部位如轴承、密封等处都未动，然后安装复原，总共只用了两天时间。

6月25日压缩机再次起动，压缩机工作一切正常。

6.3 轴弯曲分析案例

例6-2 某公司一台200MW汽轮发电机组，型号为C145/N200/130/535/535，形式为超高压、中间再热单抽冷凝式。1982年11月投产，1994年首次大修，至高压转子发生弯轴故障前，已运行近6年，共进行过7次小修。在长期的运行中，该机组高压转子振动一直保持在较好范围，轴承振动小于$10\mu m$，轴振动小于$100\mu m$。1998年在一次热态起动时轴Ⅱ、Ⅲ、轴承1、2振动出现短时突增，被迫紧急关小闸门；再次开大蒸汽闸门，使转子迅速加速，冲过临界转速（称为冲车）后并网运行。并网后，轴Ⅱ和轴承1、2振动虽然仍处于良好范围，但其振动有明显增大趋势，经连续观察运行近一月，也未能恢复至以前运行时的振动水平。为此，结合该机组历史振动数据、停机前后振动数据及运行参数进行诊断分析。

1. 振动趋势历史数据

在长期运行中，该机组轴承1、2的振幅分别为小于$2\mu m$及小于$10\mu m$，轴Ⅱ的振幅为$80~90\mu m$。为便于突出比较，停机前的振动数据选取4月2日至5日的，热态起动后的数据选取4月6日至9日的，作该期间的振动趋势记录曲线，如图6-3所示。该趋势记录曲线表明长期运行时高压转子的轴及轴承振动均处于优秀范围，热态起动后高压转子轴承及轴的振动仍然在正常范围以内。

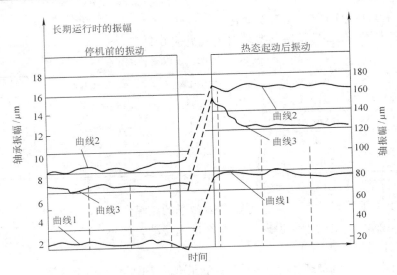

图6-3 振动历史历程

曲线1—停机前轴承1的振幅约为2μm，热态起动后，为6μm
曲线2—停机前轴承2的振幅约为8μm，热态起动后，为16～18μm
曲线3—停机前轴Ⅱ的振幅小于等于80μm，热态起动后，为120～140μm

2. 停机前后数据

1998年4月5日因处理锅炉隐患而停机，停机时主要参数及振动数据如下：

1）停机前各轴承和轴振动数据见表6-2。停机前各轴承和轴的振动均在良好范围，其中，轴Ⅰ、Ⅱ及轴承1、2振动均处于优秀标准以内，反映高压转子停机前状态良好。

表6-2 停机前振动数据

1号机4月4日（20：00）的振动数据									
轴承编号			1	2	3	4	5	6	7	8
轴振通频	垂直振幅/μm			82	52	131	89			149
	水平振幅/μm				58	86	126			70
轴振工频	垂直	振幅/μm		68	45	88	88			131
		相位角/（°）		143	85	312	187			176
	水平	振幅/μm			52	50	125			60
		相位角/（°）			215	91	110			125
轴承振动	通频振幅/μm		2	11	14	30	50	9	9	28
	工频	振幅/μm		12	16	33	54	11	9	28
		相位角/（°）		223	28	350	190	255	129	269

注：通频指在不滤波状态下的测量值，工频指转动频率的测量值。

2）停机时的临界振动数据。查一周振动趋势记录，轴Ⅱ、Ⅲ停机临界振动值均未超过230μm，处于良好范围。

3）停机主要参数（4月5日）。

6：05　1号机，关闸停机。

6：25　机组止速投盘车（在电动机的驱动下，低速匀速运转，称为盘车），盘车电流

32A，大轴挠度值 30μm。高压缸外缸内壁上/下温度为 363℃/346℃，中压缸内壁上/下温度 386℃/387℃；30μm，主机润滑油温 40℃，中压缸外壁上/下温度为 386℃/383℃，均属正常。

4）热起动（4 月 6 日）主要参数与振动数据。

主要动力蒸汽参数：压力 2.2MPa，温度 412℃，再热蒸汽温度 392℃，真空 77kPa，大轴挠度值 30μm，主机润滑油温 40℃。

4：15　冲车（转速迅速上升），低速（500r/min）、10min，摩擦检查。

4：25　升速至 1 600r/min，此时轴承 1 振幅达 120μm，轴承 2 振幅达 65μm，轴Ⅱ、Ⅲ振幅达到监测表的满量程（即轴振幅已大于 400μm），运行人员采取紧急关闸措施停机。

5：05　转子静止投盘车，大轴挠度值增大为 120μm，盘车电流 32A。

6：40　再次起动，快速冲车至 3 000r/min 定速，然后并入电网。

从热态起动数据知：在起动过程中，机组轴承 1、2 及轴Ⅱ、Ⅲ振动异常增大，紧急关闸停机后，电动盘车时机组大轴挠度值增加较大，盘车电流略有增加。

5）热态起动运行后的振动数据。

自再次起动并网后，机组高压转子轴和轴承的振动均未能恢复历史振动水平，尽管轴承 1、2 的振幅均小于 20μm，仍处于优秀振动标准范围内，但与历史数据比较均有所增大。尤其是轴Ⅱ的振动增大显著。从频率成分来看，主要是 1 倍频成分增加，其余频率的振动成分无变化，见表 6-3。

表 6-3　热态起动并网后的振动数据

1 号机 4 月 10 日的振动数据									
轴承编号		1	2	3	4	5	6	7	8
轴振通频	垂直振幅/μm		140	55	132	90			133
	水平振幅/μm			60	110	132			67
轴振工频	垂直 振幅/μm		120	43	82	82			140
	垂直 相位角/（°）		166	95	312	189			180
	水平 振幅/μm			47	45	120			70
	水平 相位角/（°）			220	90	132			120
轴承振动	通频/μm	8	17	10	26	15	15	14	20
	工频 振幅/μm	7	16	13	28	49	10	9	21
	工频 相位角/（°）	254	227	37	352	190	255	137	269

注：通频指在不滤波状态下的测量值，工频指转动频率的测量值。

6）运行近一个月后，停机时的临界振动数据。

4 月 30 日，该机组因电网调峰转为备用而停机。在机组停机惰走降速过程中，轴Ⅱ和轴承 1、2 临界振动值与历史数据相比有成倍的增加，其振动成分是 1 倍频，机组停机时的临界振动数据见表 6-4。

3. 数据分析

综合图 6-3、表 6-2～表 6-4 的数据及起动前后运行参数的分析，可得出下列分析结论：

1）探头所在处的转子径向圆跳动值从 30μm 增加至 120μm，为起动前的 4 倍，反映出高压转子弯曲程度加剧，提示转子可能已产生弯曲。

表6-4 4月30日机组停机时的临界振动数据

位置	轴承1	轴承2	轴Ⅱ垂直	轴Ⅲ垂直	轴Ⅲ水平
临界转速/（r/min）	1 815	1 947	1 969	1 968	1 947
振幅/μm	36	44	645	263	175
相位角/（°）	200	162	123	68	175

2）从振动频率以及振动值随转速变化的情况来看，其症状和转子失衡极为相似。但停机前运行一直很正常，只是在机组停机后再次起动中振动异常，且在并网后一直维持较大振幅，缺乏造成转子失衡的理由或转子零部件飞脱的因素，故可排除转子失衡的可能。

3）综合两次起动及并网运行一个月后的停机惰走振动情况，表明机组在第一次起动时即存在较大的热弯曲，而停车后间隔1.5h再次起动，盘车时间不足，极易造成转子永久性弯曲。

① 在第一次热态起动时，高压转子的轴及轴承振动急剧增加（转速高达1 600r/min时，轴振幅即已超满量程值，即至少已大于400μm）。

② 机组起动并网连续运行近一个月，其振动一直处于稳定状态。轴承1、2和轴Ⅱ的振幅在热态起动后比历史数据有明显的增大，并且振幅增大的主要原因是1倍频振幅增大。工频振幅的增大反映出转子弯曲程度的增大，振幅的稳定反映出弯曲量的大小基本恒定。

轴承1、2振动的相位角也一直保持稳定，且基本相近，轴Ⅱ振动的相位角较历史数据变化了近20°。相位的稳定性表明弯曲的方向基本不变，轴Ⅱ振动的相位角增大，表明还受到轴系角度对中状况变差（转子弯曲所致）的影响。

③ 查起动后运行近一个月的频谱图，除1倍频振动和轴Ⅱ处的少量2倍频振动成分外，无其他振动频率成分。少量2倍频振动成分的产生，经分析认为是高压转子弯曲后与中压转子的对中性变差所造成的。

④ 中、低压转子各轴承及各轴的振动与历史数据相比基本无变化，反映出故障的发生部位主要是在高压转子。

4）分析机组的历史故障及结构特点，预测潜在的故障隐患。

转子故障的历史记录表明，该机组曾发生高压末三级围带铆接不良造成的围带脱落故障，并且末三级围带具有铆接点较薄弱的结构特点。因此，在转子可能存在热弯曲的情况下进行起动，同时又发生了临界振动过大及转子挠度增大的异常情况，不能排除围带再次受到损伤的可能性。如围带损伤容易造成脱落，可能进一步发生运行中的动静碰摩而使转子严重损伤。

综上所述，尽管该机组高压转子的振动仍在良好范围以内，但从各种参数的综合分析来看，均表明高压转子上已发生了转子弯曲故障。而无论是转子弯曲引起机组过临界振动过大或是存在围带损伤等事故隐患，均对该机组安全运行构成极大的威胁。因此，诊断分析的结论是：该机组应立即进行提前大修，解体查明故障并予以消除。

解体大修检查情况如下：

5月4日，该机组提前转入大修。经揭缸解体检查证实，高压转子前汽封在距调速级叶轮180mm处弯曲0.08mm，中压转子在19级处弯曲0.055mm，高压汽封、围带、隔板汽封和中压汽封、隔板汽封及围带均有不同程度的摩擦损伤，其中，中压19级近半圈围带前缘已磨坏，为此，高压转子采取直轴、中压转子采取低速动平衡处理，同时对损伤的围带也进行相应的处理，经大修处理后高压转子振动重新恢复到优等标准内。

在本例中，热态起动条件下轴封窜气及摩擦检查时间较长是造成该机组转子热弯曲的主要原因，由于轴封汽温、蒸汽参数及机组的热态温度难以匹配和控制，转子容易形成较大的热弯曲而减小与汽封（或围带）间的动静间隙，导致过临界时转子与密封部件发生动静碰摩；而摩擦不但使振动的临界值迅速上升，还进一步加剧了转子的弯曲程度，因而在第一次起动到冲过临界转速时振动过大，紧急停机之后，伴有在盘车状态下，挠度值急剧增大的现象。

6.4　不对中分析案例

例6-3　主风机对中不当造成的故障。

某冶炼厂一台新上的烟机-主风机组于1997年5月中旬投用。机组配置及测点如图6-4所示。涡流传感器布置在测点1~6处，在轴承座附近。

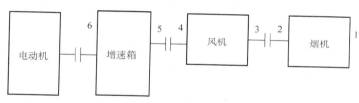

图6-4　机组配置及测点图

该机组在不带负荷的情况下试运了3天，振幅约50μm，5月20日2:05开始带负荷运行，各测点的振幅均有所上升，尤其是烟机主动端测点2的振幅由原来的55μm上升至70μm以上，运行至16:54时机组发生突发性强振，现场的监测仪表指示振动满量程，同时机组由于润滑油压低而联锁停机。停机后，惰走的时间很短，大约只1~2min，停车后盘不动车。

机组在事故停机前的振动特点如下：

1）20日16:54之前，各测点的通频振值基本稳定，其中烟机轴承2的振动大于其余各测点的振动。20日16:54前后，机组振幅突然增大，主要表现为联轴器两侧轴承，即轴承2、3的振幅显著增大，见表6-5。

表6-5　强振前后各轴承振动比较　　　　　　　　　　　　　（单位：μm）

部位	轴承1	轴承2	轴承3	轴承4
强振前振幅	26	76	28	20
强振时振幅	50	232	73	22

注：轴承2与轴承3变化最大，说明最接近故障点。

2）20日14:31之前，各测点的振动均以转子工频、2倍频为主，同时存在较小的3倍频、4倍频、5倍频、6倍频等高次谐波分量，测点2的合成轴心轨迹很不稳定，有时呈香蕉形，有时呈"8"字形，图6-5所示为其中一个时刻的时域波形和合成轴心轨迹（1倍频、2倍频）。

3）20 日 14:31，机组振动状态发生显著变化。从时域波形上看，机组振动发生跳变，其中轴承 2、3 的振动由小变大（烟机后水平方向由 65.8μm 降至 26.3μm，如图 6-6 所示），而轴承 1 与 4 的振动则也由小变大（烟机前垂直方向由 14.6μm 升至 43.8μm，如图 6-7 所示），说明此时各轴承的载荷分配发生了显著的变化，很有可能是由于联轴器的工作状况改变所致。如图 6-8 所示，轴承 2 垂直方向出现了很大的 0.5 倍频成分，并超过工频振幅，水平方向除了有很大的 0.5 倍频成分外，还存在突出的 78Hz 成分及其他一些非整数倍频率分量。烟机前 78Hz 成分也非常突出，这说明此时机组动静碰摩加剧。

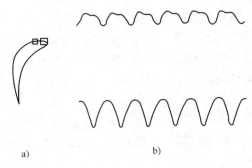

图 6-5 测点 2 的合成轴心轨迹图
（1 倍频、2 倍频）
a）轴心轨迹 b）径向振动波形

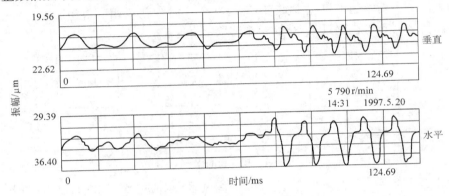

图 6-6 轴承 2 振动波形发生跳变

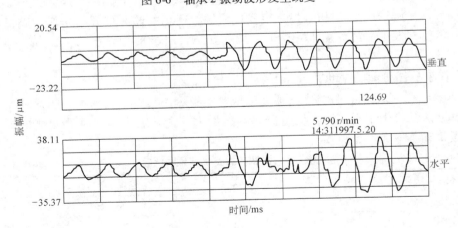

图 6-7 轴承 1 振动波形突跳变

4）机组运行至 20 日 16:54 前后，机组振幅突然急剧上升，烟机后垂直方向和水平方向的振幅分别由 45μm、71μm 上升至 153μm 和 232μm，其中工频振幅上升最多，且占据绝对优势（垂直方向和水平方向工频振幅分别为 120μm 和 215μm）；同时，0.5 倍频及高次谐波的振幅也有不同程度的上升。这说明，此时烟机转子已出现严重的转子不平衡现象。

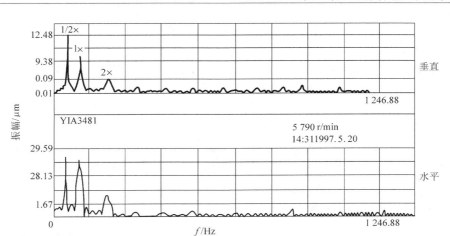

图 6-8　轴承 2 振动频谱图

5）开机以来，风机轴向振动一直较大，一般均在 80μm 以上，烟机的轴向振幅也在 30~50μm 之间。20 日 16:54 达最大值 115μm，其频谱以 1 倍频为主，轴向振动如此之大，这也是很不正常的。不对中故障的特征之一就是引发 1 倍频的轴向窜动。

综上所述，可得出如下结论：

1）机组投入运用以来，风机与烟机间存在明显的不对中现象，且联轴器工作状况不稳定。

2）20 日 14:31 左右，一联轴器工作状况发生突变，呈咬死状态，烟机气封与轴套碰摩加剧。其直接原因是对中不良，或联轴器制造有缺陷。

3）20 日 16:54，由于烟机气封与轴套发展为不稳定的全周摩擦，产生大量热量，引起气封齿与轴套熔化，导致烟机转子突然严重失衡，振幅严重超标。

因此，分析认为造成本次事故的主要原因是机组对正曲线确定不当。

事故后对机组解体发现：

1）烟机前瓦（测点 1）瓦温探头导线破裂。

2）副推力瓦有磨损，但主推力瓦正常。

3）二级叶轮轮盘装配槽部位的法兰过热，有熔化痕迹及裂纹。

4）气封套熔化，严重磨损，熔渣达数公斤之多。

5）上气封体拆不下来。

6）烟机 - 主风机联轴器咬死，烟机侧有损伤。

后来，机组修复后，在 8 月底烟机进行单机试运时，经测量发现烟机轴承箱中分面向上膨胀 0.80mm，远高于设计给出的膨胀量 0.37mm。而冷态下当时现场找正时烟机标高比风机标高反而高出 0.396mm，实际风机出口端轴承箱中分面仅向上膨胀 0.50mm，故热态下烟机标高比风机标高高了（0.80 + 0.396 - 0.50）mm = 0.696mm，从而导致了机组在严重不同轴的情况下运行，加重了联轴器的咬合负荷，引起联轴器相互咬死，烟机发生剧烈振动。由于气封本身间隙小（冷态下为 0.5mm），在烟机剧烈振动的情况下，引起蒸汽密封套磨损严重，以致发热、膨胀，摩擦加剧，导致封严齿局部熔化，并与蒸汽密封套粘接，继而出现跑套，蒸汽密封套与轴套熔化，烟机转子严重失衡。

按实测值重新调整找正曲线后，该机组运行一直正常。

例6-4 复合不对中故障的诊断。

2000年4月上旬某厂催化主风机检修后，开机运行，电动机轴承温度和振幅都较正常（振幅为9μm）。但是，半小时后电动机联轴器端轴承温度持续增加，振幅从原来的9μm一直升到53μm，已经超出电动机制造厂的出厂标准。停机后，将电动机与齿轮箱的联轴器拆开，发现电动机空载时轴向振幅从原来的9μm升至27μm。尽管经过多次反复维修，并没有进一步的改善。

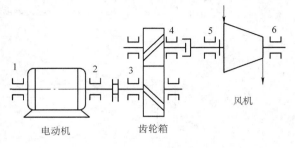

图6-9 机组简图和测点布置

机组简图和测点布置如图6-9所示，性能参数见表6-6。

2000年4月17日和18日对该机组进行了全面的测试。鉴于故障的发生位置主要在电动机侧，所以测试也主要集中在电动机侧。联机后，在正常载荷的情况下，测试结果分别如图6-10~图6-16所示，各点的振幅见表6-7。

表6-6 机组性能参数

电动机额定参数				风机额定参数			
功率 /kW	转速 / (r/min)	额定电压 /V	额定电流 /A	转速 / (r/min)	流量 / (m³/min)	进口压力 /MPa	出口压力 /MPa
350	2 070	6 000	40	13 270	6 000	0.09	0.27

表6-7 各测点振幅

	测点1 垂直	测点1 水平	测点1 轴向	测点2 垂直	测点2 水平	测点3 垂直	测点3 水平
联机后的振幅/μm	15.0	4.10	53.0	8.69	25.30	9.63	7.36
单机运转时振幅/μm	15.7	6.21	25.4	6.82	15.9		

注：测点1轴向，单机运转指联轴器脱开状态，振幅25.4μm，联机后达53.4μm，为角度不对中典型数据。

从以上测试结果中可以看出，电动机测点1轴向的振幅偏高，已经超过该机组出厂的振动标准（小于50μm），表现出故障频率主要为工频。同时，从电动机测点2垂直方向的频谱图上不难看出，其2倍频的振幅远高于工频对应的振幅。电动机水平方向的振幅较小，主要是工频成分。

对比图6-10、图6-11，联机状态下的轴向振幅53.0μm是脱机状态下的轴向振幅25.4μm的2倍，这是角度不对中的特征。

图6-12~图6-15都是在联机状态下的频谱图，图6-12中1阶转动频率的振幅很低，2倍频振幅最高，对应的测点3垂直方向（图6-13）1倍频、2倍频、3倍频的振幅都存在。水平方向测点2、3的主要振动都是1倍频、2倍频的振动（图6-14、图6-15），这是不对中的特征。

对比图6-12与图6-16，图6-16的主要振动是1倍频的振动，图6-12的主要振动是2倍频的振动。

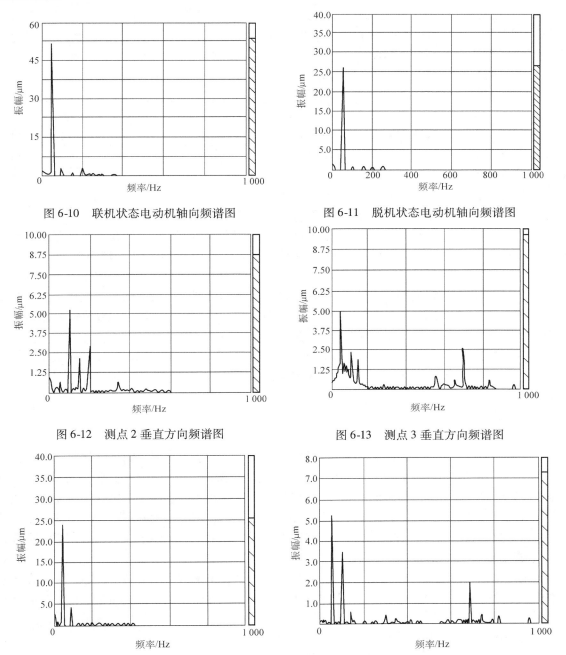

图 6-10　联机状态电动机轴向频谱图　　　图 6-11　脱机状态电动机轴向频谱图

图 6-12　测点 2 垂直方向频谱图　　　图 6-13　测点 3 垂直方向频谱图

图 6-14　测点 2 水平方向频谱图　　　图 6-15　测点 3 水平方向频谱图

从对图 6-10 ~ 图 6-16 的综合分析中可以看出：电动机轴和增速齿轮箱输入轴在垂直方向存在着严重的不对中。

解体后发现：

1）电动机轴和齿轮箱低速轴在垂直方向相差 100μm，已大大超过维修规范所要求的限值。

2）电动机的轴承室原镀层（修复的部位）发生变形，使轴承室产生了一定的锥度，严重地破坏了原有的配合精度。

这说明，在加载运行的初始阶段，电动机轴与其轴承维修时的正确位置并没有被破坏。因此，其壳体轴向的振动并不大。但是，电动机轴和齿轮箱低速轴在垂直方向存在严重的平行不对中引起的动载荷，迫使电动机滚动轴承逐渐离开原始的位置，发生了偏斜，从而使电动机轴和齿轮箱低速轴产生了角度不对中的故障，因此，它最终是一种复合型

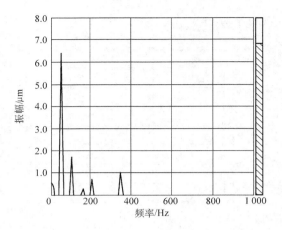

图 6-16　脱机状态测点 2 垂直方向频谱图

不对中，既包含了平行不对中的特点，又存在角度不对中的特征。测点 2 垂直方向振动的 2 倍频成分振幅大于工频成分的振幅，而测点 1 的轴向振动的主要故障频率成分为 1 倍频。

另外，轴承的偏斜使得电动机轴沿轴向的正常游动受到了极大的限制，电动机转子几乎是处于卡死状态。在这种情况下，轴承的动载荷增加，摩擦加剧，轴承温度升高，润滑脂粘度下降，润滑状况恶化。润滑脂流失和变黑，是其必然结果。

由于以上的原因，造成电动机壳体轴向的振幅持续增加并逐渐稳定在一个比较高的水平。而且，如不及时处理将会发生因轴承温度过高引起抱轴的恶性事故。

6.5　热变形分析案例

汽轮机、高温气体涡轮机、航空发动机等机器，需要引入高温、高压气体将整个缸体或壳体加热，但是缸体的温度分布是不均匀的，上缸的温度大于下缸的，反映在转子上是上半侧的热传导量大，下半侧的热传导量小，如果转子在热态下静止不动，则很快会发生弯曲变形。对于空压机而言，由于空气被压缩发热，而缸体上、下的结构并不对称，储热容量相差大，同样也能造成缸体、转子的不均匀热变形。因此，对于这种转子在起动之前必须充分盘车，避免起动后引起过大的振动。

一些装配式转子，轴上套有叶轮、轴套、平衡盘、止推盘和密封组件等零部件，在转子的受热过程中这些零部件先于转轴受热膨胀，如果零部件彼此的接触端面不平行，热膨胀后则会迫使轴发生弯曲变形。

例 6-5　转子热膨胀阶段的弯曲振动。

某炼油厂催化车间一台离心式空压机，开车后轴振幅逐渐上升，起动约 40min，振幅达到 90μm，往后在操作参数不变的状态下，振幅会自动逐渐下降，最后轴振幅稳定在 35μm 左右，这是该空压机每次开车的振动规律。机器在开车阶段振幅较大的原因，是因为该空压机到达额定压力后温度上升，转子的装配零件首先受热膨胀。由于轴上零件（叶轮、轴套、平衡盘、密封套和止推盘等）的轴向接触端面彼此不平行，热膨胀时迫使转轴强制弯曲，产生不断增大的不平衡振动。往后随着转子温度逐渐趋于均匀，轴也获得充分伸长，消

除了轴上装配零件对轴施加的热弯曲应力，因此转子因弯曲产生的不平衡振动就会慢慢自动消失。

例 6-6　壳体非均匀膨胀造成的振动。

某炼油厂主风机起动 2h，带上负荷后，风机出口侧振幅急剧上升，最大达 164μm，机组振动频谱上，转子工频振动占绝对优势；铁谱分析亦未发现明显磨损，红外测试表明，主风机外壳温度分布不均匀，外壳上对称位置温度差最大达 30℃。分析认为导致强振的原因是：风机开机时，由于负荷上升过快造成壳体热膨胀不均，致使转子与壳体不同心。一旦壳体到达热平衡，振幅应会下降。两天后机组振幅降至 89μm（一级报警值为 90μm），恢复正常。以后该机组开机时，注意缓慢提升负荷，再未发生类似情况。

6.6　支承松动分析案例

例 6-7　某发电厂一台大型锅炉引风机（图 6-17）。由一台转速 840r/min 的电动机直联驱动。该机组运转时振动很大，测量结果显示电动机工作很平稳。总振幅不超过 2.5mm/s，但在引风机上振幅很高，前后轴承在水平和垂直方向上的振幅却很大。A_{FV} = 150μm，A_{FH} = 250μm，A_{RV} = 87μm，A_{RH} = 105μm。引风机的轴向振幅小于 50μm。频率分析可知，振动频率主要是转速频率成分。这些数据表明，引风机振动并不是联轴器不对中或轴发生弯曲引起的，应诊断为转子的不平衡故障。但是对引风机振动最大的外侧轴承在水

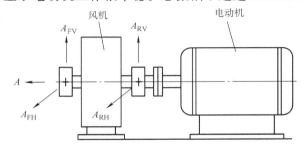

图 6-17　锅炉引风机示意图

平和垂直方向上的相位进行分析，发现两个方向上的相位是精确的同相，在水平、垂直两个方向上的振幅同步地增高、下降，说明是"定向振动"问题，而不是单纯的不平衡问题。然后对外侧轴承、轴承座和基础各部分位置进行振动测量，检查出轴承座一边的安装螺钉松动了，使整个轴承座以另一边为支点进行摆振。用同样方法检查了内侧轴承座的安装螺钉，也发现有轻微松动。当全部安装螺钉被紧固以后，引风机的振幅就大大下降，达到可接受的水平。

例 6-8　某厂一台离心式压缩机，转速为 7 000r/min，通过齿轮增速器，由一台功率为 1 470kW、转速为 3 600r/min 的电动机驱动。机组运行中测得电动机和压缩机的振动很小，振幅不超过 2.5mm/s，但是齿轮增速器却振动很大，水平方向振幅为 12.5mm/s，垂直方向振幅为 10mm/s，振动频率为低速齿轮的转速频率（60Hz），轴向振幅很低。停机后打开齿轮箱，检查了齿轮和轴承，并没有发现任何问题，怀疑是不平衡引起的振动。把低速齿轮送到维修车间进行了平衡和偏摆量检查，在安装过程中又对电动机和齿轮箱进行了重新对中，但是这一切措施对于改善齿轮箱的振动毫无效果。

为了对齿轮箱振动作进一步分析，测量水平和垂直方向上的相位，发现两个方向上的相位是精确的同相，显示是一种"定向振动"，然后又对齿轮箱壳体安装底脚和底板进行测振和检查，地脚螺钉是紧固的，但从底板的振动形态中发现一边挠曲得很厉害。移去底板，就

看到底板挠曲部分下面的水泥块已经破碎，削弱了该处的支承刚度。解决底板局部松动的处理办法是把混凝土基础进行刮削，在底板下重新浇灌了混凝土，当机组放回到原处安装后，齿轮箱的振幅就下降到 2.5mm/s 以下。

例6-9　某钢铁公司氧气厂三车间压缩机建成以来长期因振动过大，不能投入生产。该机组由一台 2 500kW、转速 2 985r/min 的电动机经增速齿轮箱后，压缩机转子的转速为 9 098r/min。其振动频谱图如图 6-18 所示。

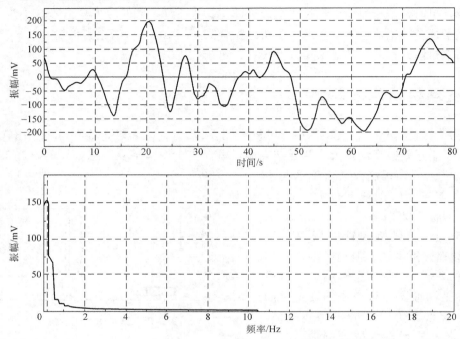

图6-18　联机运转时地基的振动频谱图

现场调查表明：因迟迟不能投产，厂方已分别对电动机、压缩机转子作过动平衡校正，也对联轴器进行多次找正、找同心。但仍然未能降低振动。

根据调查情况，采用频谱分析技术，期望能从振动成分的频率分布中分析振动的原因。

1）测得厂房大地的基础振动频率为 0.1Hz，振幅为 5.6mV。

2）测得地基的固有频率为 7Hz（10.14mV），二阶频率为 19Hz，三阶频率为 29Hz，四阶频率为 38Hz。

3）测得在联机运转时，地基的振动主频率为 0.15Hz，振幅为 110～151mV。

分析与结论：

1）振动以低频振动为主要矛盾，地基的振动频率为 0.15Hz，电动机的为 50Hz。两者不一致。

2）地基振动的振幅为 151mV，远大于电动机的振幅 62mV。说明地基的振动是主要矛盾。地基偏软，刚度不足。但与地基固有频率 7Hz 相矛盾，因而问题应在电动机与地基的连接部位。

3）根据电修厂方面提供的信息：安装后电动机垂直振动大于水平振动。这与通常的状态相矛盾，即垂直刚度小于水平刚度，也证明地基存在问题。正常状态是垂直刚度大于水平刚度。

4）导致地基垂直刚度不足的可能原因：①安装垫板与地基的接触面积不够，空洞面积大，导致弹性变形大；②地脚螺钉与地基的联接刚度不足；③地脚螺钉直径偏小，刚度不足。

例 6-10　离心泵叶轮松动。

一台悬臂式单级离心泵，运转了几个月后发生了叶轮松动。在泵侧的两个轴承上检测振动信号，经频谱分析，显示有很多旋转频率的谐波成分（图 6-19，这是一个阶比频谱图，是将所有频率成分 f 被一阶转动频率 f' 所除，得到的谱图能很好地反映各频率成分与转频的关系），从 1 倍到 15 倍频，几乎所有的大振幅的频率都是转动频率的倍数。这些很强的谐波预示泵的转子零件存在松动问题。另外，从图中还可以看出，频谱的噪声底线很高，频谱线连续表明松动零件对轴施加了一种不稳定的随机性冲击力。

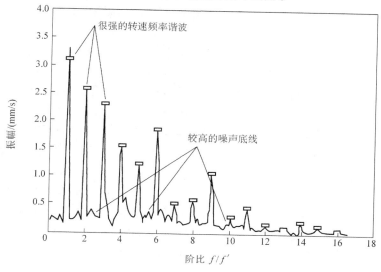

图 6-19　离心泵叶轮松动频谱图

例 6-11　氯气鼓风机转子叶轮松动。

一台 4 级离心式氯气鼓风机，其转速为 2 796r/min，由一台 3 000r/min 的电动机用带拖动。这台鼓风机运转时振动很大，达到 50mm/s，振动的特点是机器开机后几分钟内振幅增大，但是当整台鼓风机预热几小时以后，振幅又降下来。预热方法是将机壳隔热，并将热空气鼓进风机入口。图 6-20 所示为鼓风机上测得的振幅与相位随时间的变化曲线，此曲线是在鼓风机开机后 30min 这段时间内测得的。从图中看出，振动的最大峰值出现在开车约 4min 的时候，随后振幅下降，但在运转 20～30min 后又开始增大。振动分析表明，鼓风机的旋转频率是引起振动的主要因素。另外从相位上观察，在试验的 30min 时间内，转子

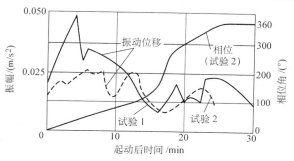

图 6-20　振动与相位的变化

上的不平衡矢量转动了360°，从这些故障现象中可以判断叶轮发生了松动。叶轮在轴上虽然用键固定，但是间隙较大，叶轮轮壳内孔只要稍微出现一点间隙，就会产生旋转偏心，破坏了预先的平衡状态。由于旋转偏心方向在连续地变化，因此不平衡矢量的相位也跟着变化。当偏心方向与原先的不平衡方向一致时，振动就增大，反相时振动就减少，这样就清楚地解释了上面所说的这些现象。

6.7　油膜涡动及振荡分析案例

转子轴颈在滑动轴承内作高速旋转运动的同时，随着运动楔入轴颈与轴承之间的油膜压力若发生周期性变化，迫使转子轴心绕某个平衡点作椭圆轨迹的公转运动，这个现象称为涡动。当涡动的激励力仅为油膜力时，涡动是稳定的，其涡动角速度是转动角速度的0.43～0.48，所以又称为半速涡动。当油膜涡动的频率接近转子轴系中某个自振频率时，引发大幅度的共振现象，称为油膜振荡。

油膜涡动仅发生在完全液体润滑的滑动轴承中，低速及重载的转子建立不起完全液体润滑条件，因而不发生油膜涡动。所以，消除油膜涡动的方法之一，就是减小接触角，使油膜压力小于载荷比压。此外，降低油的黏度也能减少油膜力，消除油膜涡动或油膜振荡现象。

油膜振荡仅在高速柔性转子以接近某个自振频率的2倍转速条件下运转时发生。在发生前的低速状态时，油膜涡动会先期发生，再随着转速的升高发展到油膜振荡。

例6-12　某化肥厂的二氧化碳压缩机组，在检修后，运行了140多天，高压缸振动突然升到报警值而被迫停车。

在机组运行过程中及故障发生前后，在线监测系统均作了数据记录。高压缸转子的径向振动频谱图如图6-21所示，图6-21a是故障前的振动频谱，振动信号只有转动频率的振幅。图6-21b是故障发生时的振动频谱，振动信号除转动频率外，还有约为1/2转动频率的振幅，这是典型的油膜涡动特征。据此判定高压缸转子轴承发生油膜涡动。

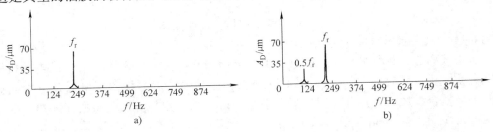

图6-21　故障前后的频谱图
a）故障前　b）故障后

例6-13　某公司国产30万t合成氨装置，其中一台ALS—16000离心式氨压缩机组，在试车中曾出现轴承油膜振荡。

该机组由11 000kW的汽轮机拖动，压缩机由高压缸和低压缸两部分组成，中间为速比是56∶42的增速器。低压缸工作转速为6 700r/min，高压缸工作转速为8 933r/min。轴承形式为四油楔。轴承间隙 = 1.6‰oD，D为轴颈直径。在试车中，高压缸转子在7 800r/min以后振幅迅速增大，至8 760r/min时，振幅达到150μm左右。从不平衡响应图上可以确定高压缸第一临界转速为 3 000 ~ 3 300r/min。

图 6-22a 表示高压缸轴振动刚出现油膜振荡时的频谱。从图中可见，140.5Hz（8 430r/min）是轴的转速频率 f，由轴的不平衡振动引起。55Hz 为油膜振荡频率 Ω。当转速升至 8 760r/min（146Hz）时，油膜振荡频率 Ω 的振幅已超过转速频率的振幅，如图 6-22b 所示，这是一幅典型的油膜振荡频谱图，从图 6-22b 中可见，频率成分除了 ω（146Hz）和 Ω（56.5Hz）之外，还存在其他频率成分，这些成分是主轴振动频率 f 和油膜振荡频率 Ω 的一系列和差组合频率。有

$$f - \Omega = （146 - 56.5）Hz = 89.5Hz$$

$$2\Omega = 2 \times 56.5Hz = 113Hz \approx 112.5Hz$$

$$2（f - \Omega） = 2 \times （146 - 56.5）Hz = 179Hz \approx 179.5Hz$$

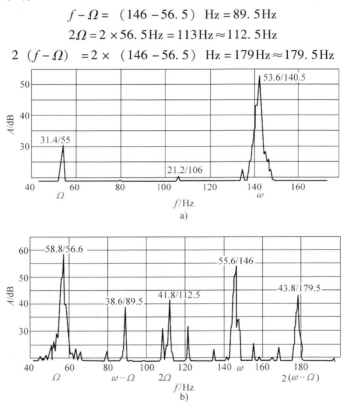

图 6-22　高压缸油膜振荡初期及发展的振动频谱比较

a）刚出现油膜振荡时的频谱　b）油膜振荡发展时的频谱

例 6-14　某公司一台空气压缩机，由高压缸和低压缸组成。低压缸在一次大修后，转子两端轴振动持续上升，振幅达 50 ~ 55μm，大大超过允许值 33μm，但低压缸前端的增速箱和后端的高压缸振动较小。低压缸前、后轴承上的振动测点信号频谱图如图 6-23a、b 所示，图中主要振动频率为 91.2Hz，其振幅为工频（190Hz）振幅的 2 倍多，另外还有 2 倍频和 4 倍频成分，值得注意的是，图中除了非常突出的低频 91.2Hz 之外，4 倍频成分也非常明显。对该机组振动信号的分析认为：

1）低频成分突出，它与工频成分的比值为 0.48，可认为是轴承油膜不稳定的半速涡动。

2）油膜不稳定的起因可能是低压缸两端联轴器的对中不良，改变了轴承上的负荷大小和方向。

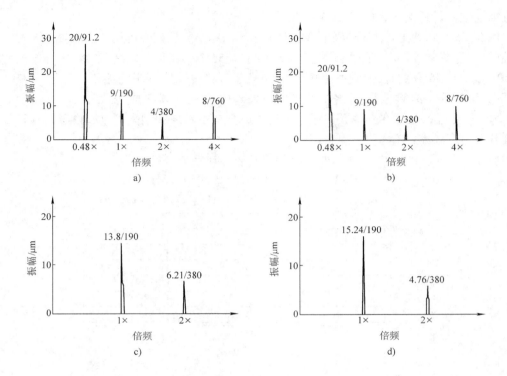

图 6-23 低压缸前、后轴承上的振动测点信号频谱比较

停机检查，发现如下问题：

1）轴承间隙超过允许值（设计最大允许间隙为 0.18mm，实测为 0.21mm）。

2）5 块可倾瓦块厚度不均匀，同一瓦块最薄与最厚处相差 0.03mm，超过设计允许值。瓦块内表面的预负荷处于负值状态［PR 值（单位面积上的预加载荷力值）原设计为 0.027，现降为 -0.135］，降低了轴承工作的稳定性。

3）两端联轴器对中不符合要求，平行对中量超差，角度对中的张口方向相反，使机器在运转时产生附加的不对中力。

对上述发现的问题分别作了修正，机器投运后恢复正常，低压缸两端轴承的总振幅下降到 20μm，检修前原频谱图上反映轴承油膜不稳定的 91.2Hz 低频成分和反映对中不良的 4 倍频成分均已消失（图 6-23c、d）。

例 6-15 某钢铁公司空压站的一台高速空压机开机不久，发生阵发性强烈吼叫声，最大振幅达 17mm/s（正常运行时不大于 2mm/s），严重威胁机组的正常运行。

对振动的信号作频谱分析。正常时，机组振动以转动频率为主。阵发性强烈吼叫时，振动频谱图中出现很大振幅的 0.5×转动频率成分，转动频率振幅增加不大。基于这个分析，判定机组的振动超标是轴承油膜涡动所引起，并导致了动静件的碰摩。

现场工程技术人员根据这个结论，调整润滑油的油温，使供油油温从 30℃提高到 38℃后，机组的强烈振动消失，恢复正常运行。

事后，为进一步验证这个措施的有效性。还多次调整油温，考察机组的振动变化，证实油温在 30~38℃时，可显著降低机组的振动。

6.8　碰摩分析案例

例 6-16　某炼油厂烟机正常运行时，轴承座的振幅不超过 6mm/s。1993 年 11 月，该烟机经检修后刚投入运行即发生强烈振动。

壳体上测得的振动频谱如图 6-24 所示。除转子工频外，还存在大量的低倍频谐波成分，如 2 倍频、3 倍频、4 倍频、5 倍频等，南瓦的 5 倍频振动特别突出。时域波形存在明显的削波现象。

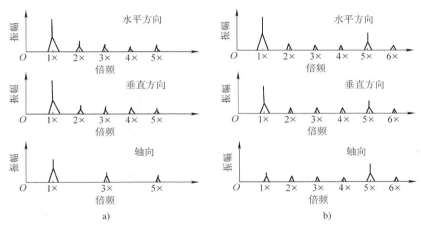

图 6-24　烟机强烈振动时的频谱
a）北瓦　b）南瓦

分析认为烟机发生严重的碰摩故障，主要部位应为轴瓦（径向轴承和推力轴承均由 5 块瓦块组成）。

拆开检查，发现南北瓦均有明显的磨损痕迹，南瓦有一径向裂纹，并有巴氏合金呈块状脱落，主推力瓦有 3 块瓦块已出现裂纹。

更换轴瓦，经仔细安装调整，开机恢复正常。

例 6-17　某厂一台主风机运行过程中突然出现强烈振动现象，风机出口最大振幅达

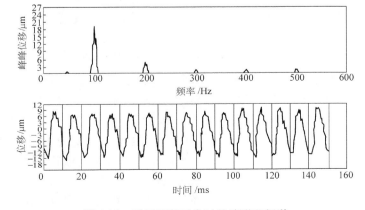

图 6-25　风机运行正常时的波形和频谱

159μm，远远超过其二级报警值（90μm），严重威胁风机的安全生产。图 6-25、图 6-26 分别是风机运行正常时和强振发生时的时域波形和频谱。

风机正常运行时，其主要振动频率为转子工频 101Hz 及其低次谐波频率，且振幅较小，峰峰值约 21μm。而强振时，一个最突出的特点就是产生一振幅极高的 0.5 倍频（50.5Hz）成分，其振幅占到通频振幅的 89%，同时伴有 1.5 倍频（151.5Hz）、2.5 倍频（252.5Hz）等非整数倍频，此外，工频及其谐波振幅也均有所增长。

结合现场的一些其他情况分析认为，机组振动存在很强烈的非线性，极有可能是由于壳体膨胀受阻，造成转子与壳

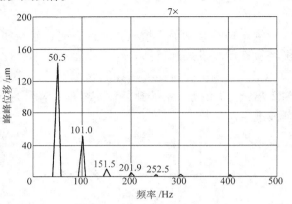

图 6-26　风机强振时的频谱

体不同心，导致动静件摩擦而引起的。随后的停机揭盖检查表明，风机第一级叶轮的口环磨损非常严重，由于承受到巨大的摩擦力，整个叶轮也经扭曲变形，如果再继续运行下去，其后果将不堪设想。及时的分析诊断和停机处理，避免了设备故障的进一步扩大和给生产造成更大损失。

0.5 倍频的振动也有可能是油膜涡动的特征，这里最主要的判断依据是 1.5 倍频（151.5Hz）、2.5 倍频（252.5Hz）等非整数倍频的振动，它们是非线性振动的特征，也就是碰摩故障的特征。

6.9　喘振分析案例

喘振是一个压力波在压缩机与管网的交替作用下，在压缩机与管网内来回振荡所产生的机组振动。

这个压力波源于两种情况之一。第一种情况：压缩机因吸入不足，发生旋转失速。旋转失速严重时，压缩机内压力低于管网压力，引起压力波回冲压缩机，压缩机升压，再倒回管网。第二种情况：管网用户端由于某种原因造成管网内压力、流量突变，引起压力波冲向压缩机。

旋转失速是发生于压缩机内旋转气团脱离叶轮所激发的振动，而喘振还把管网联系在一起，是更严重的故障形态。它们在频谱图中都以叶片通过频率及各阶倍频的形式出现。

例 6-18　某大型化肥厂的二氧化碳压缩机组由汽轮机和压缩机组成。压缩机分为 2 缸、4 段、13 级。高压缸为 2 段共 6 级叶轮，低压缸为 2 段共 7 级叶轮。低压缸工作转速为 6 546r/min，高压缸工作转速 13 234r/min，中间通过增速齿轮连接。正常出口流量应为 9 400m³/h。但投产后不久，因生产的原因，将流量下降至额定流量的 66% 左右，机器第 4 段的轴振幅达 58μm，而且高压缸机壳和第 4 段出口管道振动强烈，甚至把高压导淋管振裂。当开大"四回一"防喘阀以后，振幅可下降至 50μm，然而机器强烈振动的现象还难以消除。频谱分析显示，一个 55Hz 及其倍频成分占有显著的地位，其振幅随通频振幅的增大而

增大，转速频率成分的振幅则基本保持不变。

从频谱图（图 6-27c）上看出，55Hz 低频成分是引起机器振动的主要因素，但属何种原因尚不很清楚。分析 4 段轴振动信号和 4 段出口气流压力脉动信号随工况的变化过程，可得到该机器故障原因的信息。

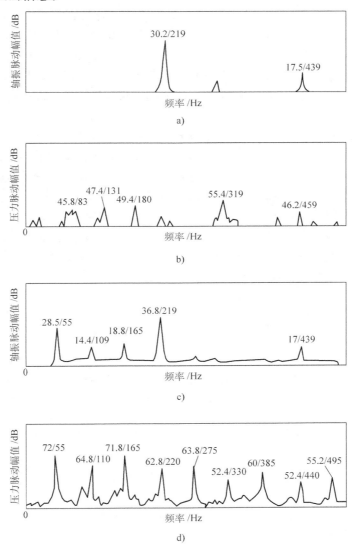

图 6-27　高压缸 4 段轴振动和气流压力脉动频谱图
a）正常状态下的轴振动频谱　b）正常状态下的气流压力脉动频谱
c）异常状态下的轴振动频谱　d）异常状态下的气流压力脉动频谱

图 6-27 所示为高压缸 4 段轴振动和气流压力脉动频谱图（压力脉动信号直接从 4 段出口管线上用压力传感器测取）。当 4 段出口压力为 11MPa 时，振动测点测得的通频振幅为 37μm，频谱图上除了转速频率 219Hz 成分外，无明显的低频成分出现，压力脉动的信号也比较小，如图 6-27a、b 所示。

在升压过程中，当测点通频振幅增至 47μm 时，轴振动频谱图和压力脉动信号频谱图上均突然出现 55Hz 的低频及其倍频成分，如图 6-27c、d 所示。

继而在小流量区域出口压力升到 14MPa 以上时，通频振幅达 $60\mu m$，55Hz 的低频及其倍频成分则始终存在。当压缩机背压降低，流量上升后，通频振幅下降至一定值，55Hz 低频成分随之消失。

由以上的变工况可见，55Hz 低频成分是随出口压力升高和流量下降而出现的，又随背压下降和流量增加而消失，因此诊断它是压缩机高压缸旋转失速所产生的一种气体动力激振频率，这一振动频率严重地危及机器的安全运转。最后通过加装"四回四"管线（即从四段出口加一旁通管至 4 段入口，并在其间加一调节阀），调节"四回四"，或"四回一"阀门，适当增加 4 段供气量，4 段轴振动就由原来的高振幅下降至 $22\mu m$，机器强烈振动情况也就随之消失。

例 6-19　某厂的二氧化碳压缩机组是尿素生产装置的关键设备之一，其运行状态正常与否直接关系到安全生产的顺利进行。但是该机组高压缸转子振动中始终存在一个与转速大致成 0.8 倍关系的振动分量，有时这一振动分量的振幅与基频振动分量的振幅相等，甚至大于基频振幅。图 6-28 所示是二氧化碳压缩机高压缸转子振动的振幅谱，各主要振动分量，按振幅的大小，依次用 1 ~ 9 标记。图中 "1" 就是 0.8 倍频振动分量，其振动频率 $f_{0.8} = 183.59Hz$，"2" 是基频振动分量，其振动频率 $f_1 = 222.66Hz$，从图中可以看到 0.8 倍频的振幅大于包括基频在内的其他振动成分的振幅，成为引起转子振动的主要因素，为此，需要分析其产生的原因，以便加以控制和消除。

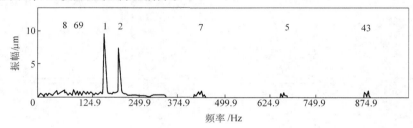

No.	频率 /Hz	振幅/μm	No.	频率 /Hz	振幅/μm	No.	频率 /Hz	振幅/μm
1	183.59	9.971	2	222.66	7.750	3	892.58	1.178
4	884.77	1.063	5	669.92	0.987	6	97.66	0.901
7	447.27	0.816	8	67.36	0.811	9	111.33	0.775

图 6-28　高压缸转子振动的振幅谱（一）

1. 振动特性分析

0.8 倍频振动比较特殊，它不同于基频和 2 倍频振动等有明显的影响因素和解释，为此，采用多种分析方法就其振动方式以及振动与运行工况之间的关系进行分析。首先用瀑布图分析 0.8 倍频的振动特性，图 6-29 所示为二氧化碳压缩机组高压缸转子起动过程中振动的瀑布图，从图中可以看到起动过程无论哪一转速下都没有 0.8 倍频这一振动分量出现。

起动过程中负荷低，可见 0.8 倍频振动分量与负荷有关，在低负荷和低转速下，其振动并不表现出来。

其次用传统的振动谱进行分析，图 6-30 是高压缸转子振动的振幅谱，谱中不但包括 0.8 倍频、基频、2 倍频等振动成分，而且包含一个频率为 $f = 39Hz$ 的振动分量（即图中第 5

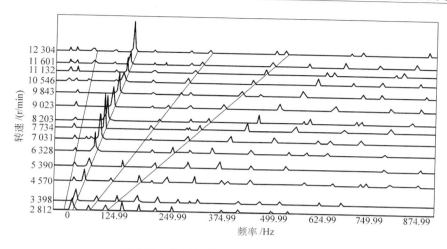

图 6-29　高压缸转子起动过程的瀑布图

点），其振幅大小仅次于 0.8 倍频、基频、2 倍频、3 倍频振动分量的振幅。而且 $f + f_{0.8} = (39.06 + 183.59)$ Hz $= 222.65$ Hz，近似于转子基频振动频率 $f_1 = 223$ Hz（其中的误差是由于 FFT 谱分辨率引起），由此可见，转子振动中不但包含有一个 0.8 倍频的振动分量，对应还有一个 0.2 倍频的振动分量。

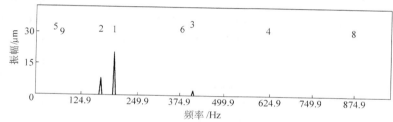

No.	频率/Hz	振幅/μm	No.	频率/Hz	振幅/μm	No.	频率/Hz	振幅/μm
1	222.66	20.564	2	183.59	8.948	3	445.31	2.627
4	667.97	1.007	5	39.06	0.954	6	406.25	0.945
7	216.80	0.921	8	890.62	0.858	9	50.78	0.591

图 6-30　高压缸转子振动的振幅谱（二）

此外，通过频谱分析，还可以发现 0.8 倍频这一振动成分的频率随转速的升高而升高，但也没有明显的线性关系。表 6-8 是转速微小变化后 0.8 倍频振动频率随转速的变化。

表 6-8　0.8 倍频振动频率随转动频率变化

转子基频/Hz	0.8 倍频振动频率/Hz	$f_{0.8}/f_1$
219.0	178.3	0.814
233.8	181.5	0.810
225.5	182.3	0.810

最后，用二维全息谱对 0.8 倍频的振动特性进行分析，图 6-31 是高压缸转子振动的二维全息谱，从二维全息谱上可以看到，0.8 倍频振动的轨迹是一个椭圆，与基频振动的轨迹相类似。

通过上面几种方法的分析说明二氧化碳压缩机高压缸转子 0.8 倍频振动主要有下列特

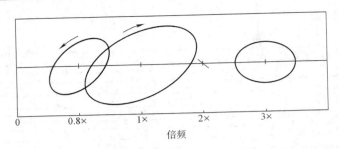

图 6-31　高压缸转子振动的二维全息图

性：

1）只有当压缩机达到一定的负荷及一定转速的情况下，才产生 0.8 倍频振动。

2）其振动频率随转速的升高而增加，但并不成线性关系。

3）0.8 倍频的振动伴随着一个 0.2 倍频的振动，两者振动频率之和恰好是转子的回转频率。

4）引起 0.8 倍频振动的激振力是一个旋转力，类似于不平衡力引起的转子振动。

5）0.8 倍频振动的涡动方向与转子转动方向相反。

2. 振动原因分析

上面分析可得出 0.8 倍频振动的特征与转子中气团旋转脱离引起的振动比较吻合，气团旋转脱离是由于气体容积流量不足等原因引起，气体不能按设计的合理角度进入叶轮或者扩压器，造成叶轮内出现气体脱离团，这些气体脱离团以与叶轮转动方向相反的方向在通道间传播，造成旋转脱离。当气体脱离团以角速度 ω 在叶轮中传播，方向与转子转动方向相反时，对转子的激振频率为 $\Omega-\omega$ 和 ω，其中 Ω 表示转子回转频率。因此，气团旋转脱离引起对转子的作用力表现为 $\Omega-\omega$ 和 ω 两个频率成分。反映在频谱图上，就出现了两个振动频率之和等于旋转频率的振动分量，而在二维全息谱上表现为与转子转动方向相反运动的圆或椭圆。所以认为引起 0.8 倍频振动的最大可能是气团旋转脱离。

为了进一步说明问题，查找了二氧化碳压缩机组高压缸转子在刚投入运行以及近几年的运行记录和振动频谱，也都发现 0.8 倍频振动分量的存在。所以旋转脱离引起转子 0.8 倍频的振动，可能与压缩机制造上的某些不足有关。从有关资料也证明压缩机制造上的不足是引起旋转脱离的主要原因之一。

例 6-20　某厂焦化装置共有两台进料泵（俗称 180 泵），其设计流量为 $180 \mathrm{m}^3/\mathrm{h}$，工艺编号分别为泵 401 和泵 402。1999 年 6 月底，泵 401 因流道严重结垢，振幅超标，泵轴断裂，正在停机检修。起用泵 402 后，运行初期振动正常。根据生产安排，焦化装置从 7 月 6 日晚 8 时开始降量运行，泵 402 入口流量从 $162 \mathrm{m}^3/\mathrm{h}$ 降至 $155 \mathrm{m}^3/\mathrm{h}$，7 日下午 5 时降至 $113 \mathrm{m}^3/\mathrm{h}$。各测点振动明显增大，尤其是泵内侧轴承座水平方向的振动烈度明显增大，最高达 $11.9 \mathrm{mm}/\mathrm{s}$，与正常振幅（$4.3 \mathrm{mm}/\mathrm{s}$ 左右）相比增长 2 倍以上，比泵 401 因故障停机前的振幅还要大。在泵 401 正停机检修的情况下，泵 402 又出现振幅超标，有关生产管理部门十分担心发生类似泵 401 的设备事故，已作好焦化装置停工的准备。在此状态下，对该泵进行了多次振动监测和分析（测点示意图如图 6-32 所示）。

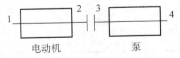

图 6-32　泵 402 测点示意图

表 6-9 是轴承座上主要振动监测数据。

从总体上看，泵的内侧测点（泵入口）水平分量振幅与正常振幅相比有较大增长，达正常值的 2.7 倍，而其他测点振幅增长不明显，个别测点振幅甚至还有所下降。由以上数据可将强振原因判断为水平方向的不对中所引起。

表 6-9　泵 402 轴承座振动监测的振幅　　　　　　（单位：mm/s）

日期	3 水平方向	3 垂直方向	3 轴向	4 水平方向	4 垂直方向	4 轴向
1999.5.20，正常时	4.3	4.9	0.5	1.4	2.2	0.9
1999.7.7，9:30	9.1	2.0	0.6	1.2	2.1	1.1
1999.7.7，20:00	11.9	3.1	1.1	1.4	2.5	0.8
1999.7.7，20:30	9.7	2.0	1.0	1.4	2.6	0.8
1999.7.7，21:00	9.3	1.9	1.0	1.4	2.7	0.8
1999.7.7，21:30	9.6	1.8	1.2	1.3	2.4	0.7
1999.7.15，提量后	5.4	1.7	1.1	1.3	2.2	0.8

为进一步确认其故障原因，又测取了其振动信号进行频谱分析，如图 6-33 所示。从振动频谱来看，各测点均以泵的转子叶片通过频率（回转频率×叶片数量 = 49.7×10Hz = 497.3Hz）的振幅占绝对优势。工频、2 倍频以及其他谐波成分的振幅很小，与泵 401 由于不平衡故障引起断轴的振动频谱完全不同。

因此得出分析结论：强振的主要原因是介质对转子叶片存在较大的冲击。直接原因是由于入口流量远低于设计流量，造成介质入口冲角与叶片安装角偏差较大，从而产生冲击。待焦化装置提量运行后，振动值应下降。

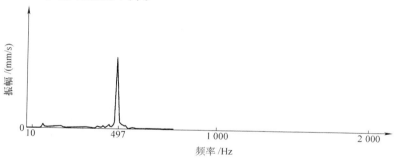

图 6-33　泵 402 测点 3H 振动频谱图

7 月下旬，焦化装置提量后，泵 402 入口流量从 113m³/h 升至 180m³/h 左右，该泵内侧轴承座水平方向的振动烈度降到 5.4mm/s 左右，恢复了正常运行，有效地避免了一次非计划停工。

思　考　题

6-1　从动力学角度分析，转子系统如何分类？

6-2　转子-轴承系统的稳定性是指什么？如何判断其稳定性？

6-3　简述旋转机械的特点以及转子组件的结构组成。

6-4　什么是临界转速？

6-5　转子的临界转速往往不止一个，它与系统的＿＿＿＿＿＿有关。

6-6　简述油膜涡动与油膜振荡的振动特点。

6-7　旋转机械常见的故障有哪些？

6-8　简述转子的不平衡振动机理。

6-9　为确保大机组安全平稳运转，轴系转速应如何设置？

6-10　碰摩故障的振动特征有哪些？

第7章 滚动轴承故障诊断

滚动轴承是机械设备中使用量较大的零件之一，也是最易损坏的零件。滚动轴承的工作状态非常复杂，转速从 2r/min ~ 3 000r/min，甚至更低或更高；承载方向有纯径向、纯轴向及混合方向等；运动形式有转动、摆动，在特殊场合还有直线运动。这些因素都将影响故障信号的测取方式。滚动轴承有着极其光滑、尺寸精密的滚道，因而早期故障的振动信号非常微弱，常常淹没在轴与齿轮的振动信号中，给故障诊断带来一定的困难。

7.1 滚动轴承的失效形式

大多数极低速滚动轴承及摆动运动的滚动轴承的载荷都是重载，例如：炼钢转炉的耳轴轴承、连铸机头的钢包回转塔轴承。在载荷过重、热变形影响、突然的冲击载荷等因素的作用下，其损坏的主要形式是塑性变形和严重磨损。

转速大于 10 r/min 的滚动轴承有更多的失效形式。

1. 滚动轴承的磨损失效

磨损是滚动轴承最常见的一种失效形式。在滚动轴承运转中，滚动体和套圈之间均存在滑动，这些滑动会引起零件接触面的磨损。尤其在轴承中侵入金属粉末、氧化物以及其他硬质颗粒时，则形成严重的磨料磨损，使磨损更为剧烈。另外，由于振动和磨料的共同作用，对于处在非旋转状态的滚动轴承，会在套圈上形成与钢球节距相同的凹坑，即为摩擦腐蚀现象。如果轴承与座孔或轴颈配合太松，在运行中引起的相对运动，又会造成轴承座孔或轴径的磨损。当磨损量较大时，轴承便产生游隙噪声，使振动增大。

2. 滚动轴承的疲劳失效

在滚动轴承中，滚动体或套圈滚动表面由于接触载荷的反复作用，表层因反复的弹性变形而致冷作硬化，下层的材料应力与表层出现断层状分布，导致从表面下形成细小裂纹，随着以后的持续载荷运转，裂纹逐步发展到表面，致使材料表面的裂纹相互贯通，直至金属表层产生片状或点坑状剥落。轴承的这种失效形式称为疲劳失效。其主要原因是疲劳应力造成的，有时是由于润滑不良或强迫安装所引起。随着滚动轴承的继续运转，损坏逐步增大。因为脱落的碎片被滚压在其余部分滚道上，并给那里造成局部超载荷而进一步使滚道损坏。轴承运转时，一旦发生疲劳剥落，其振动和噪声将急剧增大。

3. 滚动轴承的腐蚀失效

轴承零件表面的腐蚀分三种类型。一是化学腐蚀，当水、酸等进入轴承或者使用含酸的润滑剂，都会产生这种腐蚀。二是电腐蚀，由于轴承表面间有较大电流通过使表面产生点蚀。三是微振腐蚀，为轴承套圈在机座座孔中或轴颈上的微小相对运动所至。结果使套圈表面产生红色或黑色的锈斑。轴承的腐蚀斑则是以后损坏的起点。

4. 滚动轴承的塑变失效

压痕主要是由于滚动轴承受载荷后，在滚动体和滚道接触处产生塑性变形。载荷过大时会在滚道表面形成塑性变形凹坑。另外，若装配不当，也会由于过载或撞击造成表面局部凹陷。或者由于装配敲击，而在滚道上造成压痕。

5. 滚动轴承的断裂失效

造成轴承零件的破断和裂纹的重要原因是由于运行时载荷过大、转速过高、润滑不良或装配不善而产生过大的热应力，也有的是由于磨削或热处理不当而导致的。

6. 滚动轴承的胶合失效

滑动接触的两个表面，当一个表面上的金属粘附到另一个表面上的现象称为胶合。对于滚动轴承，当滚动体在保持架内被卡住或者润滑不足、速度过高造成摩擦热过大，使保持架的材料粘附到滚子上而形成胶合。其胶合状为螺旋形污斑状。还有的是由于安装的初间隙过小，热膨胀引起滚动体与内外圈挤压，致使在轴承的滚道中产生胶合和剥落。

7.2　滚动轴承的振动机理与信号特征

引起滚动轴承振动的因素很多。有与部件有关的振动，也有与制造质量有关的振动，还有与轴承装配以及工作状态有关的振动。所不同的是：在滚动轴承运动状态下，出现随机性的机械故障时，运转所产生的随机振动的振幅相应增加。这是因为轴承表面劣化的部位也是随机的。如图7-1所示，通过对轴承振动的剖析，找出激励特点，并通过不同的检测分析方法的研究，从振动信号中获取振源的可靠信息，用以进行滚动轴承的故障诊断。

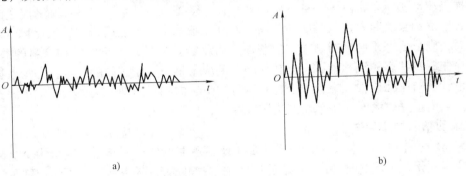

图7-1　滚动轴承振动的时域信号

a）新轴承的振动波形　b）表面劣化后的轴承振动波形

1. 轴承刚度变化引起的振动

当滚动轴承在恒定载荷下运转时（图7-2），轴承和其结构决定了轴承系统内的载荷分布状况呈现周期性变化。如滚动体与外圈的接触点的变化，使系统的刚度参数形成周期的变化，而且是一种对称周期变化，从而使其恢复力呈现非线性的特征。由此便产生了与刚度变化周期相对应的多阶谐波振动。

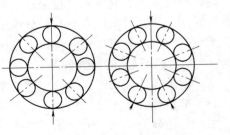

图7-2　滚动轴承刚度的变化

此外，当滚动体处于载荷下非对称位置时，转轴的中心不仅有垂直方向的移动，而且还有水平方向的移动。这类参数的变化与运动都将引起轴承的振动，也就是随着轴的转动，滚动体通过径向载荷处产生激振力。

这样在滚动轴承运转时，由于刚度参数形成的周期变化和滚动体产生的激振力及系统存在非线性，便产生多次谐波振动并含有分谐波成分，不管滚动轴承正常与否，这种振动都要发生。

2. 由滚动轴承的运动副引起的振动

当轴承运转时，滚动体便在内外圈之间滚动。轴承的滚动表面虽加工得非常平滑，但从微观来看，仍高低不平，特别是材料表面产生疲劳剥落时，高低不平的情况更为严重。滚动体在这些凹凸面上转动，则产生交变的激振力。所产生的振动，既是随机的，又含有滚动体的传输振动，其主要频率成分为滚动轴承的特征频率。

滚动轴承的特征频率（即接触激发的基频），完全可以根据轴承元件之间滚动接触的速度关系建立的方程求得。计算的特征频率值往往十分接近测量数值，所以在诊断前总是先算出这些值，作为诊断的依据。

图 7-3 所示的角接触球轴承模型，内圈固定在轴上与轴一起旋转，外圈固定不动。

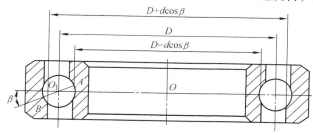

图 7-3 角接触球轴承结构简图

接触点 A、B 和滚动体中心 O_1 到轴中心 O 的距离从图 7-3 中的简单几何关系得到，分别为 $(D - d\cos\beta)/2$、$(D + d\cos\beta)/2$、$D/2$。由此很容易求得几个特征频率，单位为 Hz。

1）内圈旋转频率 f_1。

$$f_1 = \frac{n}{60}$$

式中　n——内圈转速（r/min）。

2）保持架旋转频率 f_2。

$$f_2 = \frac{1}{2}\left(1 - \frac{d}{D}\cos\beta\right)f_1$$

3）滚动体自转频率 f_3。

$$f_3 = \frac{1}{2}\frac{D}{d\cos\beta}\left[1 - \left(\frac{d\cos\beta}{D}\right)^2\right]f_1$$

4）保持架通过内圈频率 f_4。

$$f_4 = f_1 - f_2 = \frac{1}{2}\left(1 + \frac{d}{D}\cos\beta\right)f_1$$

5）滚动体通过内圈频率 f_5。

$$f_5 = zf_4 = \frac{z}{2}\left(1 + \frac{d}{D}\cos\beta\right)f_1$$

式中　z——滚动体个数。

6）滚动体通过外圈频率f_6。

$$f_6 = zf_2 = \frac{z}{2}\left(1 - \frac{d}{D}\cos\beta\right)f_1$$

在故障诊断的实践中，内圈旋转频率f_1、滚动体通过内圈频率f_5、滚动体通过外圈频率f_6对表面缺陷有较高的敏感度，是重要的参照指标。

3. 滚动轴承的早期缺陷所激发的振动特征

滚动轴承内出现剥落等缺陷，滚动体以较高的速度从缺陷上通过时，必然激发两种性质的振动。如图7-4所示，第一类振动是上节所讲的以结构和运动关系为特征的振动，表现为冲击振动的周期性；第二类振动是被激发的以轴承元件固有频率的衰减振荡，表现为每一个脉冲的衰减振荡波。

轴承元件的固有频率取决于本身的材料、结构形式和质量，根据某些资料介绍，轴承元件的固有频率在20～60kHz的频率段。因此，有些轴承诊断技术就有针对性地利用这一特点进行信号的分析处理，取得很好的效果。如专用的轴承故障诊断仪，就是在这一频段内工作的仪表。

轴承缺陷所激发的周期性脉冲的频率与轴承结构和运动关系相联系，处于振动信号的低频段内，在这个频段内还有轴的振动、齿轮的啮合振动等各种零件的振动。由于这些振动具有更强的能量，轴承早期缺陷所激发的微弱周期性脉冲信号往往淹没在这些强振信号中，给在线故障监测系统带来困难。在作者20多年的故障诊断工作中，发现滚动轴承故障在低频段还是有端倪可寻的。

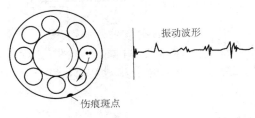

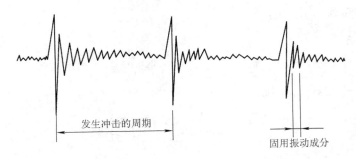

图7-4　滚动轴承内缺陷所激发的振动波形

滚动轴承在机器设备中的作用是支承传动轴的旋转，滚动轴承故障所激发的振动必然对轴及轴上的机械零件产生影响。对于转轴上的零件为齿轮等非转子类零件的轴而言，其动不平衡量是不随时间变化的。滚动轴承影响到轴的空间定位，轴承故障使轴的空间定位出现波动，当轴的工作状态处于非重载时，轴转动频率的振幅升高，有时还表现为转动频率的2倍频、3倍频、…、5倍频的振幅升高。这种情况往往预示着滚动轴承出现早期故障。当轴转动频率的振幅再次降低时，滚动轴承故障已进入晚期，到了必须更换的程度。

　　由于轴的空间位置波动，也必然影响齿轮等零件的振动。滚动轴承故障在某种条件下（如轻载、空载）也会在齿轮啮合频率的振幅升高中反映出来。其特征为齿轮啮合频率的边频微弱，几乎看不见。

7.3　滚动轴承信号分析方法

　　轴承故障信号的拾取实际上是传感器及安装部位和感应频率段的选择。传感器的安装部位往往选择轴承座部位，并按信号传动的方向选择垂直、水平、轴向布置。该部位距故障信号源最近，传输损失最小，也是轴、齿轮等故障信号传输路径必经的最近位置。所以几乎所有的在线故障监测与诊断系统都选择轴承座作为传感器的安装部位。

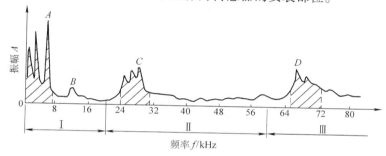

图 7-5　滚动轴承的振动频谱

　　传感器和感应频率段的选择，如图 7-5 所示，这是一个航空滚动轴承作故障实验时得到的频谱图。轴承的故障信号分布在三个频段，即图中阴影部分。低频段在 8kHz 以下，滚动轴承中与结构和运动关系相联系的故障信号在这个频率段，少数高速滚动轴承的信号频段能延展到 B 点或更远。因为轴的故障信号、齿轮的故障信号也在这个频段，因而这也是绝大部分在线故障监测与诊断系统所监测的频段。高频段在 Ⅱ 区，这个频段的信号是轴承故障所激发的轴承自振频率的振动。超高频段位于 Ⅲ 区，它们是轴承内微裂纹扩张所产生的声发射超声波信号。

　　针对不同信号所处的频段，采用不同的信号拾取方式。

　　监测低频段的信号，通常采用加速度传感器，由于同时也要拾取其他零件的故障信号，因此采用通用的信号处理电路（仪器）。

　　监测高频段的信号，其目的是要获取唯一的轴承故障信号，采用自振频率在 25～30kHz 的加速度传感器，利用加速度传感器的共振效应，将这个频段的轴承故障信号放大，再用带通滤波器将其他频率的信号（主要是低频信号）滤除，获得唯一的轴承故障信号。

　　监测超高频段则采用超声波传感器，将声发射信号检出并放大。仪表统计单位时间内声发射信号的频度和强度，一旦频度或强度超过某个报警限，则判定轴承故障。

　　信号获得后，即可进行信号分析处理。信号的类别多，因而分析处理的方法也比较多。采用较多的滚动轴承故障信号分析方法有以下几种。

1. 有效值与峰值判别法

　　滚动轴承振动信号的有效值反映了振动的能量大小，当轴承产生异常后，其振动必然增大。因而可以用有效值作为轴承异常的判断指标。但这对具有瞬间冲击振动的异常状况是不适用的。因为冲击波峰的振幅大而持续时间短。用有效值来表示故障特征,其特征并不明显,对于这种形态异常的故障特征,峰值比有效值更适用。

2. 峰值系数法

所谓峰值系数,是指峰值与有效值之比。用峰值系数进行诊断的最大特点,是由于它的值不受轴承尺寸、转速及载荷的影响。正常时,滚动轴承的波峰系数约为5,当轴承有故障时,可达到几十。轴承正常或异常可以很方便地进行判别。另外,峰值系数不受振动信号的绝对水平所左右。测量系统的灵敏度即使变动,对示值也不会产生多大影响。

3. 峭度指标法

峭度指标 C_q 反映振动信号中的冲击特征。

峭度指标 C_q

$$C_q = \frac{\frac{1}{N}\sum_{i=1}^{N}(\mid x_i\mid - \bar{x})^4}{X_{rms}^4}$$

峭度指标 C_q 对信号中的冲击特征很敏感,正常情况下其值应该在3左右,如果这个值接近4或超过4,则说明机械的运动状况中存在冲击性振动。当轴承出现初期故障时,有效值变化不大,但峭度指标值已经明显增加,达到数十甚至上百,非常明显。它的优势在于能提供早期的故障预报。当轴承故障进入晚期,由于剥落斑点充满整个滚道,峭度指标反而下降。也就是它对晚期故障不适应。

4. 冲击脉冲法

冲击脉冲法(SPM)利用轴承故障所激发的轴承元件固有频率的振动信号,经加速度传感器的共振放大、带通滤波及包络检波等信号处理,所获得的信号振幅正比于冲击力的大小。

在冲击脉冲技术中,所测信号振幅的计量单位是dB。测到的轴承冲击 dB_i 值与轴承基准值 dB_o 相减, dB_o 是良好轴承的测定值。

$$dB_N = dB_i - dB_o$$

冲击脉冲计的刻度就是用 dB_N 值表示的。轴承的状况分为三个区:

(0~20) dB_N 　表示轴承状况良好

(20~35) dB_N 　表示轴承状况已经劣化,属发展中的损伤期

(35~60) dB_N 　表示轴承已经存在明显的损伤。

5. 共振解调法

共振解调法也称为包络检波频谱分析法,是目前滚动轴承故障诊断中最常用的方法之一。

共振解调法与冲击脉冲法的基本原理相同,只是通过包络检波后并不测定振幅,而是保留检波后的波形,再用频谱分析法找出故障信号的特征频率,以确定轴承的故障元件。

共振解调法的基本原理可用图7-6所示信号变换过程中的波形特征来说明。图7-6a所示为理想的故障微冲击脉冲信号 $F(t)$(原始脉冲波),它在时域上的脉宽极窄,振幅很小,而脉冲的频率成分很丰富。虽然这种脉冲是以 T 为周期,但在频谱上却直接反映不出对应的频率 $1/T$ 成分。图7-6b所示为脉冲信号由传感器接收后,经过电子高频谐振器谐振,就产生了一组组共振响应波。这是一种振幅被放大了的高频自由衰减振荡波,振荡频率就是谐振器

的谐振频率 f_n（$f_n = 1/T_n$），它的最大振幅与故障冲击的强度成正比，而且每组振荡波在时域上得到了展宽，振荡波的重复频率与故障冲击的重复频率相同。图 7-6c 所示为振荡波经过绝对值处理后留下了对应的频率，但它还不是完全的周期信号，在频谱上不能形成像简单波形那样的离散谱线。为此，必须对振荡波再进行包络检波处理，也就是取振荡波形的包络线，如图 7-6d 所示。这个包络波形就把高频成分和其他机械干扰频率剔除掉了，成为纯低频的周期波，波的周期 T 仍与原始冲击频率相对应，然后把包络波形作为新的振动波形进行频谱分析，在频谱图上可以清楚地显示出冲击频率及其谐波成分，如图 7-6e 所示。

　　从上述的信号变换过程中可以看出，信号经过共振放大和包络检波处理后，与原始脉冲波比较，它的振幅已得到了放大，波形在时域上已得到了展宽，不再是一个包含频率无限多的尖脉冲。而且包络波的低阶频率成分所具有的能量较原始脉冲波的低阶频率成分的能量有了极大增强，所以最终获得的故障信号信噪比，比原始信号提高了几个数量级。共振解调技术的良好效果可做到没有故障就没有共振解调波和它的故障频谱。

　　实现包络检波的方法有多种，常用的有两种方法：希尔伯特（Hilbett）变换法和检波滤波法。

　　图 7-7 所示为一轴承加了 30N 轴向力，在试验装置上进行测试分析的结果。图 7-7a 所示为原信号直接用低频信号接收法得到的频谱，图中谱峰密集，较难寻找出故障的特征频率。图 7-7b 所示为经过包络检波后的频谱图，清楚地显示出故障的特征频率，其中 91.25Hz 是轴承外圈的间隔频率（理论计算值为 92.5Hz），145Hz、290Hz 和 436Hz 是内圈的间隔频率及其谐波。该轴承的实际故障是内、外滚道表面上各有一处疲劳剥落。

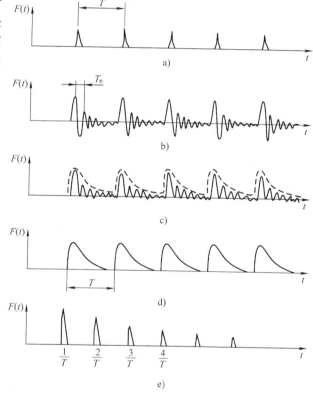

图 7-6　共振解调法的信号变换过程
a）原始脉冲波　b）共振响应波　c）绝对值处理　d）包络检波　e）频谱分析

6. 频谱分析法

　　将低频段测得的振动信号，经低通抗混叠滤波器后，进行快速傅里叶变换（FFT），得到频谱图。根据滚动轴承的运动关系式计算得到各项特征频率，在频谱图中找出，观察其变化，从而判别故障的存在与部位。需要说明的是，各种特征频率都是从理论上推导出来的，而实际上，由于轴承的各几何尺寸会有误差，加上轴承安装后的变形、FFT 计算误差等因素，使得实际的频率与计算所得的频率会有某些出入。所以在频谱图上寻找各特征频率时，需在计算的频率值上找其近似的值来作诊断。

例如，图7-8a 所示是一个外环有划伤的轴承频谱图，明显看出其频谱中有较大的周期成分，其基频为184.2Hz，图7-8b 所示是与该轴承同型号的完好轴承的频谱图。通过比较可以看出，当出现故障后频谱图上有较高阶谐波。在此例中出现了184.2Hz 的5阶谐波。且在736.9Hz上出现了谐波共振现象。

需要指出的是，图7-8 所示为一个在实验室作出的图形。实际工业现场的信号是极复杂的，包含了诸多轴、齿轮等的强振信号，而滚动轴承的故障信号因为强度太小，而被淹没。只有机构相对简单的机械（如低转速的水泵）才能复现与图7-8 相似的频谱图。

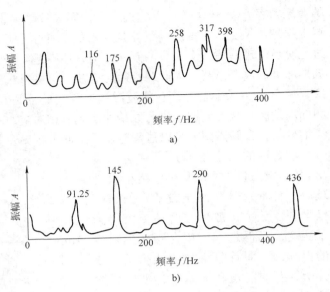

图7-7 两种信号处理方法比较
a) 低频频谱分析法　b) 共振解调频谱分析法

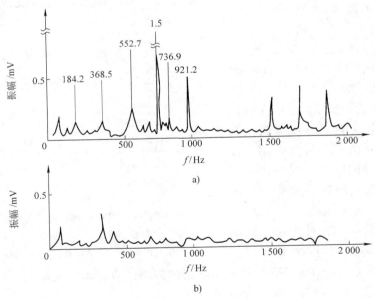

图7-8 故障轴承与完好轴承的频谱图对比
a) 故障轴承 b) 完好轴承

但是这并不意味常规的 FFT 信号分析技术对滚动轴承的故障诊断束手无策。因滚动轴承以其尺寸精度固定了转轴的轴心空间位置，一旦滚动轴承内的故障引发振动，必然影响转轴的轴心位置，导致对应转轴转动频率的振幅加大，若能排除轴上其他零件的原因（例如齿轮的转子不平衡力是不随时间变化的），即可诊断出轴承故障。

轴上的齿轮等零件的振动也会受到轴承振动的影响，导致轴、齿轮等零件自身的振动出现振幅增大、谐频成分增多的现象。

7. 倒频谱分析法

对于一个复杂的振动情况，其谐波成分更加复杂而密集，仅仅观察其频谱图，可能什么也辨认不出。这是由于各运动件在力的相互作用下各自形成特有的特征频率，并且相互叠加与调制，因此在频谱图上会形成多族谐波成分，如用倒频谱则较易于识别。

图 7-9a 所示为内圈轨道上有疲劳损伤和滚子有凹坑缺陷的轴承的振动时间历程，图 7-9b 所示为其频谱图，该图不便识别。而图 7-9c 所示为其倒频谱，明显看出有 106Hz 及 26.39Hz 成分，理论计算上滚子故障频率为 106.35Hz 以及内圈故障频率为 26.35Hz，由此看出，倒频谱反映出的故障频率与理论几乎完全一样。

在滚动轴承故障信号分析中，由于存在着明显的调制现象，并在频谱图中形成不同族的调制边带。当内圈有故障时则是由内圈故障频率构成调制边带，当滚子有故障时，则又以滚子故障频率构成另一族调制边带。因此，轴承故障的倒频谱诊断方法可以提供有效的预报信息。

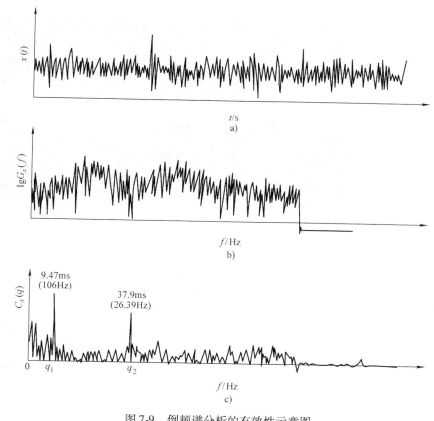

图 7-9　倒频谱分析的有效性示意图

7.4　滚动轴承故障诊断案例

例 7-1　2005 年 1 月 31 日，某钢铁公司高速线材轧机的 26 架出现振动异常。图 7-10 为高速线材轧机的传动机构示意图。

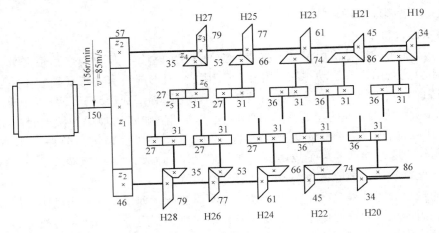

图 7-10　高速线材轧机的传动机构示意图

查看在线故障监测系统的频谱图（图 7-11）和数据分析表（表 7-1），寻找故障特征频率。

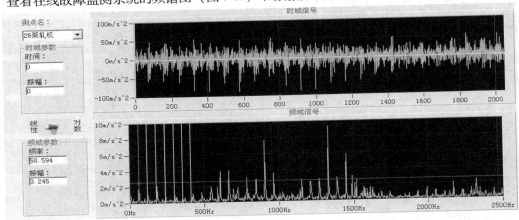

图 7-11　26 架轧机振动频谱图

表 7-1　数据分析表（测量转速 1 100r/min，推导转速 1 078.2r/min）

序号	故障特征频率/Hz		绝对误差/Hz	相对误差（％）	振幅/（m/s²）	特征描述
	测量值	计算值				
1	58.594	58.594	0	0	3.245	锥箱Ⅰ轴转动频率
2	117.188	117.188	0	0	1.508	锥箱Ⅰ轴转动频率的 2 倍频
3	180.664	175.782	4.882	2.8	2.458	锥箱Ⅰ轴转动频率的 3 倍频
4	239.258	234.376	4.882	2.1	0.908	锥箱Ⅰ轴转动频率的 4 倍频

1. 趋势分析

从趋势图（图 7-12）上可以看到振动是在 1 月 29 日开始上升的，说明故障发展很快。

2. 特征频率趋势分析

从图 7-13 中可以看到，Ⅰ 轴转动频率（58.59Hz）及其 2 倍频（117.19Hz）的振幅也是在 1 月 29 日开始上升。

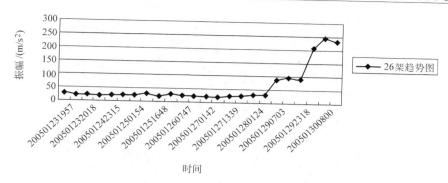

图 7-12　26 架通频振动有效值趋势图

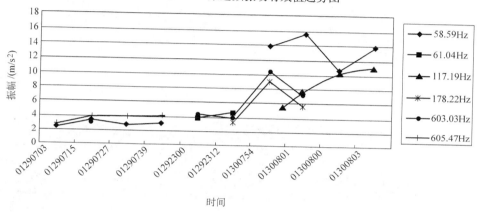

图 7-13　26 架特征频率趋势图

3. 诊断结论与处理建议

（1）时域信号的特征

1）26 架轧机在 1 月 29 日柱状图峰值开始报警，30 日报警值达 $255 \mathrm{m/s^2}$。

2）29 日时域信号发生严重畸变，30 日时域信号完全紊乱。

3）时域趋势图从 27 日的 $22.6 \mathrm{m/s^2}$ 急剧上升到 30 日的 $245 \mathrm{m/s^2}$（图 7-12），突变了 10 倍左右。

（2）频域信号的特征

1）出现 26 架轧机锥箱 I 轴的转动频率（同时也是该轴轴承内圈旋转频率）及大量谐波，达 5 000Hz 以上，这是典型的部件松动特征。

2）58.59Hz 的振幅已经超过 $10 \mathrm{m/s^2}$。

（3）该齿轮箱可能存在的两种故障隐患

1）I 轴轴承损坏（可能性较大）；

2）26 架底座刚度弱（有松动、裂纹等），有被外力激起的振动。

厂方接到报告后，立即组织检修。开箱后发现 I 轴轴承损坏（图 7-14）。

（注：这个报告中将锥箱 I 轴的转动频率及大量谐波解释成典型的部件松动特征，实际是因为轴承破损，造成 I 轴定心失效所致）

例 7-2　2005 年 1 月 5 日，某钢铁公司高速线材轧机的 20 架出现振动异常。图 7-10 所示为高速线材轧机的传动机构示意图。

图 7-14 破裂的 I 轴轴承

查 20 架的频谱变化过程，如图 7-15 ~ 图 7-18 所示，数据分析表见表 7-2。

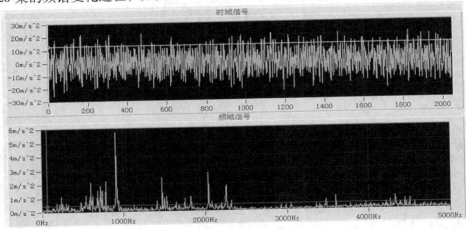

图 7-15 2004 年 12 月 28 日频谱图（锥箱 I 轴转动频率 58Hz 的振幅为 $0.447m/s^2$）

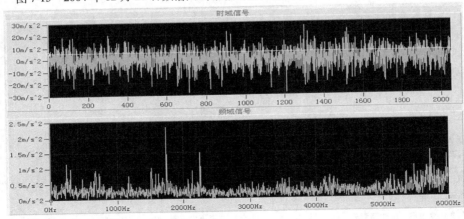

图 7-16 2005 年 1 月 1 日频谱图（锥箱 I 轴转动频率 58Hz 的振幅为 $0.517m/s^2$）

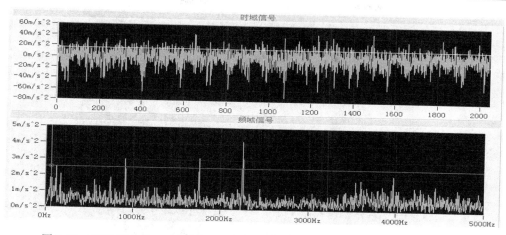

图 7-17　2005 年 1 月 2 日频谱图（锥箱 I 轴转动频率 58Hz 的振幅为 2.502m/s²）

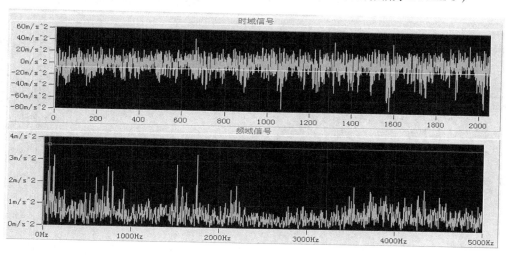

图 7-18　2005 年 1 月 4 日频谱图（锥箱 I 轴转动频率 58Hz 的振幅为 3.664m/s²）

表 7-2　数据分析表（测量转速 1 088r/min，推导转速 1 078.2r/min）

序号	故障信号频率/Hz	计算特征频率/Hz	振幅/（m/s²）	绝对误差/Hz	相对误差（%）	可信度（%）	故障部位及性质分析
1	58.593	59.13	2.502	59.13 − 58.593 = 0.537	0.537/59.13 = 0.91%	100	锥箱 I 轴转动频率
2	117.188	118.26	2.504	118.26 − 117.188 = 1.072	1.072/118.26 = 0.91%	100	锥箱 I 轴转动频率的 2 倍频

　　从 2004 年 12 月 28 日的频谱图到 2005 年 1 月 4 日的频谱图中，可以看到 I 轴转动频率的振幅上升了 7 倍，而且频域图形中出现很多谐波并向上漂起，时域图形越来越混乱，呈很强的非对称形态。由此可以判断 20 架锥箱 I 轴轴承出现故障。

　　建议：及时更换 20 架锥箱 I 轴轴承，以免发生故障。

　　20 架轧机拆检结果如图 7-19 ~ 图 7-21 所示。

图 7-19　揭盖时的轴承损坏照片

图 7-20　破裂的保持架

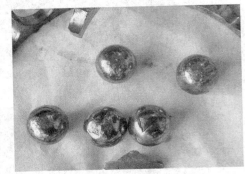

图 7-21　发生剥落的滚动体

例 7-3　2005 年 12 月 15 日，某公司高速线材轧机（图 7-22）的增速箱振动异常的故障诊断。

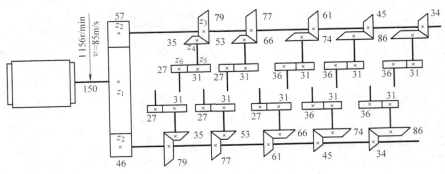

图 7-22　高速线材精轧机齿轮箱传动链图

根据系统的时域指标监测，在 12 月 14 日发现轧机的增速箱南侧时域指标连续呈黄色警报，到 12 月 15 日时域指标报警值大于 150 变为红色，引起技术人员的关注，因此进一步对该设备进行频谱分析。

　　在图 7-23 增速箱时域振动波形图中可以明显看到高频冲击现象，并且相对 0 位线偏向上方。

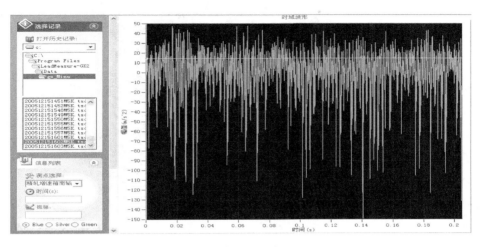

图 7-23　12 月 15 日增速箱时域振动波形

　　时域信号有明显下延结构是冲击类振动的表现。从信号的频谱图（图 7-24）中，明显地看到高振幅的频率成分中含有 410Hz 成分，并伴随有 410Hz 成分的高阶倍频成分。

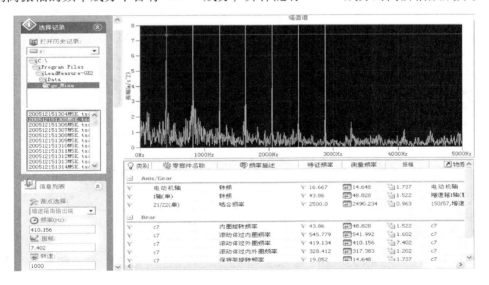

图 7-24　12 月 15 日增速箱频谱图

诊断结论：

　　1）经过初步分析该振动成分并非轴与齿轮的故障特征频率（轴转动频率小于 30Hz，齿轮啮合频率大于 2 000Hz）。

　　2）由于轴承参数不全，无法计算精确的故障特征频率，根据估计值计算，有轴承故障的可能。

　　在随后的紧急检修中，开箱发现输出高速轴联轴器端滚动轴承内圈断裂（图 7-25）。

　　例 7-4　2006 年 6 月 27 日，某钢铁公司高速线材轧制线上的吐丝机 II 轴发生轴承碎裂

图 7-25 滚动轴承内圈断裂

事故，被迫停产检修。事后检视在线故障诊断监测系统，发现早在 4 月 13 日时域峰值指标状态监测已经发出红色警报。图 7-26 所示为吐丝机传动简图。

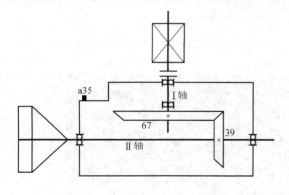

轴承编号	轴承型号
C1	M438106A
C2	M418106B
C3	10284776
C4	10278758

图 7-26 吐丝机传动简图

作为事后调查，欲对所有故障监测指标作一下回顾，以便认识哪些指标对这类故障信息敏感。所以将各项时域监测指标列举分析如下。

1. 时域指标趋势分析

（1）轧 $\phi6.5$mm 钢时吐丝机 a35 水平测点时域峰值趋势图　由图 7-27 可见，在 2~6 月份轧 $\phi6.5$mm 钢时，吐丝机 a35 测点时域峰值从 4 月 13 日（50 m/s^2）开始有所上升，到 4

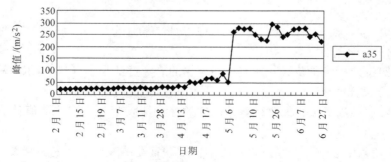

图 7-27 峰值趋势图

月 25 日达到 85 m/s^2，此后到 5 月 6 日已达到 260 m/s^2 以上，并且在吐丝机轴承出现损坏事故前，在线系统一直连续出现红色警报（均在 200 m/s^2 以上）。

（2）轧 ϕ6.5mm 钢吐丝机 a35 水平测点峰值系数趋势图　由图 7-28 可见，在 2～6 月份轧 ϕ6.5mm 钢时，吐丝机 a35 水平测点峰值系数在 4 月 13 日之前维持在 5 以下，到 4 月 16 日达到 10，此后到 5 月 25 日之间一直维持在 6.5 以上，轴承在正常状态下的峰值系数为 5 左右，说明吐丝机在 4 月 13 日时已有故障隐患了，到 5 月 25 日后吐丝机 a35 水平测点峰值系数又降到 5 以下，说明此时轴承已经损坏了。

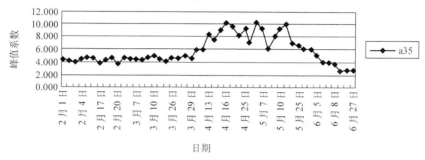

图 7-28　峰值系数趋势图

（3）轧 ϕ6.5mm 钢时吐丝机 a35 水平测点峭度指标趋势图　由图 7-29 可见，在 2～6 月份轧 ϕ6.5mm 钢时，吐丝机 a35 水平测点峭度在 4 月 13 日之前维持在 5 以下，到 4 月 16 日达到 14，此后到 5 月 25 日之间一直维持在 6.5 以上，轴承在正常状态下的峭度为 3 左右，说明吐丝机在 4 月 13 日（峭度为 9.4）时已有故障隐患了，到 5 月 25 日后吐丝机 a35 水平测点峭度又降到 5 以下，说明此时轴承已经损坏了。

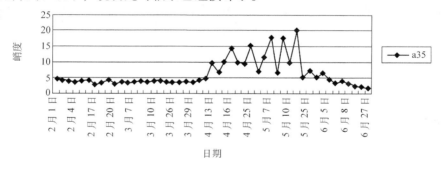

图 7-29　峭度指标趋势图

由以上分析可知，从峰值、峰值系数、峭度三个时域指标都可看出吐丝机轴承在 4 月 13 日时已有故障隐患了，在 5 月初到 5 月 25 日是轴承逐渐损坏时期，若在这个时期能够对吐丝机进行必要的检查和处理，就可避免 6 月 27 日轴承碎裂事故的发生。

2. 频域指标趋势分析

轧 ϕ6.5mm 钢时吐丝机 II 轴转动频率的振幅趋势图如图 7-30 所示。

由图 7-30 可见，在 2～6 月份轧 ϕ6.5mm 钢时，吐丝机 II 轴转动频率的振幅在 4 月 24 日之前维持在 0.25m/s^2 以下，4 月 25 日开始上升，达到 0.4m/s^2，到 5 月 6 日达到 9.659m/s^2，此后到 6 月 27 日之间一直维持在 8.5m/s^2 以上，6 月 6 日最高达到 30.82m/s^2，说明吐丝机在 4 月 25 日（0.4m/s²）时已有故障隐患了，到 5 月 6 日振幅发生突变，增大了 20 多倍，说明此时吐丝机轴承已经损坏了。

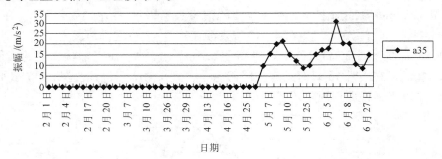

图 7-30　Ⅱ轴转动频率的振幅趋势图

3. 谱图分析

（1）a35 测点正常时的时域波形及频谱图（轧 φ6.5 钢）　图 7-31 所示为吐丝机 3 月 9 日 19:00 的时域和频域波形图，吐丝机Ⅱ轴（高速轴）转动频率的振幅为 0.151m/s²，并且Ⅱ轴转动频率的 2 倍频、5 倍频、7 倍频的振幅较为突出（见表 7-3），这时Ⅱ轴已有轻微松动故障了。由于振幅相对很低，不易看出。

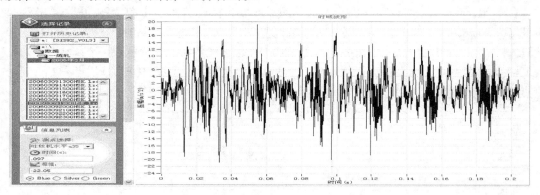

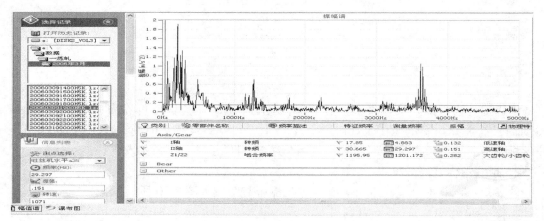

图 7-31　吐丝机 3 月 9 日 19:00 的时域和频域波形图

表 7-3　特征频率（ϕ6.5mm 钢，转速 1 071r/min，吐丝机，a35 测点）

序号	故障信号频率 /Hz	计算特征频率 /Hz	振幅 /（m/s²）	绝对误差 /Hz	相对误差 （%）	可信度 （%）	故障部位及 性质分析
1	29.297	30.665	0.151	1.368	4.46	90	Ⅱ轴转动频率
2	58.594	61.33	0.948	2.736	4.46	90	2×Ⅱ轴转动频率
3	92.773	91.995	0.63	0.778	0.85	100	3×Ⅱ轴转动频率
4	151.367	153.325	1.179	1.958	1.28	100	5×Ⅱ轴转动频率
5	205.078	214.655	1.916	9.577	4.46	90	7×Ⅱ轴转动频率

（2）a35 测点峰值明显上升时的时域波形及频谱图（轧 ϕ6.5mm 钢）　图 7-32 所示为吐丝机 4 月 25 日 4:00 的时域和频域波形图，吐丝机Ⅱ轴（高速轴）转动频率的振幅为 0.386m/s^2，并且Ⅱ轴转动频率的 2 倍频、5 倍频、7 倍频的振幅较为突出（见表 7-4），与 3 月 9 日波形图相比，Ⅱ轴转动频率的振幅上升了 1 倍多，且Ⅱ轴转动频率的 2 倍频、5 倍频、7 倍频的振幅也相对上升了，表明吐丝机Ⅱ轴松动故障在逐渐加重。

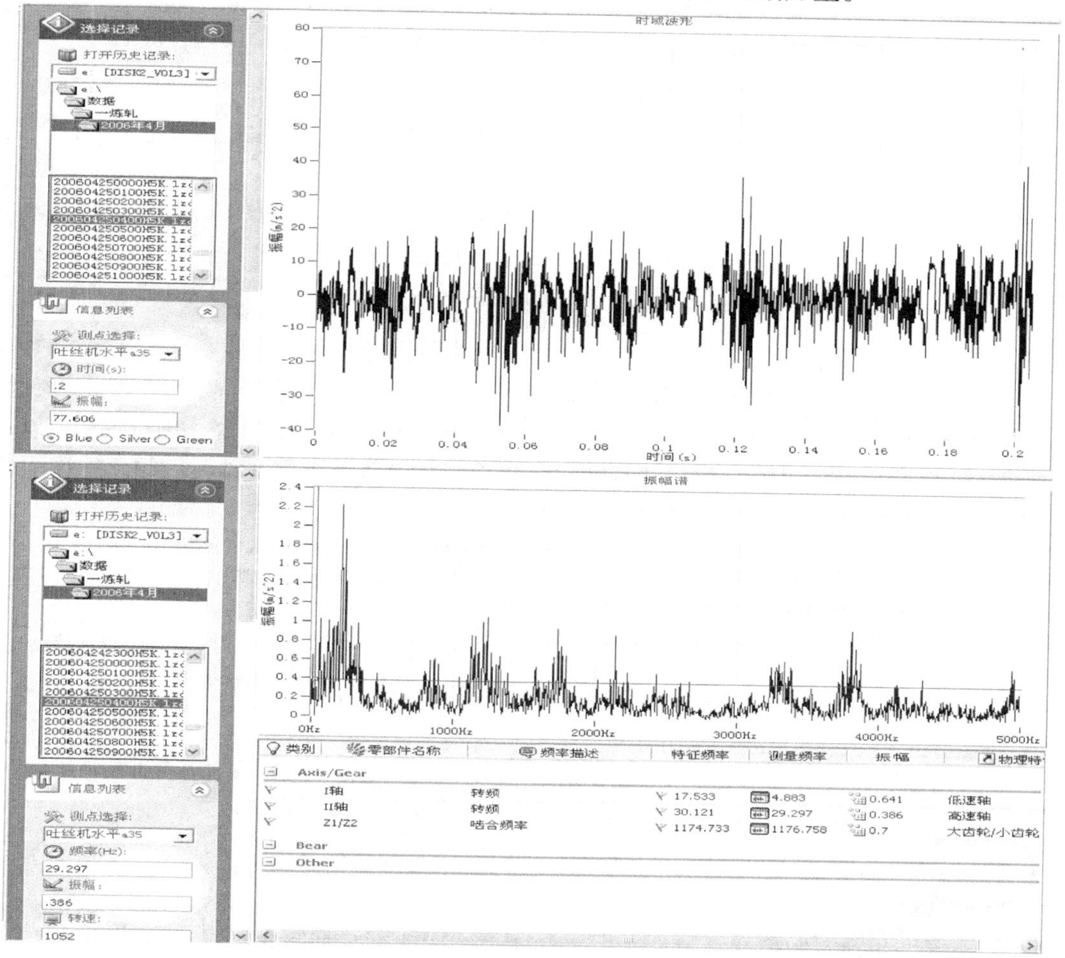

图 7-32　吐丝机 4 月 25 日 4:00 的时域和频域波形图

表7-4　特征频率（ϕ6.5mm 钢，转速1 052r/min，吐丝机，a35 测点）

序号	故障信号频率 /Hz	计算特征频率 /Hz	振幅 / (m/s²)	绝对误差 /Hz	相对误差 （%）	可信度 （%）	故障部位及 性质分析
1	29. 297	30. 121	0. 386	0. 824	2. 73	100	Ⅱ轴转动频率
2	58. 594	60. 242	1. 026	1. 648	2. 73	100	2×Ⅱ轴转动频率
3	87. 891	90. 363	0. 639	2. 472	2. 73	100	3×Ⅱ轴转动频率
4	151. 367	150. 605	0. 948	0. 762	5. 06	90	5×Ⅱ轴转动频率
5	205. 078	210. 847	2. 226	5. 769	2. 73	100	7×Ⅱ轴转动频率

（3）a35 测点峰值上升非常大时的时域波形及频谱图（轧 ϕ6.5mm 钢）　图7-33 所示为吐丝机5月6日10:00 的时域和频域波形图，吐丝机Ⅱ轴转动频率的振幅为9. 659m/s²，并伴有Ⅱ轴转动频率的2倍频、3倍频振幅较为突出（见表7-5），与4月25日波形图相比，Ⅱ轴转动频率的振幅上升了20多倍，且Ⅱ轴转动频率的2倍频、3倍频振幅也相对上升了，表明吐丝机Ⅱ轴上轴承已经损坏了。

表7-5　特征频率（ϕ6.5mm 钢，转速1 063r/min，吐丝机，a35 测点）

序号	故障信号频率 /Hz	计算特征频率 /Hz	振幅 / (m/s²)	绝对误差 /Hz	相对误差 （%）	可信度 （%）	故障部位及 性质分析
1	29. 297	30. 436	9. 659	1. 139	3. 74	100	Ⅱ轴轴频
2	58. 594	60. 872	3. 521	2. 278	3. 74	100	2×Ⅱ轴轴频
3	87. 891	91. 308	2. 773	3. 417	3. 74	100	3×Ⅱ轴轴频

此时距轴承破碎还有40多天，而且频谱图上已有极明显的故障征兆。低频段升高20倍，使高频振幅都压下去了。若在此期间处理，完全可以避免事故发生。

（4）吐丝机轴承碎裂当天的时域波形及频谱图（轧 ϕ6.5mm 钢）　图7-34 所示为吐丝机6月27日06:51 的时域和频域波形图，吐丝机Ⅱ轴转动频率的振幅为15. 201m/s²，比5月9日的振幅又有所上升，说明吐丝机Ⅱ轴轴承已严重损坏，从而导致Ⅱ轴转动频率的振幅持续上升。其特征频率见表7-6。

表7-6　特征频率（ϕ6.5mm 钢，转速1 084r/min，吐丝机，a35 测点）

序号	故障信号频率 /Hz	计算特征频率 /Hz	振幅 / (m/s²)	绝对误差 /Hz	相对误差 （%）	可信度 （%）	故障部位及 性质分析
1	29. 297	31. 038	15. 201	1. 741	5. 61	90	Ⅱ轴轴频
2	58. 594	62. 076	7. 573	3. 482	5. 61	90	2×Ⅱ轴轴频

4. 诊断结论

1）根据以上分析，一炼轧厂吐丝机有以下两方面的故障征兆。

①　吐丝机Ⅱ轴在初期（3月、4月）有轻微松动故障征兆，实质是轴承定心劣化。

②　吐丝机Ⅱ轴两端的轴承有损伤。

2）吐丝机Ⅱ轴有松动故障特征是由于在频域图中Ⅱ轴转动频率（基频）及其2倍频、5倍频、7倍频的振幅在2月、3月较小，到4月、5月都有较大增长，与松动故障很吻合，尤其在轧小规格钢（10mm 钢以下）的时候更为突出。

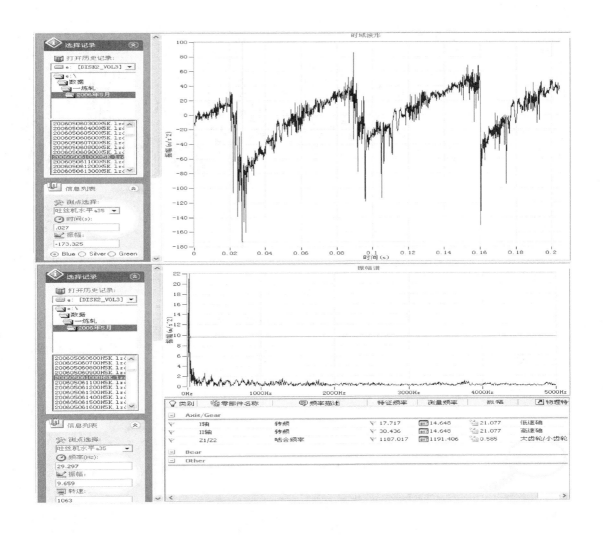

图 7-33　吐丝机 5 月 6 日 10:00 的时域和频域波形图

3）吐丝机 Ⅱ 轴两端的轴承有损伤是由于在时域指标中峰值系数和峭度 2 月、3 月都属于正常范围内，到 4 月、5 月上升了几倍甚至十几倍，已远远超出了轴承正常运行的技术状态。

4）吐丝机 Ⅱ 轴两端的轴承损坏，表现为轴承在早期（3 月、4 月）与 Ⅱ 轴之间配合间隙大而引起 Ⅱ 轴出现松动故障，后期（5 月、6 月）轴承损坏主要表现为 Ⅱ 轴转动频率的振幅很高，而其 3 倍频、5 倍频、7 倍频的振幅不再突出，频谱图与 3 月、4 月明显不同。

5）从在线监测系统的时域和频域两方面都能表明吐丝机 Ⅱ 轴上轴承损坏的渐变过程。分析此事件所获得的经验：当峭度指标异常升高，轴转动频率的振幅也有很大的增加，同时出现转动频率的高阶次谐频。这些条件综合起来，就是滚动轴承故障的判定条件。

轴承损坏的照片如图 7-35、图 7-36 所示。

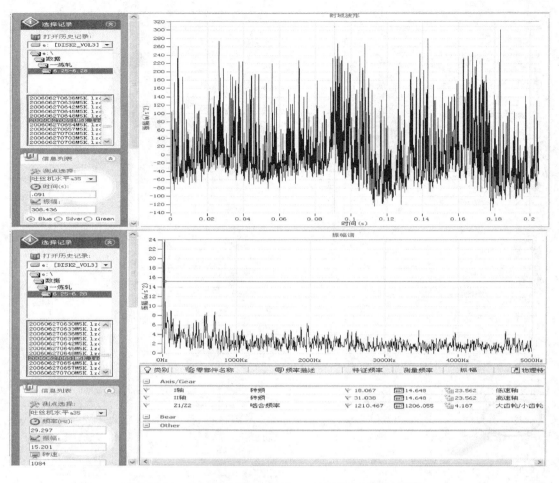

图 7-34　吐丝机 6 月 27 日 06：51 的时域和频域波形图

图 7-35　轴承内外圈损坏照片

图 7-36　吐丝机Ⅱ轴（高速轴）

思 考 题

7-1 滚动轴承的_____通常用来作为诊断的依据。

7-2 传感器的安装部位通常在轴承座部位，并按信号传动的方向选择_____、_____和_____布置。

7-3 采用峰值系数法和峭度指标法进行故障诊断，正常时，滚动轴承的波峰系数约为_____，峭度值约为_____；但是，当峭度值下降时不表明故障恢复，而可能是轴承故障_____，剥落斑点_____。

7-4 滚动轴承常见的失效形式有哪些？分别简要介绍失效原因。

7-5 滚动轴承运行时为什么会产生振动？

7-6 采用较多的滚动轴承故障信号分析方法有哪几种？

7-7 什么叫滚动轴承的共振解调法？

7-8 滚动轴承有哪些特征频率？其计算公式分别是什么？

7-9 简述共振解调技术的基本原理和作用。

7-10 描述一个实例的诊断流程。

第8章 齿轮箱故障诊断

8.1 齿轮失效形式

　　齿轮运行一段时间后产生的故障，主要与齿轮的热处理质量及运行润滑条件有关，也可能与设计不当或制造误差或装配不良有关。根据齿轮损伤的形貌和损伤过程或机理，故障的形式通常分为齿的断裂、齿面疲劳（点蚀、剥落、龟裂）、齿面磨损或划痕、塑性变形等四类。根据国外抽样统计的结果表明，齿轮的各种损伤发生的概率如下：齿的断裂41%，齿面疲劳31%，齿面磨损10%，齿面划痕10%，其他故障如塑性变形、化学腐蚀、异物嵌入等8%。

1. 轮齿的断裂

　　齿轮副在啮合传递运动时，主动轮的作用力和从动轮的反作用力都通过接触点分别作用在对方轮齿上，最危险的情况是接触点某一瞬间位于轮齿的齿顶部，此时轮齿如同一个悬臂梁，受载后齿根处产生的弯曲应力为最大，若因突然过载或冲击过载，很容易在齿根处产生过载荷断裂（图8-1）。即使不存在冲击过载的受力工况，当轮齿重复受载后，由于应力集中现象，也易产生疲劳裂纹，并逐步扩展，致使轮齿在齿根处产生疲劳断裂。对于斜齿轮或宽直齿齿轮，也常发生轮齿的局部断裂。另外，淬火裂纹、磨削裂纹和严重磨损后齿厚过分减薄时在轮齿的任意部位都可能产生断裂。

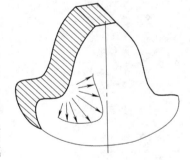

图8-1　齿根部的应力集中

　　轮齿的断裂是齿轮最严重的故障，常常因此造成设备停机。

2. 齿面磨损

　　齿轮传动中润滑不良、润滑油不洁或热处理质量差等均可造成磨损或划痕，磨损可分为粘着磨损、磨粒磨损、划痕（一种很严重的磨粒磨损）和腐蚀磨损等。

　　（1）粘着磨损　润滑对粘着磨损影响很大，在低速、重载、高温、齿面粗糙、供油不足或油粘度太低等情况下，油膜易被破坏而发生粘着磨损。如润滑油膜层完整且有相当厚度就不会发生金属间的接触，也就不会发生磨损。润滑油的粘度高，有利于防止粘着磨损的发生。

　　（2）磨粒磨损与划痕　当润滑油不洁，含有杂质颗粒以及在开式齿轮传动中的外来砂粒或在摩擦过程中产生的金属磨屑，都可以产生磨粒磨损与划痕。一般齿顶、齿根部摩擦较节圆部严重，这是因为齿轮啮合过程中节圆处为滚动接触，而齿顶、齿根处为滑动接触。

　　（3）腐蚀磨损　由于润滑油中的一些化学物质如酸、碱或水等污染物与齿面发生化学反应造成金属的腐蚀而导致齿面损伤。

（4）烧伤　尽管烧伤本身不是一种磨损形式，但它是由于磨损造成又反过来造成严重的磨损失效和表面变质。烧伤是由于过载、超速或不充分的润滑引起的过分摩擦所产生的局部区域过热，这种温度升高足以引起变色和过时效，会使钢的几微米厚表面层重新淬火，出现白层。损伤的表面容易产生疲劳裂纹。

（5）齿面胶合　大功率软齿面或高速重载的齿轮传动，当润滑条件不良时易产生齿面胶合（咬焊）破坏，即一齿面上的部分材料胶合到另一齿面上而在此齿面上留下坑穴，在后续的啮合传动中，这部分胶合上的多余材料很容易造成其他齿面的擦伤沟痕，形成恶性循环。

3. 齿面疲劳（点蚀、剥落）

所谓齿面疲劳主要包括齿面点蚀（图 8-2）与剥落。造成点蚀的原因，主要是由于工作表面的交变应力引起的微观疲劳裂纹，润滑油进入裂纹后，由于啮合过程可能先封闭入口然后挤压，微观疲劳裂纹内的润滑油在高压下使裂纹扩展，结果使小块金属从齿面上脱落，留下一个小坑，形成点蚀。如果表面的疲劳裂纹扩展得较深、较远或一系列小坑由于坑间材料失效而连接起来，造成大面积或大块金属脱落，这种现象则称为剥落。剥落与严重点蚀只有程度上的区别而无本质上的不同。

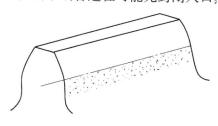

齿面点蚀分布区

图 8-2　齿面点蚀

实验表明，在闭式齿轮传动中，点蚀是最普遍的破坏形式。在开式齿轮传动中，由于润滑不够充分以及进入的污物增多，磨粒磨损总是先于点蚀破坏。

4. 齿面塑性变形

软齿面齿轮传递载荷过大（或在大冲击载荷下）时，易产生齿面塑性变形。在齿面间过大的摩擦力作用下，齿面接触应力会超过材料的抗剪强度，齿面材料进入塑性状态，造成齿面金属的塑性流动，使主动轮节圆附近的齿面形成凹沟，从动轮节圆附近的齿面形成凸棱，从而破坏了正确的齿形。有时可在某些类型从动齿轮的齿面上出现"飞边"，严重时挤出的金属充满顶隙，引起剧烈振动，甚至发生断裂。

8.2　齿轮的振动机理与信号特征

齿轮传动系统是一个弹性的机械系统，由于结构和运动关系的原因，存在着运动和力的非平稳性。图 8-3 是齿轮副的运动学分析示意图。图中 O_1 是主动轮的轴心，O_2 是从动轮的轴心。假定主动轮以 ω_1 作匀角速度运动，A、B 分别为两个啮合点，则有 $O_1A > O_1B$，即 A 点的线速度 v_A 大于 B 点的线速度 v_B。而 $O_2A < O_2B$，从理论上有 $\omega_2 = \dfrac{v_B}{O_2B}$、$\omega_3 = \dfrac{v_A}{O_2A}$，则 $\omega_2 < \omega_3$。然而 A、B 又是从动轮的啮合点，当齿轮副只有一个啮合点时，随着啮合点沿啮合线移动，从动轮的角速度存在波动；当有两个啮合点时，因为只能有一个角速度，因而在啮合的轮齿上产生弹性变形力，这个弹性变形力随啮合点的位置、轮齿的刚度以及啮合的进入和脱开而变化，是一个随时间变化的力 $F_c(t)$。

同理，即使主动轮 O_1 传递的是一个恒转矩，在从动轮上仍然产生随时间变化的啮合力和转矩。而且单个的轮齿可看成是变截面悬臂梁，啮合齿对的综合刚度也随啮合点的变化而改变，这就造成轮齿振动的动力学分析更加复杂。但是它们引起齿轮的振动是确信无疑的。

从这个意义上说，齿轮传动系统的啮合振动是不可避免的。振动的频率就是啮合频率，也就是齿轮的特征频率，其计算公式如下：

齿轮一阶啮合频率

$$f_{c0} = \frac{n}{60}z$$

啮合频率的高次谐波频率

$$f_{ci} = if_{c0} \qquad i = 2, 3, 4, \cdots, n$$

式中　　n——齿轮轴的转速（r/min）；

　　　　z——齿轮的齿数。

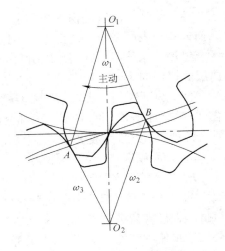

图 8-3　齿轮副的运动学分析

由于传递的转矩也随着啮合而改变，它作用到转轴上，使转轴发生扭振。而转轴上由于键槽等非均布结构的存在，轴的各向刚度不同，刚度变动的周期与轴的周转时间一致，激发的扭振振幅也就按转轴的转动频率变动。这个扭振对齿轮的啮合振动产生了调制作用，从而在齿轮啮合频率的两边产生出以轴频为间隔的边频带。

边频带也是齿轮振动的特征频率，啮合的异常状况反映到边频带，造成边频带的分布和形态都发生改变。可以说，边频带包含了齿轮故障的丰富信息。

此外，齿轮制造时所具有的偏心误差、周节误差、齿形误差、装配误差等都能影响齿轮的振动。所以，在监测低精度齿轮的振动时，要考虑这些误差的影响。

从故障诊断的实用方面来看，只要齿轮的振动异常超标，就是有故障，就需要处理或更换。所以大多数情况下，并不需要辨别是哪种误差所引起，只需要判定能否继续使用。

8.3　齿轮的故障分析方法

1. 功率谱分析法

功率谱分析可确定齿轮振动信号的频率构成和振动能量在各频率成分上的分布，是一种重要的频域分析方法。

振幅谱也能进行类似的分析，但由于功率谱是振幅的平方关系，所以功率谱比振幅谱更能突出啮合频率及其谐波等线状谱成分而减少了随机振动信号引起的一些"毛刺"现象。

应用功率谱分析时，频率轴横坐标可采取线性坐标或对数坐标，对数坐标（恒百分比带宽）适合故障概括的检测和预报，对噪声的分析与人耳的响应接近，但对于齿轮系统由于有较多的边频成分，采用线性坐标（恒带宽）会更有效。图 8-4 为某齿轮箱的功率谱，分别用两种坐标绘出，无疑使用线性坐标效果要好得多。

功率谱分析作为目前振动监测和故障诊断中应用最广的信号处理技术在齿轮箱的故障诊断中发挥了较大的作用。它对齿轮的大面积磨损、点蚀等均匀故障有比较明显的分析效果，但对齿轮的早期故障和局部故障不敏感，因而应采用其他分析方法。

2. 边频带分析法

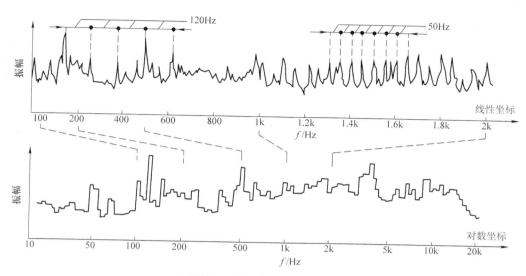

图 8-4　某齿轮箱的功率谱

　　边频带成分包含有丰富的齿轮故障信息，要提取边频带信息，在频谱分析时必须有足够高的频率分辨率。当边频带谱线的间隔小于频率分辨率时，或谱线间隔不均匀，都阻碍边频带的分析，必要时应对感兴趣的频段进行频率细化分析（ZOOM 分析），以准确测定边频带间隔，如图 8-5 所示。

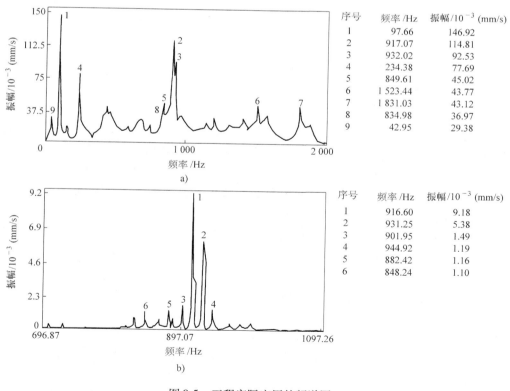

序号	频率 /Hz	振幅/10^{-3} (mm/s)
1	97.66	146.92
2	917.07	114.81
3	932.02	92.53
4	234.38	77.69
5	849.61	45.02
6	1 523.44	43.77
7	1 831.03	43.12
8	834.98	36.97
9	42.95	29.38

a)

序号	频率 /Hz	振幅/10^{-3} (mm/s)
1	916.60	9.18
2	931.25	5.38
3	901.95	1.49
4	944.92	1.19
5	882.42	1.16
6	848.24	1.10

b)

图 8-5　工程实际应用的频谱图

a）振幅谱　b）细化后的边频带

边频带出现的机理是齿轮啮合频率 f_z 的振动受到了齿轮旋转频率 f_r 的调制而产生的，边频带的形状和分布包含了丰富的齿面状况信息。一般从两方面进行边频带分析，一是利用边频带的频率对称性，找出 $f_z \pm nf_r$（$n = 1$，2，3，…）的频率关系，确定是否为一组边频带。如果是边频带，则可知道啮合频率 f_z 和旋转频率 f_r。二是比较各次测量中边频带振幅的变化趋势。

根据边频带呈现的形式和间隔，有可能得到以下信息：

1）当边频带间隔为旋转频率 f_r 时，可能有齿轮偏心、齿距的缓慢的周期变化及载荷的周期波动等缺陷存在，齿轮每旋转一周，这些缺陷就重复作用一次，即这些缺陷的重复频率与该齿轮的旋转频率相一致。根据旋转频率 f_r 可判断出问题齿轮所在的轴。

2）齿轮的点蚀等分布故障会在频谱上形成类似信息1）的边频带，但其边频阶数少而集中在啮合频率及其谐频的两侧（图8-6）。

3）齿轮的剥落、齿根裂纹及部分断齿等局部故障会产生特有的瞬态冲击调制，在啮合频率及其谐频两侧产生一系列边频带。其特点是边频带阶数多而谱线分散，由于高阶边频的互相叠加而使边频带族形状各异（图8-7）。严重的局部故障还会使旋转频率 f_r 及其谐波成分的振幅增高。

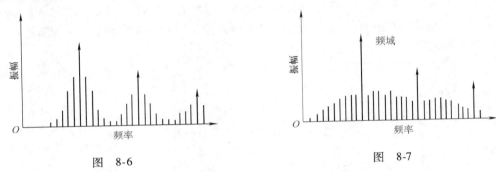

图 8-6　　　　　　　　　　　　　　　　图 8-7

需要指出的是，由于边频带成分具有不稳定性，在实际工作环境中，尤其是几种故障并存时，边频带族错综复杂，其变化规律难以用上述的典型情况表述，而且还存在两个轴的旋转频率 f_{ri}（主动轴 f_{z1}，被动轴 f_{z2}）混合情况。但边频带的总体形状和分布是随着故障的出现而上升的。如齿面磨损、点蚀等表面缺陷，在啮合中不激发瞬时冲击，因而边频带的分布窄，边频带的振幅随磨损程度的增大而增高。断齿、裂齿、大块剥落等在啮合中激发瞬时冲击的缺陷，反映到边频带中就是分布变宽，随着这类缺陷的扩大，边频带在宽度和高度上也增大。这就要求在诊断时，与以前的频谱图比较，观察边频带的变化。

3. 倒频谱分析法

对于同时有数对齿轮啮合的齿轮箱振动频谱图，由于每对齿轮啮合时都将产生边频带，几个边频带交叉分布在一起，仅进行频率细化分析识别边频特征是不够的。由于倒频谱处理算法将功率谱图中的谐波族变换为倒频谱图中的单根谱线，其位置代表功率谱中相应谐波族（边频带）的频率间隔时间（倒频谱的横坐标表示的是时间间隔，即周期时间），因此可解决上述问题。

图8-8是某齿轮箱振动信号的频谱，图8-8a的频率范围为 0 ~ 20kHz，频率分辨率为50Hz，能观察到啮合频率为4.3kHz及其二次、三次谐波，但很难分辨出边频带。图8-8b的

频率范围为 3.5 ~ 13.5kHz，频率分辨率为 5Hz，能观察到很多边频带，但仍很难分辨出边频带。图 8-8c 的频率范围进一步细化为 7.5 ~ 9.5kHz，频率分辨率不变，可分辨出边频带，但还有点乱。若进行倒频谱分析，如图 8-8d 所示，能很清楚地表明对应于两个齿轮副的旋转频率（85Hz 和 50Hz）的两个倒频分量（A_i 和 B_i）。

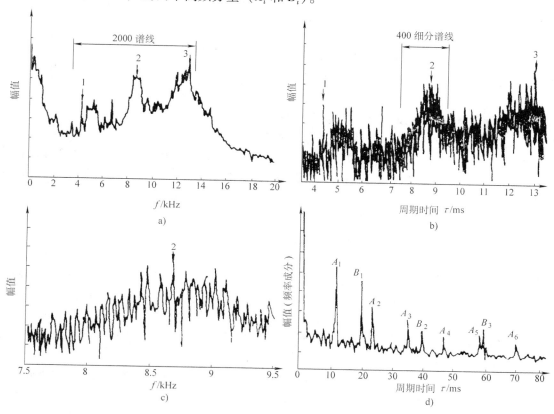

图 8-8　用倒频谱分析齿轮箱振动信号中的边频带

倒频谱的另一个主要优点是对于传感器的测点位置或信号传输途径不敏感以及对于幅值和频率调制的相位关系不敏感。因为倒频谱图中的幅值不是振幅而是相同频率间隔的谱线（即多阶谐振频率）的平均高度。这种不敏感，反而有利于监测故障信号的有无，因而在观察时不看重某测点振幅的大小（可能由于传输途径而被过分放大），侧重于观察是否存在某个特征频率以及它的谐振频率。这个特征频率以及它的谐振频率的数量越多，平均高度越高，则在倒频谱图反映它的那根谱线越突出。

4. 齿轮故障信号的频域特征

齿轮故障是一些宽频带信号，其频率成分是十分复杂的。据一些资料介绍，在频率域上的故障特征大致可作如下归类，以便故障诊断时判别。

1）均匀性磨损、齿轮径向间隙过大、不适当的齿轮游隙以及齿轮载荷过大等原因，将增加啮合频率和它的谐波成分振幅，对边频的影响很小。在恒定载荷下，如果发生啮合频率和它的谐波成分变化，则意味着齿的磨损、挠曲和齿面误差等原因产生了齿的分离（脱啮）现象。齿轮磨损的特征是：频谱图上啮合频率及其谐波振幅都会上升，而高阶谐波的振幅增加较多,如图8-9所示。

2)不均匀的分布故障(例如齿轮偏心、齿距周期性变化及载荷波动等)将产生振幅调制和频率调制,从而在啮合频率及其谐波两侧形成振幅较高的边频带,边频带的间隔频率是齿轮转速频率,该间隔频率是与有缺陷的齿轮相对应的。值得注意的是:对于齿轮偏心所产生的边带,一般出现的是下边频带成分,即 $f_z - nf_r$($n = 1$,2,3,…),上边频带出现的很少。

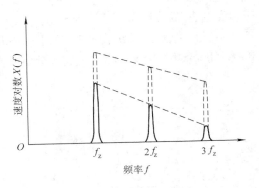

图8-9 齿面磨损导致振幅上升趋势

3)齿面剥落、裂纹以及齿的断裂等局部性故障,将产生周期性冲击脉冲,啮合频率为脉冲频率所调制,在啮合频率及其谐波两侧形成一系列边频带,其特点是边频带的阶数多而分散,如图8-7所示。而点蚀等分布性故障形成的边频带,在啮合频率及其谐波两侧分布的边频带阶数少而集中,如图8-6所示。这些边频带随着故障的发展,其频谱图形也将发生变化。

另外,还要注意分辨齿轮故障与轴承故障,差异在于:

1)齿的断裂或裂纹故障。每当轮齿进入啮合时就产生一个冲击信号,这种冲击可激起齿轮系统的一阶或几阶自振频率。但是,齿轮固有频率一般都为高频(约在 1 ~ 10kHz 范围内),这种高频成分传递到齿轮箱时已被大幅度衰减,多数情况下只能在齿轮箱上测到啮合频率和调制的边频带。其边频带的形状与分布与前期的正常状态相比,存在明显的变化。

2)轴承故障。如果仅有齿轮啮合频率的振幅迅速升高,而边频带的分布和振幅并无变化,甚至边频带没有发育,则表明是轴承故障。

因为齿轮箱是由轴、联轴器、齿轮和轴承等多个零件组成的一个复杂结构,对齿轮进行故障诊断,不能单一依靠频谱图,必须在频域和时域内同时观察,并需要积累一定的经验。作为齿轮箱故障诊断的有效措施,应该对几个部位进行定期监测。鉴别齿轮的缺陷应尽可能在早期进行,因为齿轮故障的发展初期比较容易发现问题;而在故障后期,大面积的缺陷会带来大量的噪声和众多的故障信号,这将影响人们的视线,难以寻找故障发生的原因和部位。

齿轮故障诊断的分析方法很多。如:小波分析法、时序分析法、时间同步平均法等,由于这些方法还不成熟,工程上未能得到广泛地应用,因此不作介绍。

8.4 齿轮故障诊断案例

例8-1 2006年9月,某高速线材公司,发现高线精轧机22架(H22)辊箱振动增大(图7-10)。

调出这一期间的在线监测与故障诊断系统的趋势图和频谱图。在9月14日的振动频谱图上明显看到 z_5/z_6 的啮合频率谱线,如图8-10所示。

请注意图8-10中2阶频谱线比1阶的 z_5/z_6 的啮合频率谱线容易分辨,通常在低频区域中信号多而乱(因故障影响了多个传动件的运动平稳性,而激发多个特征频率的振动)的情况下，先观察高频区域的高振幅谱线的频率，判断该频率是哪一个零件的特征频率。如果没有相符的，再判断该频率是哪一个零件的 2 阶特征频率或是哪一个零件的 3 阶特征频率。找到那个零件后，再分析这个零件的 1 阶、2 阶……特征频率所带来的信息，判断故障的部位、类型、程度。

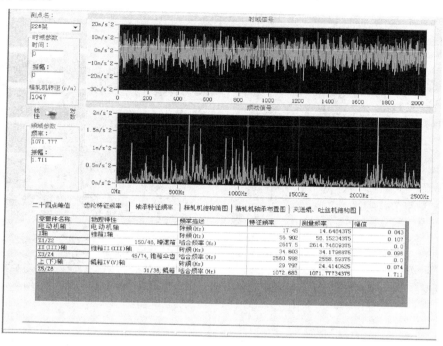

图 8-10 9 月 14 日的振动频谱图

表 8-1 特征频率（22 架辊箱，转速为 1047r/min，频谱图数据）

序号	故障信号频率 /Hz	计算特征频率 /Hz	振幅 /（m/s²）	绝对误差 /Hz	相对误差 （%）	可信度 （%）	故障部位及性质分析
1	1 037.598	1 037.593	1.281	0.005	0	100	z_5/z_6 啮合频率 − 辊箱 Ⅱ 轴转动频率
2	1 072.683	1 071.773	1.711	0.91	0.085	100	z_5/z_6 啮合频率
3	1 105.957	1 105.953	0.946	0.004	0	100	z_5/z_6 啮合频率 + 辊箱 Ⅱ 轴转动频率
4	2 143.555	2 143.546	1.962	0.009	0	100	2 倍 z_5/z_6 啮合频率

由表 8-1 可见，22 架辊箱的 z_5/z_6 啮合频率为 1 072.6Hz，振幅在 9 月 14 日为 1.71m/s²，其两侧有较宽的边频带，间隔为 35.085Hz，与辊箱 Ⅱ 轴的转动频率（34.603Hz）基本一致。

诊断结论：

1）从图 8-10 的频谱图上可看出，22 架辊箱 z_5/z_6 啮合频率的振幅比较突出且有上升趋势，在其两侧有边频出现，边频间隔分别为 35.085Hz，与辊箱 Ⅱ 轴的转动频率（34.603Hz）基本一致，说明 22 辊箱 Ⅱ 轴上的齿轮存在故障隐患。

2）从图8-10的时域波形中可以看出有轻微的周期性冲击信号，冲击周期为0.028s，相应频率为（1/0.028Hz）＝35.71Hz，正好与22架辊箱Ⅱ轴的转动频率（36.85Hz）一致，这表明问题就出在22架辊箱Ⅱ轴的齿轮上。

3）建议厂方立即对22架辊箱Ⅱ轴上的齿轮z_5（31齿）进行检查。厂方于2006年11月对拆卸下的精轧22架进行检查，发现辊箱Ⅱ轴上z_5（31齿）齿轮的轮齿已破损（图8-11和图8-12），与诊断分析结论相符。

图 8-11

图 8-12

当时厂方曾进一步问过：估计是什么性质的故障，能否继续生产？因为除了初期（9月14日及以后几天）边频带较宽，后期边频带有所收窄，加上振幅并不很高。所以判定为齿轮出现了较严重的斑驳。在工程上，齿轮出现点蚀、斑驳时，厂方都会选择继续使用。整个10月振幅缓慢上升，直到11月份，换轧钢品种，才停产检查。因为是斜齿轮的缘故，所以振幅没有像直齿轮那样大。

例8-2 2006年4月，某钢铁公司棒材厂轧机的10号齿轮箱的振动有点异常。查看在线监测故障诊断系统4月23日的频域图（图8-13）和特征频率表（表8-2）。

表8-2 特征频率（10号齿轮箱）

序号	故障信号频率/Hz	计算特征频率/Hz	振幅/（m/s²）	绝对误差/Hz	相对误差（％）	可信度（％）	故障部位及性质分析
1	236.3	233.5	1.72	2.8	1.20	90	z_3/z_4 啮合频率
2	472.7	467	0.46	5.7	1.22	90	z_3/z_4 啮合频率的2倍频
3	707.0	700.5	7.80	6.5	0.93	100	z_3/z_4 啮合频率的3倍频
4	943.4	934	0.66	9.4	1.00	90	z_3/z_4 啮合频率的4倍频
5	1 179.7	1 167.5	1.15	12.2	1.04	90	z_3/z_4 啮合频率的5倍频
6	1 416.0	1 401	0.40	15	1.07	90	z_3/z_4 啮合频率的6倍频

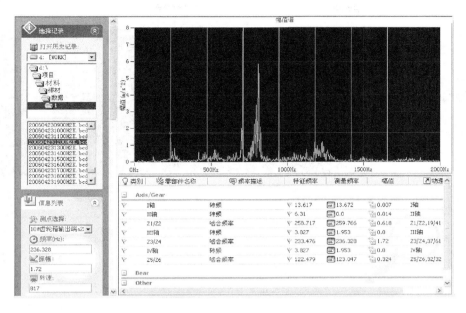

图 8-13　10 号齿轮箱输出端频域图

分析：时域图有冲击现象，但是图 8-13 的频域图中轴频并不高，z_3/z_4 齿轮的啮合频率出现了多次谐波，其 3 倍频的振幅达到了 7.80m/s²。边频窄，所以判断为齿轮点蚀。

例 8-3　2006 年 4 月，某钢铁公司棒材厂轧机 16 号齿轮箱的振动出现异常。查看在线监测故障诊断系统的频域图（图 8-14、图 8-15）和特征频率（表 8-3、表 8-4）。

由图 8-14 可以看到 z_3/z_4 齿轮的啮合频率出现了 3 倍频，并有多次谐波，最大振幅达到了 12.95m/s²，基频边上出现了许多边频，其频率间隔为 II 轴轴承频率，II 轴轴频 14.3Hz 的振幅为 0.24m/s²。在齿轮啮合频率（基频和倍频）边上出现边频（II 轴轴频），这意味着齿轮有隐患。

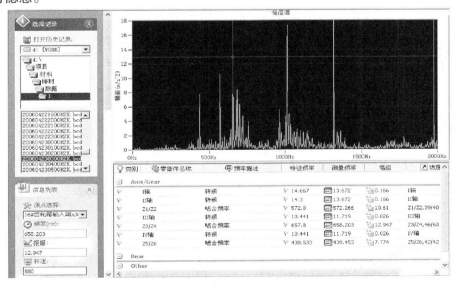

图 8-14　16 号齿轮箱频域图

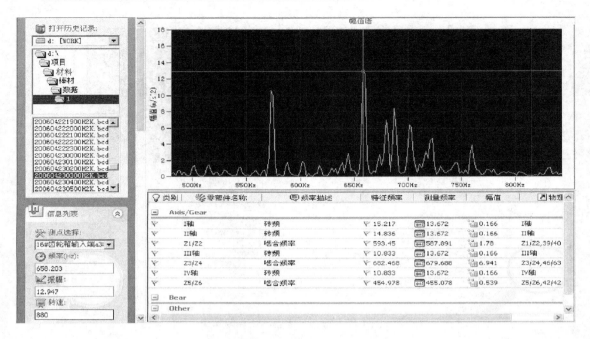

图 8-15　16 号齿轮箱细化后的频域图

表 8-3　特征频率

序号	故障信号频率 /Hz	计算特征频率 /Hz	振幅 /（m/s²）	绝对误差 /Hz	相对误差 （%）	可信度 （%）	故障部位及性质分析
1	658. 203	657. 8	12. 947	0. 4	0. 06	100	z_3/z_4 啮合频率
2	1 318. 4	1 315. 6	10. 55	2. 8	0. 21	100	z_3/z_4 啮合频率的 2 倍频
3	1 976. 6	1 973. 4	3. 74	3. 2	0. 16	100	z_3/z_4 啮合频率的 3 倍频

表 8-4　边频带分析的特征频率

中心频率/Hz	边频/Hz	差值/Hz	特征频率/Hz	性质分析
658. 2	644. 5	13. 7	14. 3（Ⅱ轴转动频率）	一次边频
	673. 8	15. 6		一次边频
	628. 9	29. 3		二次边频
	687. 5	29. 3		二次边频
	617. 2	41		三次边频
	701. 2	43		三次边频

　　当齿轮啮合频率处以及两边边频的振幅突现升高时，有两种可能的故障：齿轮故障、轴承故障。要区别这两种故障，需看轴转动频率的振幅是否有升高，轴转动频率的振幅升高，意味着轴承故障。齿轮轴转动频率的振幅升高是由于轴承出现故障使轴心线空间位置不稳定所造成。轴转动频率的振幅先升后降，当降低时意味着轴承可能已经出现解体。由于Ⅱ轴转动频率的振幅没有升高的迹象，但边频带比 5 个月前有较大的改变，因此 16 号齿轮箱的Ⅱ

轴 z_3/z_4 齿轮可能存在严重磨损。

思 考 题

8-1 常见的齿轮的失效形式有哪些?

8-2 齿轮故障诊断方法有哪些?

8-3 应用功率谱分析齿轮故障时,频率轴横坐标采取线性坐标还是对数坐标比较好? 为什么?

8-4 齿轮的特征频率计算公式是什么?

8-5 描述调制现象和边频带产生的原因。

8-6 功率谱分析在齿轮故障诊断中的作用如何?

8-7 边频带分析一般从哪两方面进行?

8-8 为方便故障诊断时的判别,频率域上的故障特征归类有哪些?

第9章 电动机故障诊断

电动机的故障和诊断技术与电动机的工作原理、运行方式、具体结构密切相关。无论是何种电动机，其内部按能量转换的原理分为三个环节（或称系统）：电气环节、磁耦合环节、机械环节。因为这三个环节的能量形式不同，所应用的故障诊断技术相应地有所差异。电气环节的故障主要通过对电压、电流的各种测量和分析来诊断，例如绝缘材料的老化，通过测量漏地电流来判定。

本章不涉及电气参数的测量与诊断，也不涉及机械系统的测量与诊断，因为电动机的机械系统是转子-轴承系统，其机械故障在前面章节已经讲述。本章主要讲述磁耦合环节的故障诊断技术。

9.1 电动机的类型特点与测定标准

9.1.1 电动机的主要部件与电动机类型

1. 电动机的主要部件

（1）定子　它是输入电功率，产生磁场的静止部件。对于交流电动机，通常定子磁场是旋转的。对于直流电动机，定子磁场是静止的。

（2）转子　它是产生一个与定子磁场相对运动的磁场，并输出机械功率的重要部件。所承受的电磁力转化为输出的转矩，因此往往要承受较大的机械应力。

（3）集电环和换向器　它们是使旋转部分导电，建立相对运动磁场的滑动接触机构的部件。

（4）轴承装置　它是支承转子旋转，保持定子、转子相对位置的机械部件。

其他还有支撑整个结构的底座、防止电动机过热的风扇、防止人身事故的保护罩以及接线盒等其他附件。

2. 电动机的类型与工作原理的区别

按照不同的分类方式，可把电机分为多种类型。按工作方式可分为发电机、电动机、转换机等；按电流种类可分为直流电机、交流电机；交流电机又分为同步电机和异步电机；按励磁方式又可分为自励、他励、并励、复励等。

从工作原理上区分，电动机可以按建立磁场的方式不同来区分的。

1）电动机的两个磁场均由直流励磁产生，则为直流电动机。

2）电动机的一个磁场由直流励磁产生，另一个由交流电流产生。为使这两个磁场相对静止，直流励磁磁场相对交流电产生的旋转磁场必须严格同步，这就是同步电动机。

3）电动机的两个磁场分别由不同频率的交流电流产生，则为异步电动机。

9.1.2　电动机振动的测量与判定标准

电动机振动测定是指电动机在制造厂出厂试验或试验室内的振动研究试验、检修后现场试验时的电动机振动水平的准确测量，因此，对于电动机的安装条件、测试仪器、测点装置、测量要求等都作了规定。

这种测定的目的：一是为了确定电动机振动初始状态时的振动水平，判定这台电动机出厂时或投入运行时振动值是否符合有关标准的规定；二是为以后电动机异常振动的诊断提供初始的参照数据。因此，电动机振动测定的目的和方法均与电动机异常振动诊断有所区别。

1. 电动机振动有关的标准

电动机振动的测定方法和限值在国家标准和国际标准中均有较详细而严格的规定，主要标准为 GB 10068—2008《轴中心高为 56mm 及以上电机的机械振动　振动的测量、评定及限值》。

2. 电动机振动的测定方法

电动机振动测定时，有如下的具体要求和规定：

（1）测量值的表示方法　不同转速范围的电动机，其测量值的表示方法是不同的。国家标准规定，对转速为 600～3 600r/min 的电动机，稳态运行时采用振动速度有效值表示，其单位 mm/s。对转速低于 600 r/min 的电动机，则采用位移振幅（峰峰值）表示，其单位为 mm。

（2）对测量仪器的要求

1）仪器的频率响应范围应为 10～1 000Hz，在此频率范围内的相对灵敏度以 80Hz 的相对灵敏度为基准，其他频率的相对灵敏度应在基准灵敏度 +10%～-20% 的范围以内，测量误差不超过 ±10%。

2）测量转速低于 600r/min 电动机的振动时，应采用低频传感器和低频测振仪，测量误差应不超过 ±10%。

（3）电动机的安装要求

1）弹性安装。轴中心高为 400mm 及以下的电动机，测振时应采用弹性安装。

① 对轴中心高 $H \leqslant 250$mm 的电动机，弹性悬挂系统拉伸量或弹性支撑系统压缩量 δ 应符合经验式（9-1）的要求。

$$15\left(\frac{1\ 000}{n}\right)^2 < \delta \leqslant \varepsilon Z \tag{9-1}$$

式中　δ——电动机悬置后弹性系统的实际变形量（mm）；

　　　n——电动机转速（r/min）；

　　　ε——弹性材料线性范围系数，对孔胶海绵，$\varepsilon = 0.4$；

　　　Z——弹性系统变形前的自由高度（mm）。

② 轴中心高在 250mm $< H < 400$mm 时，可直接采用橡胶板作弹性垫，通常可用两块 12mm 厚、含胶量为 70% 的普通橡胶板相叠而成。

2）刚性安装。对轴中心高超过 400mm 的电动机，振动测量时应采用刚性安装。

①　被测电动机直接置于平台上测量，要求安装平台、基础和地基三者为刚性连接。

②　被测电动机放在方箱平台上测量，方箱平台应与基础刚性连接。

③　如基础有隔振措施，或与地基无刚性连接，则要求基础和平台总重量大于电动机重量的10倍，安装平台和基础不应产生附加振动或与电动机共振。

④　在安装平台上，测得被测电动机静止时的振动速度有效值应小于在运转时最大值的10%。

⑤　在电动机底脚上或座式轴承相邻的机座底脚上测得的振动速度有效值，应不超过相邻轴承同方向上测得值的50%，否则认为安装不符合要求。

（4）电动机在测定时的状态　电动机的振动测量应在电动机空载状态下进行。

1）直流电动机的转速和电压应保持额定值（具有串励特性的电动机仅需保持转速为额定值）。

2）交流电动机应在电源频率和电压为额定值时测定。

3）多速电动机和调速电动机，应在振动为最大的额定转速下测定；允许正反转运行的电动机，应在产生最大振动的那个转向下测定。

（5）对电动机出轴键联结的要求

采用键联结的电动机，测量时轴伸上应带半键，并采取以不破坏平衡为前提的安全措施。

（6）电动机上测振点的布置

1）轴中心高45～400mm的电动机，测点数为6点，在电动机两端的轴向（3，6）、垂直径向（2，5）、水平径（1，4）向各1点，如图9-1所示。径向测点测量方向延长线应尽可能通过轴承支撑点中心。

2）轴中心高大于400mm的整台电动机，测点数为6点，测点布置如图9-1和图9-2所示。

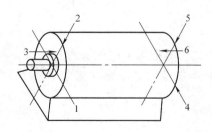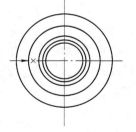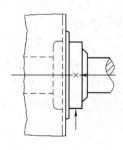

图9-1　小型电动机的测点布置　　　　　　图9-2　端盖轴承电动机的测点布置

3）对座式轴承的电动机测点数为6点，测点按图9-3布置（箭头所指）。

（7）测量要求　测量时，测振传感器与测点接触应良好，具有可靠连接且不影响被测部件的振动状态。

传感器及其安装附件的总重量应小于电动机重量的1/50。

当测振仪读数出现周期性稳态摆动时，取其读数的最大值。

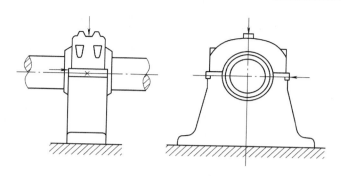

图 9-3　座式轴承电动机的测点布置

3. 电动机振动的限值

根据国家标准 GB 10068—2008 的规定，对不同轴中心高和转速的单台电动机，在按 GB 10068—2008 规定的方式测定时，其振动速度有效值应不超过第五章表 5-7 规定的限值。

9.2　电磁耦合系统的振动原理

9.2.1　交流感应电动机的电磁振动

1. 基频磁通的电磁振动

在电动机气隙中磁通密度是沿着转子的圆周的空间而随着时间按正弦波分布，可以表示为

$$B = B_0 \sin(P\theta - \omega t) \tag{9-2}$$

由于磁通密度的作用力与磁通密度 B 的平方成正比：

$$F = B_0^2 \frac{1}{2\mu_0}\{1 - \cos[2(P\theta - \omega t)]\} \tag{9-3}$$

式中　B_0——基波磁通密度的振幅（Wb/m²）；

　　　P——磁极对数；

　　　ω——角速度（$\omega = 2\pi f$）；

　　　f——电源频率；

　　　θ——转子中心轴线的初始角度（机械角度）；

　　　μ_0——磁导率（H/m）。

根据上式可知基波电磁力具有以下特点：

1）频率为电源频率的两倍，即 $2f = 100\text{Hz}$。

2）以正弦波规律在圆周上分布。

3）随时间以角速度 ω 回转。

像这样频率为 $2f = 100\text{Hz}$ 的基波电磁振动在以下几种情况下发生较多：

1）空气隙长度和磁路不平衡时。

2）一次电压不平衡时。

3）转子绕组不平衡（断条和接触不良）时。

这一振动，在转子受椭圆形电磁力的两极电动机中特别明显地表现出来。图9-4表示了基波电磁力 F 的圆周方向的分布情况。

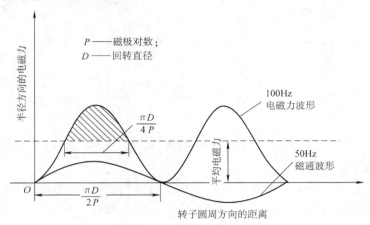

图9-4 基波电磁力分布

两倍电源频率的振动，它是电动机中的主要振动分量之一，尤其是在大型电动机中，由于定子的固有频率较低，这种频率的振动分析和研究显得特别重要。两倍电源频率的振动是由气隙磁场的基波产生的，因此它是不可避免的。对于中小型电动机，这种频率的振动大小对定子振幅的影响较大，但由于人耳对这个频段的噪声有衰减作用，对人体影响不大，一般不予考虑。

基波电磁力不仅作用于转子，也同时作用于定子。它是造成定子槽内线包松动等故障的原因之一。

2. 高频磁通的槽振动

由于槽的磁导率变化等原因，产生高频槽振动，在槽齿振动的谐波中，特别要注意的频率成分为

$$\begin{cases} f_{k0} = \left[\dfrac{Z_R}{P}(1-s)\right]f \\[2mm] f_{k1} = \left[\dfrac{Z_R}{P}(1-s)+2\right]f \\[2mm] f_{k2} = \left[\dfrac{Z_R}{P}(1-s)-2\right]f \end{cases} \tag{9-4}$$

$$k = \left| Z_R - Z_S \pm 2P \right| \tag{9-5}$$

式中　k——电磁力模态的阶数；

　　　Z_R——转子的槽数；

　　　Z_S——定子槽数；

　　　s——滑差率。

根据 k 值，电磁力的各阶模态呈如图9-5所示的形状。

这种电磁力是一种径向力波（又称旋转波），并且是单位面积上的力，当这些径向力波频率以及其阶次与定子对应的固有频率及其模态阶次接近或一致时，将发生共振效应，此

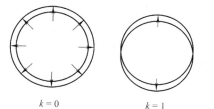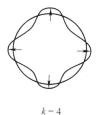

$k = 0$　　　　　$k = 1$　　　　　$k = 2$　　　　　$k = 3$　　　　　$k = 4$

图 9-5　电磁力的各阶模态

时，电动机的振动和噪声将特别大。

感应电动机根据其机械结构，电磁力的分布相当于图 9-5 中的形状。根据经验可知：Z_S > Z_R 时，频率成分以 f_{k1} 为主；Z_S < Z_R 时，频率成分以 f_{k2} 为主。

例如，一台四极电动机，$P = 2$，$Z_R = 40$，$Z_S = 48$，先计算其模态阶数 k。

$$k_0 = |Z_R - Z_S| = |40 - 48| = 8$$

$$k_1 = |Z_R - Z_S + 2P| = |40 - 48 + 4| = 4$$

$$k_2 = |Z_R - Z_S - 2P| = |40 - 48 - 4| = 12$$

可能出现四阶、八阶、十二阶的电磁力模态。

这里面可能性最高的模态是最低阶的 $k_1 = 4$ 的四阶模态（四角形模态）。一般 $k > 4$ 以上的多角形模态几乎不会有什么问题。其次是槽振动的频率，假设滑差率 $s = 0$，可能出现以下几种情况：

$$f_{k0} = \frac{40}{2} \times (1 - 0) \times 50\text{Hz} = 1\,000\text{Hz}$$

$$f_{k1} = \left[\frac{40}{2} \times (1 - 0) + 2\right] \times 50\text{Hz} = 1\,100\text{Hz}$$

$$f_{k2} = \left[\frac{40}{2} \times (1 - 0) - 2\right] \times 50\text{Hz} = 900\text{Hz}$$

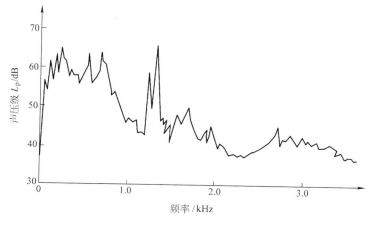

图 9-6　交流感应电动机（$P = 2$，$Z_R = 40$，$Z_S = 48$）的声音频谱图

图 9-6 是对这台电动机在距其 1m 的位置，用电容式传声器测试的声音信号的频谱图。

其中，$f_{k0} = 1\,000\text{Hz}$、$f_{k1} = 1\,100\text{Hz}$ 的频率成分能明确地看出来，此时，前述的 $f_{k1} = 1\,100\text{Hz}$ 是占主要的，而 $f_{k2} = 900\text{Hz}$ 则看不出来。

根据以上介绍可知，电磁力的模态阶数 k 如式（9-5）所示，是由定子槽数 Z_S，转子槽数 Z_R 和磁极对数 P 所决定，在设计时为减小电磁噪声和振动，应该选择 Z_R 和 Z_S 的参数值，使 $k > 4$。

9.2.2　直流及同步电动机的电磁振动

直流电动机的主磁极和转子绕组之间作用着半径方向的电磁力 $F(x，t)$——这是振动的原因，它可表示为

$$F(x,t) = F_{Rr}\cos(\mu Z_R x - \mu Z_R \omega_r t) \tag{9-6}$$

$$\omega_r = \frac{2\pi n}{60} \tag{9-7}$$

式中　Z_R——转子的槽数；

$\quad\quad n$——转子的转速（r/min）；

$\quad\quad \omega_r$——角速度（rad/s）；

$\quad\quad x$——转子的圆周方向距离（弧度）；

$\quad\quad t$——时间（s）；

$\quad\quad \mu$——整数 0，1，2，3，…；

$\quad\quad F_{Rr}$——力波振幅。

根据式（9-6），产生振动和声音的半径方向的电磁力 $F(x,t)$，沿着圆周方向（空间）呈余弦波状态分布，它还随时间以槽角速度 $\mu Z_R \omega_r$ 旋转。

电磁力 $F(x,t)$ 在空间上以余弦波 $\cos(\mu Z_R x)$ 在圆周上分布，圆周上具有的余弦波数根据 μ 的值如图 9-7 所示分布，并保持这种分布形状以槽角速度（$\mu Z_R \omega_r$）旋转，形成激振力，引起定子振动。

定子根据 μ 的值产生伸缩模态、弯曲模态、椭圆模态、三角形模态而变形。由此产生的振动频率与把外框看成圆环时的固有频率 f_n 接近时，可能会产生较大振动。

振动电磁力 $F(x,t)$ 在时间上从式（9-6）第二项看，是用 $\cos(\mu Z_R \omega_r t)$ 表示的余弦波，因此，作为振动频率体现出的成分是下式的槽振动频率 f_z。

$$f_z = \mu Z_R \frac{n}{60} \tag{9-8}$$

直流电动机主要的激振力表现为这个 f_z 和其高次谐波。

当槽数 $Z_R = 75$、极对数 $2P = 6$ 时，有：$n = 300\text{r/min}$，$f_z = 375\text{Hz}$；$n = 1\,200\text{r/min}$，$f_z = 1\,500\text{Hz}$。

槽振动频率与轭铁的固有频率 f_n 较接近时则产生较大的振动。直流电动机的轭铁及铁芯的机械系统的固有频率 f_n 可用下式计算。

$$f_n = \frac{1}{2\pi \sqrt{m_c \lambda_c}} \tag{9-9}$$

式中　m_c——铁心的等价质量（kg）；

λ_c——轭铁的等价刚度（cm/kg）。

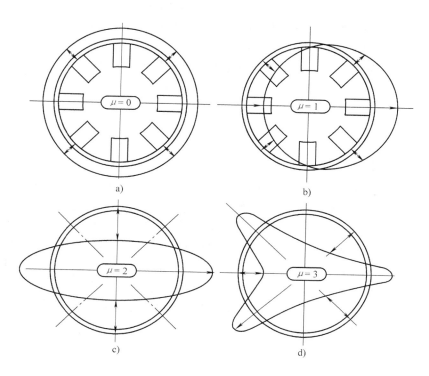

图 9-7 电磁力 $F(x,t)$ 在圆周上的分布——振型模态
a) 伸缩模式 b) 弯曲模式 c) 椭圆模式 d) 三角形模式

在实际诊断时，建议用锤击试验来确定铁心的固有频率 f_n。

还有一个可能产生的振动成分，这就是因电动机转子线圈磨损，在槽内产生的微振动，它是因线圈的绝缘层磨损，线圈在槽内受交变电磁力的冲击而产生的振动。

对于同步电动机的电磁噪声和振动频率，它有一个大的特点，就是与电网频率成整数倍的关系。在同步电动机中，有两类径向力波引起的振动必须注意。其一是 2 倍电源频率的振动；其二是定子、转子谐波磁场相互作用，而产生的径向力波引起的振动。对于前者，振动的降低主要是依靠调整电动机定子的刚度和质量分布，改变定子的固有频率，使其远离100Hz，一般至少应使定子固有频率偏离 100Hz 在 10% 以上，其中比较有效的、又是常见的办法是调整定子铁心和机壳之间的连接肋（又称定位肋）的刚度、结构和个数；对于后者，实践表明，主极磁场的谐波与一阶磁导齿谐波相互作用所产生的径向力波是引起同步电动机空载电磁噪声的主要根源。同步电动机的主极磁场谐波与定子槽数最接近的两个谐波和三个谐波之间相互作用，或者同步电动机的主极磁场谐波与电枢磁场的一阶绕组齿谐波之间相互作用，都能产生的低次激振力波，就它们的振幅与力波极对数而言，其负载是产生电磁噪声的主要成分。

实践证明：同步电动机采用合适的转子斜极和转子加阻尼绕组可以降低电动机的振动和噪声，尤其是斜极的效果是十分明显的。

对于直流电动机的故障特征可以归纳为以下几条：

1）如果转动频率 f_r 的振动很明显，则有转子不平衡、轴弯曲等机械异常。

2）如果 $2f_r$ 的振动明显，则有轴不对中等安装方面的异常。

3）槽频率 f_z 以及边频带 $f_z \pm f_r$ 的振动明显，则有包括电路异常的电气故障的可能。

4）如果 f_z 和 f_n 接近，则说明设计不合理。

5）高频 f_c 成分明显时，可能线圈绝缘磨损或线圈的压条松动。

9.3　电动机的故障特征

9.3.1　定子异常产生的电磁振动

电动机运行时，转子在定子内腔旋转，由于定子、转子磁场的相互作用，定子机座将受到一个旋转力波的作用而发生周期性的变形并产生振动。以一台2极（$2P = 2$）异步电动机为例，图9-8a是电动机的定子、转子和磁通路径，图9-8b是电磁力使机座产生变形的情况。由于定子三相绕组产生的是一个旋转磁场，它在定子、转子气隙中以同步转速 n_0 旋转。若电网频率为 f_0，则同步速度 $n_0 = 60f_0/P$。因此，作用在机座上的电磁力不是静止的，而是一个旋转力，随转子旋转而转动，机座上受力部位随着磁场的旋转而在不断改变位置。从图9-8c～e中可以看出，当旋转磁场回转一周，电磁力和电磁振动却变化两次。

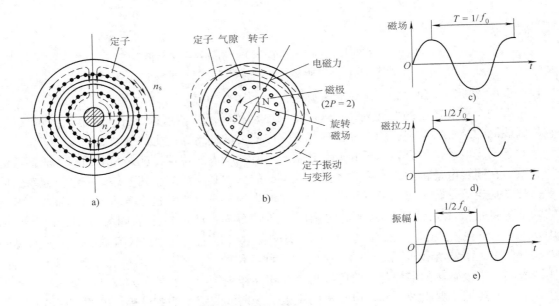

图9-8　电磁振动发生机理

a）2极电动机定、转子和磁通　b）定子所受的电磁力和旋转磁场
c）旋转磁场波形　d）磁拉力变化波形　e）电磁振动的波形

电动机磁场是以同步转速 n_0 在旋转，其磁场交变频率与电网频率相同，为 f_0。而其电磁力的频率和机座振动频率由图9-8b中可以看出，由于旋转磁场的磁极产生的电磁力是每转动一圈，电磁力交变 P 次。因电磁振动在空间位置上和旋转磁场是同步的，定子电磁振

动频率应为旋转磁场频率（f_0/P）和电磁力极数（$2P$）之乘积 $2f_0$，也就是 2 倍的电源频率。由此可知，电动机在正常工作时，机座上受到一个频率为电网频率 2 倍的旋转磁场的作用，而可能产生振动，振动大小则和旋转磁场大小和机座刚度直接有关。图 9-9a 所示为定子异常振动的 3 种原因，图 9-9b 所示为定子振动的频率-振幅图（频谱图）。2 极电动机机座因定子电磁力而产生的振型如图 9-9c 所示，即由于电磁力的作用，定子内腔出现椭圆形变形；而 4 极电动机因定子电磁力而产生的振型如图 9-9d 所示。

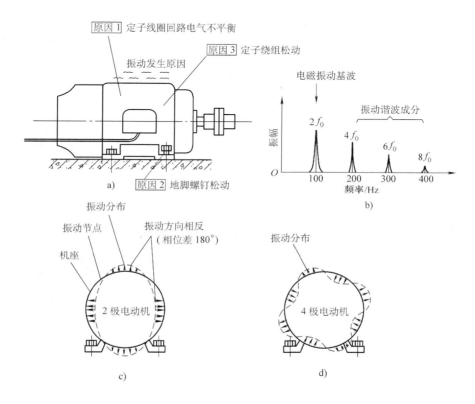

图 9-9　定子电磁振动的原因、频谱和振型

a）定子异常振动原因　b）定子振动频谱　c）2 极电动机机座的激振振型

d）4 极电动机机座的激振振型

定子电磁振动的主要原因有：

1）定子三相磁场不对称。如电网三相电压不平衡，因接触不良造成单相运行，定子绕组三相不对称等，都会导致定子磁场的不对称，而产生电磁振动。

2）定子铁心和定子线圈松动，将使定子电磁振动和电磁噪声加大，在这种情况下，振动频谱图中，电磁振动除了 $2f_0$ 的基本成分之外，还可能出现 $4f_0$、$6f_0$、$8f_0$ 的谐波成分。

3）电动机座地脚螺钉松动，其结果相当于机座刚度降低，使电动机在接近 $2f_0$ 的范围发生共振，因而使定子振动增大，产生异常振动。

定子电磁振动的特征：

1）振动频率为电源频率的 2 倍。

2）切断电源，电磁振动立即消失。

3）振动可以在定子机座和轴承上测得。

4）振幅与机座刚度和电动机的负载有关。

9.3.2 气隙不均匀引起的电磁振动

气隙不均匀（或称气隙偏心）有两种情况，一种是由于定子、转子不同心产生的气隙静态不均匀，另一种是由于轴弯曲或转子与轴不同心所产生的气隙动态不均匀。它们都会引起电磁振动，但是振动的特征并不完全相同，分述于下。

1. 气隙静态不均匀引起的电磁振动

电动机定子中心与转子轴心不重合时，定子、转子之间的气隙将出现偏心现象，这种气隙偏心往往固定在某一位置，它不随转子旋转而改变位置，如图 9-10a 中的 A 点。这种偏心往往是因加工不精确或装配不注意造成的，在一般情况下，气隙偏心误差不超过气隙平均值的 $\pm 10\%$ 是允许的。但是过大的偏心值将在电动机气隙中产生很大的单边电磁力，甚至导致定子、转子相摩擦。从图 9-10a 中可以看出，由于通过气隙最小点 A 的旋转磁场频率为 f_0/P，这时不平衡电磁力将变化 $2P$ 次，因此不平衡电磁力的电磁振动频率为 $f = 2Pf_0/P = 2f_0$。

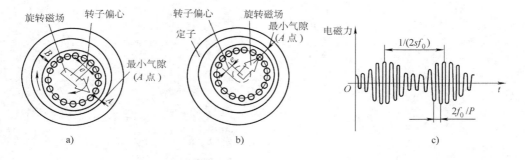

图 9-10 气隙不均匀引起的电磁振动

a）静态偏心 b）动态偏心 c）动态偏心电磁力的振动

气隙静态偏心产生的电磁振动特征是：

1）电磁振动频率是电源频率 f_0 的 2 倍，即 $f = 2f_0$。

2）振动随偏心值的增大而增加，与电动机负荷关系也是如此。

3）偏心产生的电磁振动与定子异常产生的电磁振动较难区别。

2. 气隙动态不均匀引起的电磁振动

电动机气隙的动态不均匀是由转轴挠曲、转子铁心不圆或转子与轴不同心等造成的，偏心的位置对定子是不固定的，对转子是固定的，因此，偏心位置随转子的旋转而同步地移动，如图 9-10b 所示。

在电动机运行时，旋转磁场的同步速度为 f_0/P，转子速度为 $(1-s)f_0/P$，（s 为异步电动机的滑差率），由于存在动态偏心和转子不平衡，产生了不平衡电磁力和不平衡机械力，机械振动加剧了动态偏心，从而助长了不平衡电磁力。

对气隙最小点 A 来说，旋转磁场超越转子转速的速度，有

$$\left[\frac{f_0}{P} - \frac{(1-s)f_0}{P}\right] \times 2P = 2sf_0$$

因此，其产生的电磁力时域波形是以频率 $2f_0/P$ 振动，同时以 $1/(2sf_0)$ 为周期的脉动，两者叠加的振动波形如图 9-10c 所示。

气隙动态偏心产生电磁振动的特征是：

1）转子旋转频率和旋转磁场同步转速频率的电磁振动都可能出现。

2）电磁振动以 $1/(2sf_0)$ 周期在脉动，因此，在电动机负载增加、s 加大时，其脉动节拍加快。

3）电动机往往产生与脉动节拍相一致的电磁噪声。

9.3.3　转子绕组异常引起的电磁振动

笼型异步电动机因笼条断裂，绕线型异步电动机由于转子绕组异常引起的电磁场不平衡，都将产生不平衡电磁力 F，F 在转子旋转时是随转子一起转动的，其性质和转子动态偏心的情况相同，其发生的机理如图 9-11 所示。在转子绕组故障 A 点处电流无法流过，就产生不平衡电磁力。旋转磁场在 A 点追越转子时，磁场强度发生变化，因此，导致负荷电流发生 $1/(2sf_0)$ 的节拍脉动，当电动机负载增加时，由于二次电流增加，因而电磁振动也将增加，而其脉动节拍也将加快，并在定子一次电流中，也将逆感应出以 $2sf_0$ 为节拍的脉动波形。

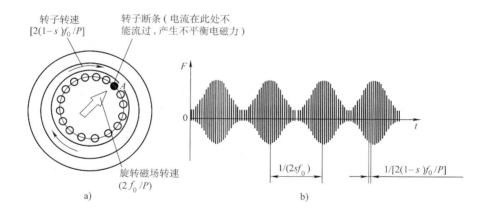

图 9-11　转子绕组不平衡引起的电磁振动

a）发生振动的机理　b）电磁振动波形

转子绕组异常引起的电磁振动的特征：

1）转子绕组异常引起电磁振动与转子动态偏心所产生的电磁振动的电磁力和振动波形相似，现象相似，较难判别。虽然低频部分都是 $2sf_0$，但电磁振动的高频部分不同，转子动态偏心的高频为 $2f_0/P$，转子绕组异常的高频为 $2(1-s)f_0/P$。

2）电动机负载增加时，这种振动随之增加，当负载超过 50% 以上时较为显著。

3）若对电动机定子的电流波形或振动波形作频谱分析，在频谱图中，基频两边出现 $\pm 2sf_0$ 的边频（图 9-12、图 9-13），根据边频与基频振幅之间的关系，可判断故障的程度。

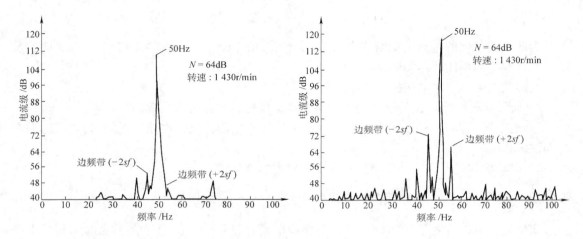

图 9-12　正常的电流频谱图　　　　　　图 9-13　一根断条时电流频谱图（满载）

电动机的振动类故障还有：转子不平衡、联轴器不对中、轴承异常等。这些属于机械环节的故障特征已经在前面章节中讲述过，本节不再赘述。

9.4　电动机故障诊断案例

例 9-1　大电动机烧损原因分析。

某厂 ZR1 轧机右卷 2 号电动机系日本原产，1976 年投产使用，最后一次修理是 2001 年由某电动机修理厂完成。2003 年 2 月 11 日凌晨 3:24 ~ 3:30，该设备发生绕组烧坏的突发事故。

电动机的调速控制系统本身具有过流、接地、失磁等保护装置和记录电流电压波形的笔式记录仪，事故发生时无报警，无跳闸动作，且电流记录纸上也未见异常波形，而在试运行的振动在线监测系统上却有明显的波形突变。

（1）振动数据分析　故障发生前振动波形如图 9-14、图 9-15 所示，从图上可以看到：振动特性曲线剧烈跳动，表明电动机的电动力矩产生了剧烈的波动，这是由转子绕组局部短路所致。

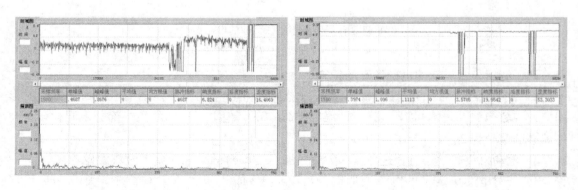

图 9-14　右卷液力偶合器振动时域图　　　　图 9-15　右卷 2 号电动机振动时域图

（2）电量状况分析 根据直流电动机监测系统提供的电压与励磁电流监测结果，可以得知：

1）电动机电压振幅41.3V，平均值28V，工作电压不高，过电压击穿的可能性不大。

2）轧第三道时的线速度为200m/min左右，不存在机械转速超高，离心力过大造成的破坏。由图9-19可知，励磁电流为35A，也不存在失磁超速的可能性。

因此，初步判断该电动机故障与下列因素有关：

1）电动机使用年限较长（27年），绝缘材料老化。

2）超过额定电流工作的情况时有发生，加上当地夏季环境温度高，致使电动机处于较高温升下工作，加速了绝缘材料的老化，虽然发生事故时不在夏天，但早已留下隐患。

3）历史上的检修施工可能受到外力损伤。

4）进风口有可能吸入细小的金属物，损坏绝缘。

对该电动机停机检修后发现，故障点位于转子的非整流子端。虽然电动机的转子、定子都受到不同程度的损坏，但转子要严重得多，短路首先由转子引起，燃起的电弧伤及了定子。从烧损的情况看，绕组元件的端部连接头套并未烧熔，同时电枢槽口的绝缘楔条并未烧掉，因此短路点不应在线槽之内，而应在槽口与元件的焊接头之间无纬带的下面两个叠绕元件上下层交叠处。

图9-16为该电动机发生故障的原理示意图，图9-17为电动机电枢绕组原理图（事故电动机是8极，此处以4极为例，效果相同）。如图9-16所示，设在A点上下层绕组之间的绝缘损坏而发生短路，则元件7的上边（实线部分）与元件6的下边（虚线部分）构成一个短路环，此短路环切割电动机磁场时，将产生感应电动势，有经验公式

$$E_a = \frac{PN}{60a}\phi_n$$

对短路环而言，式中每极匝数 N 等于断路线圈匝数的2倍，而电动机系数 $a = 1$，虽然感应电动势不高，但短路部分的电阻值很小，所以仍将产生很大的感应交变电流，在短接处燃起电弧，进而烧坏其他绕组的绝缘材料，产生恶性循环，使事故进一步扩大。

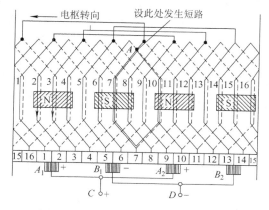

图9-16 电动机发生故障原理示意图

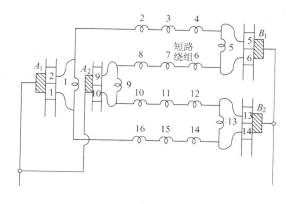

图9-17 电动机电枢绕组原理图

（3）其他因素分析

1）过压保护分析。图9-18、图9-19分别为直流电动机监测系统提供的右卷2号电动机

电压波形图和励磁电流波形图。如图 9-18 所示，电动机电压的振幅为 42.2V，平均值为 26V，大大低于电动机的额定工作电压，故过电压保护不发生动作。

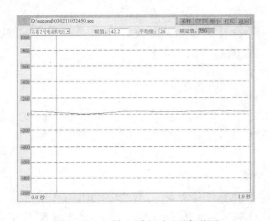

图 9-18 2 号电动机电压波形图

图 9-19 2 号电动机励磁电流波形图

2）过流保护分析。电枢电流

$$I_a = \frac{U - E_a}{R_a}$$

电动机正常运行时，感应反电势 E_a 略低于 U，故不会过电流，当电枢局部线圈短路时，有 $E_a = \frac{PN}{60a}\phi_n$，因短路的匝数远小于每极匝数 N，故 E_a 降低很少，在电枢绕组的并联支路中，只有局部绕组短路支路的电阻降低并不多，而大部分未短路的绕组仍能产生较大的反电动势，因而并未造成主电路直流的猛增，故而过电流保护装置未动作。

造成事故的主要原因是在局部短路绕组中，形成了极大的交流感应电流。

3）失磁保护分析。由图 9-19 知，励磁电流维持在 44A 左右，并未发生失磁的情况，故失磁保护装置未动作。

4）接地保护分析。由前面分析可知，短路故障始发于无纬带下两个叠绕元件上下层交叠处，并不在铁心槽内，一开始并不会构成接地，故接地保护装置未动作。当然，如事故进一步扩大至槽内，可能会造成接地，此时可对事故电动机进行测量，如事故扩大后确已造成接地，而接地保护装置仍未动作，则应检查控制系统接地保护的灵敏度及可靠性。

（4）烧损原因诊断结论 由于线圈绕组的绝缘老化，造成叠绕元件上下层交叠处发生短路。产生很大的感应交变电流，在短接处燃起电弧，进而烧坏其他绕组的绝缘材料，产生恶性循环，致使事故进一步扩大。

对类似电动机的维护建议：

1）如果电动机处于超额定值工作的时间太长，将对电动机的寿命产生极其不利的影响，应当避免。

2）年修时对电动机的检修除清沟、倒角、换电刷等常规工作外，要着重检查、恢复电动机绕组的绝缘功能。

3）直流大电动机振动在线监测系统已经监测到设备运行不正常的情况，点检人员对振动信号所包含的故障应予掌握，以防止事故扩大。

4）对大型电动机的故障监测应以电参数为主、机械参数为辅。因为电气故障具有突发性，预警时间极短，电参数有异常时往往已到事故晚期，而机械参数异常通常较早，可以为发现电动机隐患赢得宝贵的时间。

例9-2　电动机转子断条故障诊断。

2003年，某钢厂原料传送带输送机的某台电动机出现异常声响，危及该厂正常生产的原料供应。这台电动机为4极笼型异步电动机，同步转速为1 500r/min，电动机转动频率约为25Hz。图9-20所示为输送机及测点布置图。

现场检查时发现电动机振动在一定范围内波动，最大振动是径向方向，振幅为1.7~4.4mm/s。可听见明显呈周期性的嗡嗡声，初步判定该电动机可能存在电气故障。

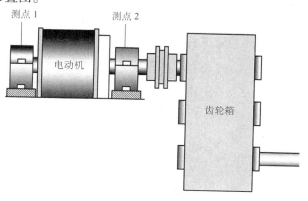

图9-20　输送机及测点布置图

在对记录的频谱进行分析的过程中，首先看到的是在频域信号中主要以电动机转动频率为主振动能量及谐频分量组成的频谱，这是一些类似回转部件间隙不良的典型频谱（图9-21）。但问题似乎没有如此简单，在时域信号中可发现有调制的成分存在，并可以看到明显的"拍"波存在（图9-22），如果只是单纯的间隙不良，在时域信号中应该不会存在这样的波形。

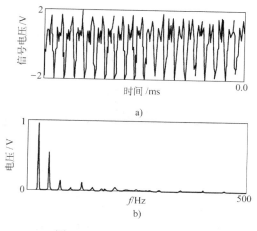

图9-21　电动机振动频谱图

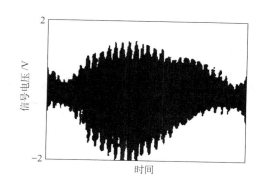

图9-22　电动机振动时域波形

在图9-21所示的电动机振动频谱图中，可见转动频率f_0（≈ 25Hz）及$2f_0$（50Hz）、$3f_0$（75Hz）、$4f_0$（100Hz）谐频成分。

由于存在"拍"波形态，说明是有相近的频率成分在相互调制，要获得这些频率成分，采用了HR-FA法，对以f_0、$2f_0$、$3f_0$、$4f_0$为中心的狭小区域进行细化分析。HR-FA法是一种基于复调制的高分辨率傅里叶分析方法，它可以指定足够的频率分辨率来分析某一宽带信号在频率轴上任何窄区间的频谱结构。

从 f_0、$2f_0$、$3f_0$、$4f_0$ 为中心的细化频谱图中，可看到在转动频率及谐频的周围存在边频带。经分析发现这些频率的间隔均为 0.187 25Hz。

现在解释一下 0.187 25Hz 频率的来源。由于该电动机为异步电动机，所以在正常工作时应该存在转差速度，即电动机的实际转速应略低于其同步转速，电动机的负载越大其转差速度越大。在现场实际测试的转速为 1 488r/min 左右，与电动机的同步转速相差在 12r/min 转左右，其所差的频率应该在 0.2Hz 左右，由于仪器分辨率的限制，分析得到的频率即为该电动机的转差频率。在图 9-23 中展示了一系列形状很好的转差频率通过边频带，并很明显地出现在 1 倍、2 倍、3 倍和 4 倍转动频率周围，这些频谱都预示了转子存在导条裂缝、破碎、短路环故障或叠层短路。

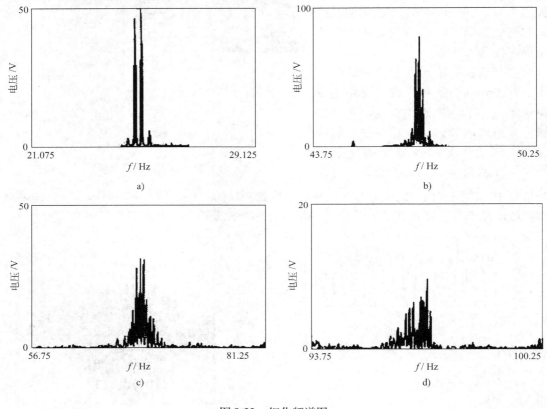

图 9-23 细化频谱图

a) f_0 b) $2f_0$ c) $3f_0$ d) $4f_0$

电动机转子导条裂缝或破碎会在电动机内部产生的高阻抗接触，这种高阻抗会引起转差频率通过边带出现在转速的高次谐波周围，从上述频图谱中可以明显看到这种情况。

诊断结论及建议：在这个案例中可以看到在 1~4 倍的转动频率中均出现较多的转差频率，而且电动机的振动值波动范围较大，为 1.7~4.4mm/s，电动机厂提供的监测振动的速度标准值为 2.8mm/s，上述情况说明该电动机已经出现了较为严重的导条故障——断裂。

检修结果：将电动机送至电修车间进行检修时发现该电动机转子共有 14 根导条断裂。证明了判断的准确性。

例 9-3 同步电动机振动诊断。

　　某轧钢厂一变流机组，同步电动机功率 1 250kW、8 极、750r/min，电源频率 50Hz，其负荷为一直流发电机，功率为 1 050kW。该机组投产后，同步电动机轴承振动一直较大，几次检修没有找到原因，未见效果，故决定对其进行一次振动诊断。

　　诊断分两个步骤进行，第一步在电动机现场，测量电动机组四个座式轴承的水平、垂直轴向的振动，并用磁带记录仪记录振动波形。第二步在试验室里对振动波形进行分析和诊断。振动测试和诊断过程如图 9-24 所示。

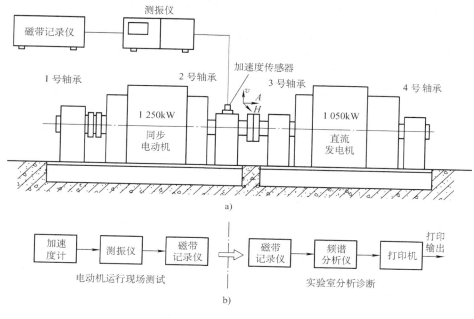

图 9-24　同步电动机的振动测试和诊断过程

a）现场测试布置　b）振动分析框图

　　现场测试结果，发现振动值较大的部位是 1 号轴承水平径向振动和 2 号轴承三个方向的振动。其余各测点的振幅均较小，小于 1.6 mm/s。测得各点的振动速度如下：

　　测点 2：1 号轴承水平径向，4.0mm/s。

　　测点 4：2 号轴承垂直方向，6.5mm/s。

　　测点 5：2 号轴承水平径向，4.2mm/s。

　　测点 6：2 号轴承轴向，11.5mm/s。（已超过允许标准 11.2mm/s）

　　其余测点：小于 1.6 mm/s。

　　为了进一步找出问题，对部分测点作了断电后的三维转速谱分析。

　　图 9-25 是测点 6 的转速谱图，从图中下面第一条曲线可以看出，当转速达 750r/min 时，由于未切断电源，有交变电磁场存在，50Hz（即 4 倍旋转频率 $4f_r$）处振幅最大，达 8.93mm/s，断电后，振幅衰减很快，当转速降至 645r/min 时（$4f_r = 43$Hz），振幅已降到了 0.25mm/s，可以说明 $4f_r$ 所表示的振动是由电磁原因引起的。

　　图 9-26 所示为测点 5 的转速谱图，图中可以看到两个现象：一是转动频率 f_r 的振幅较大，达 2.4mm/s，而且随转速降低缓慢下降，这是因转子不平衡产生的；二是 2 倍转动频率（$2f_r$）的振幅较大，其振幅也是在切断电源后很快消失，这也是电磁原因引起的。

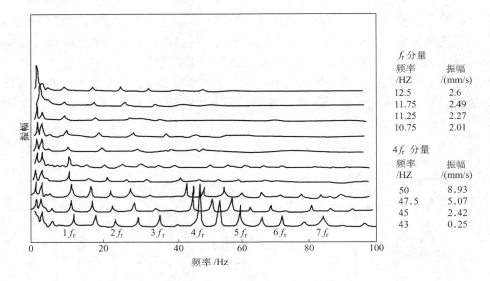

f_r分量	
频率/HZ	振幅/(mm/s)
12.5	2.6
11.75	2.49
11.25	2.27
10.75	2.01

$4f_r$分量	
频率/HZ	振幅/(mm/s)
50	8.93
47.5	5.07
45	2.42
43	0.25

图9-25　测点6（轴向）转速谱图

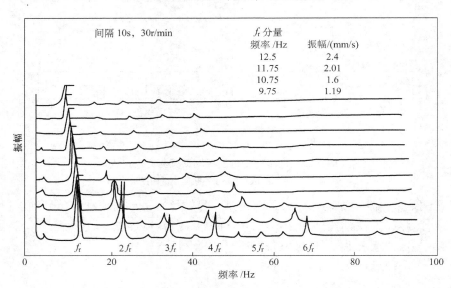

图9-26　测点5（水平径向）转速谱图

对其他测点所作的转速谱分析，也得出相同的结论。

诊断结论：

1）同步电动机的振动是由自身的机械不平衡和电气原因激振引起的，与负载直流发电机没有关系。

2）同步电动机的振动，其表现为轴向4倍频和水平径向2倍频振动较大，而在切断电源后，很快消失。应检查定子绕组是否对称，磁极绕组是否存在匝间短路，气隙是否均匀。

3）转子存在较大的不平衡，具有较大的转动频率成分，应作一次动平衡校正。

例9-4　立式电动机振动诊断。

一台驱动水泵用立式230kW、12极异步电动机，转速585r/min，电源频率50Hz。电动机与水泵采用延伸轴连接，中间用一个弹簧联轴器，可以轴向伸缩，电动机与水泵的布置如图 9-27a 所示。

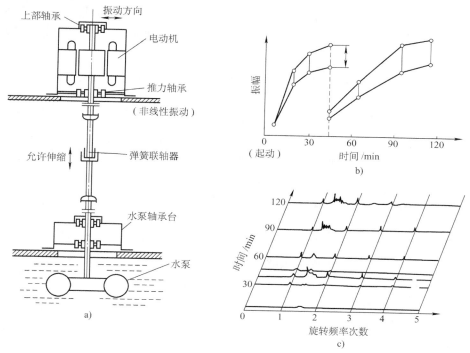

图 9-27　立式电动机的振动诊断
a）电动机与水泵的布置　b）振动规律　c）水平方向三维谱图

（1）振动规律　电动机在起动后，振动很小，但随着运行时间的延长，电动机上部轴承的水平方向振动逐步增加，其振幅是不稳定的，但在一个范围内摆动，经过一段时间后，振动就突然变得很小，但随着运行时间加长，振动又逐步增加，振动规律如图 9-27b 所示。

（2）诊断检测内容

1）测量电动机轴承振动的振幅和频率成分。

2）测量电动机的固有振动频率。

3）作出电动机运行过程的三维频谱图。

（3）诊断过程

1）用锤击法激励电动机传动轴，通过自由衰减振动的检测，测得电动机轴系固有频率为 13.7Hz。

2）运行时监测电动机的振动，并进行 FFT 分析，作出以时间为 z 轴的三维谱图，如图 9-27c 所示。

（4）诊断结论

1）从图 9-27c 中可以看出，振动频谱的各频率成分都是离散谱线，除了最主要的 13.7Hz 固有频率外，还出现了转动频率的整数倍（$m = 1$、2、3⋯）的成分，其中较大的是接近 13.7Hz 的 14.8Hz 成分；它是转动频率的 1.5 倍，因此可以确定振动是由共振引起的。

2）运行中负荷及其他条件不变，轴承振动情况都经常变化，应考虑这是轴承的非线性振动，这往往可能是轴承负荷变化或润滑不良所引起的。

3）延伸轴的弹簧联轴器，在正常时，应能使延伸轴灵活地伸缩，但当润滑不良时，它的伸缩就变得很不灵活，在电动机和泵的轴承上产生一个轴向力，该轴向力使电动机下端承担推力轴承的负荷逐渐减少，就产生非线振动，并引起了共振。由于上部轴承离固定端最远，共振的振幅就最大。

4）进行处理。打开弹簧联轴器，清洗并重加润滑脂。重新起动后，振动消失。

例9-5 电动机异常振动的诊断。

诊断对象是一台驱动离心式压缩机的异步电动机，容量3 400kW，2极，转速2 970r/min，电源频率为50Hz，结构上采用整体底板、座式滑动轴承。简易诊断时，发现轴承和定子振动加大，超过允许值，决定对电动机轴承振动进行一次精密诊断。

（1）诊断检测项目

1）轴承座振动位移振幅测定，并分析主要频率成分。

2）底板振动分布测定，并记录分布曲线。

3）用停电法检查，以区分电动机的振动是机械振动还是电磁振动。

4）用激振法测定轴承座的固有振动频率。

（2）诊断使用的仪器

1）磁电式速度传感器。

2）电涡流位移传感器。

3）FFT信号分析仪。

4）磁带记录仪。

（3）诊断的检测过程

电动机振动测试线路如图9-28所示。根据诊断检测项目，诊断分四个步骤进行。

诊断第一步，用手持式拾振器（测速度，再进行一次积分）测量电动机传动端和非传动端轴承座在垂直、轴向和水平方向的振动，并分析其频率成分。电动机振动的测量与分析数据表见表9-1。

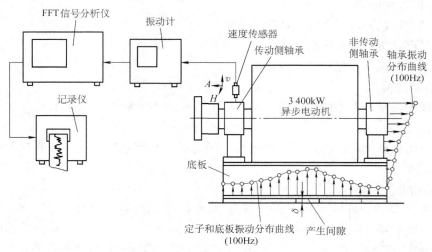

图9-28 3 400kW异步电动机振动分布示意图

轴承座振动的测量结果说明，根据振动位移幅度来判别，可以发现轴承振动的方向主要是轴向振动，振动中主要频率成分是 2 倍电网频率——100Hz。

表 9-1   3 400kW 电动机振动的测量与分析数据表（峰峰值）

轴承位置	传动端			非传动端		
测定方向	垂直	水平	轴向	垂直	水平	轴向
总的位移振幅/μm	21	13	50	22	22	50
转动频率成分位移/μm	16	13	11	17	21	11
100Hz 频率成分/μm	15	—	50	16		50

诊断第二步，用手持式拾振器逐点移动位置，以测量100Hz 频率成分沿电动机底板长度方向和沿轴承座高度方向振动位移值的分布。分布曲线已标明在图 9-28 上。可以发现，定子和底板的振动越接近电动机磁力中心线位置就越大，越远离就逐渐减少。而轴承座的轴向振动越高，离底板越远越大。

诊断第三步，测定轴承座轴向刚度和固有频率。敲击轴承座，用振动计和 FFT 信号分析仪测量和分析自由衰减振动的频率。为了减少测量时轴对轴承座刚性的影响，在测量过程中一直用手扳动转子，使轴旋转。

诊断第四步，用停电法来区别振动原因。在切断电源后，从记录仪记录下的振幅波形可以看出，不到 1s，振动立即变小和消失，如图 9-29 所示。说明振动是由电磁原因引起的。

（4）诊断结论

1）电动机的轴向振动是由电磁原因引起的，由于轴承座轴向的固有频率100Hz 和电磁激振力的频率 100Hz 正好一致，所以轴承座发生了轴向共振。

2）电动机底板的刚度降低（进一步检查时发现底板与安装垫块之间产生了间隙），所以使轴承座共振加大。

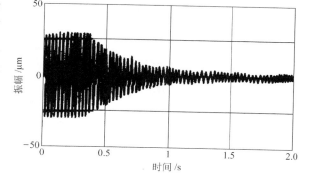

图 9-29   切断电源后的振动变化

3）消除振动可采取两个措施：

① 消除底板和垫板之间间隙，拧紧地脚螺栓和轴承座固定螺栓，以增加底板和轴承座的动态刚度。

② 加强轴承座自身结构刚度，提高固有振动频率，以避免和定子激振力合拍产生共振。

思 考 题

9-1   电动机按照工作方式分为_____、_____、_____等。

9-2   直流电动机的故障特征可以归纳为：

1）转动频率 f_r 的振动明显，则_____。

2）如果 $2f_r$ 振动明显，则_____。

3）如果槽频率 f_z 和 f_n 接近则_____。

4）如果 f_z 和 f_n 接近，则_____。

5）高频 f_0 成分明显，则_____。

9-3　请简述异步电动机的定义、同步电动机的定义。

9-4　消除电动机异常振动一般采取哪些措施？

9-5　简述定子电磁振动异常的主要原因及其特征。

9-6　什么叫气隙静态偏心？并简述气隙静态偏心产生的电磁振动特征。

9-7　电动机其内部能量转换有哪三个系统？

9-8　电动机的有哪几个主要部件组成，其功能分别是什么？

9-9　电动机振动测定的目的是什么？

9-10　直流电动机的故障特征有哪些？

9-11　转子绕组异常引起的电磁振动有哪些特征？

9-12　电动机的振动故障有哪些？

第 10 章　设备状态调整

设备故障诊断的最终目的是使设备的各项性能指标保持完好，保障生产的连续性、高效性。因此，工业现场的设备故障诊断人员往往还承担着指导维修，恢复设备的应有性能的任务。对于设备状态的调整，以及其指导原则，应达标准等，是本章的学习任务。本章分别讲述了滑动轴承、滚动轴承、齿轮、联轴器的安装、调整工艺和技术标准，转子的现场动平衡技术。

10.1　滑动轴承的间隙与测量调整

10.1.1　滑动轴承工作原理

轴承是用来支承轴的部件。常见轴承主要分为滑动轴承和滚动轴承两大类。

滑动轴承是仅发生滑动摩擦的轴承，它有动压滑动轴承和静压滑动轴承之分。这两种滑动轴承的主要共同点是：轴颈与轴瓦工作表面都被润滑油膜隔开，形成液体润滑轴承，具有吸振能力，运转平稳、无噪声，故能承受较大的冲击载荷。它们的主要不同点在于动压滑动轴承的润滑油膜形成必须在轴颈转动中才能形成，而静压滑动轴承是靠外部供给压力油强迫两相对滑动面分开，以建立承压油膜，实现液体润滑的一种滑动轴承。下面只介绍动压滑动轴承。

动压滑动轴承的轴瓦（或轴套）与轴上的是轴颈加工精度最高、表面质量要求最高的部位。根据两者之间的润滑状态，可分为半液体润滑滑动轴承和液体润滑滑动轴承。

（1）半液体润滑滑动轴承　它的轴颈与轴承的工作表面并没有被润滑油完全隔开，只是由于工作表面对润滑油的吸附作用而形成一层极薄的油膜。油膜轴颈与轴瓦表面有一部分直接接触，另一部分则被油膜隔开而不能直接接触。它的摩擦因数约为 0.008 ~ 0.10。所以，它也可称为不完全液体润滑轴承。在一般情况下能保证正常工作，且结构简单，加工方便，故常用于低速、轻载、间歇工作的场合。

（2）液体润滑滑动轴承　它在工作时，当轴颈转速达到一定程度，轴颈与轴承之间被一层润滑油膜完全隔开，使两相对滑动表面不能直接接触。滑动摩擦变为润滑油层间的液体摩擦，它的摩擦因数约为 0.001 ~ 0.008，从而使摩擦因数大大减小。这样增加了轴承的承载能力，延长了轴承的使用寿命。

轴颈在轴承中形成完全液体润滑的工作原理为：轴在静止时，由于轴本身重力 F 的作用而处于最低位置，此时润滑油被轴颈挤出，在轴颈和轴瓦的侧面间形成楔形的间隙（图10-1a）。当轴颈转动时，液体在流动摩擦力的作用下，被带入轴颈和轴瓦所形成的楔形间隙处。由于楔形间隙面积逐渐减小，油的分子受到挤压和本身的动能，此处压力逐渐升高，对轴颈产生一定的压力 F_p（图10-1b），图中不同长度的箭头表示轴瓦上各部位承受压力 F_p 的大小，这些不同大小的压力 F_p 构成一条假想的曲线称作油楔，它可以描绘轴承内产生的液体动压力分布情况。在油楔压力的作用下，会将轴颈抬起而形成厚度为 H 的油膜。实质上油膜厚度 H 在轴瓦上各部位是不同的：靠近轴颈上方为 H_{max}，靠近下方为 H_{min}，轴颈中心与轴瓦中心偏离一个距离，称为偏心距。当轴达到一定转速时，轴颈与轴瓦表面完全被油膜隔开，这就形成了完全液体动力润滑的单油楔轴承。由于这类轴承在转动中才能形成油膜，所以称为液体动压滑动轴承。

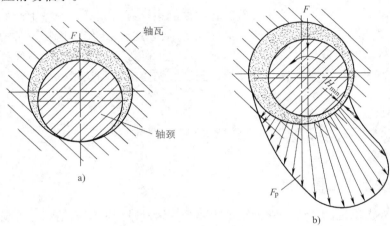

图 10-1　液体动压滑动轴承的工作原理
a) 静止时　b) 一定转速下形成的单油楔轴承

形成液体润滑必须具备如下条件：
1）轴颈与轴承配合应有一定的间隙（$0.001d \sim 0.003d$）。
2）轴颈应保持一定的线速度，以建立足够的油楔压力。
3）轴颈、轴承应有精确的几何形状和较光滑的表面。
4）多支承的轴承，应保持较高的同轴度要求。
5）应保持轴承内有充足的具有适当粘度的润滑油。

10.1.2　滑动轴承衬的材料

1. 对轴承衬（轴瓦或轴套）材料的要求
1）有足够的强度和塑性，轴承衬材料的塑性越好，则它与轴颈间的压力分布越均匀。
2）有良好的磨合性、减摩性和耐磨性，以延长轴承的使用寿命。
3）润滑及散热性能好。
4）有良好的工艺性能。

2. 轴承衬材料的种类
（1）灰铸铁　在低速、轻载和无冲击载荷的情况下，可用 HT200 作为轴承衬。

（2）铜基轴承合金　它的主要成分是铜，常用的有铸造锡青铜 ZCuSn10Zn2 和铸造铝黄铜 ZCuZn25Al6Fe3Mn3。铸造锡青铜是一种很好的减摩材料，机械强度也较高，适用于中速、重载、高温及有冲击条件下工作的轴承。铸造铝黄铜有良好的抗胶合性，但强度较铸造锡青铜低。

（3）含油轴承　它采用青铜、铸铁粉末，加以适量的石墨粉压制成形后，经高温烧结形成多孔性材料，在120℃时浸透润滑油，冷至常温，油就贮存在轴承孔隙中。当轴颈在轴承中旋转时，产生抽吸作用和摩擦热，油就膨胀而挤入摩擦表面进行润滑，轴停止运转后，油也因冷却而缩回轴承孔隙中去。

含油轴承价廉，又能节约非铁金属，但性脆，不宜承受冲击，常用于低速或中速、轻载及不便润滑的场合。

（4）塑料轴承　除了以布为基体的塑料轴承外，我国还制成了多种尼龙轴承衬，如尼龙6、尼龙1010等，已应用于机床、汽车等机械中。塑料轴承具有磨合性好、磨损后的屑粒较软不伤轴颈、抗腐蚀性好、可用水或其他液体润滑等优点，但导热性差，吸水后会膨胀。

（5）巴氏合金　它是锡、铅、铜、锑等的合金，它是常用的轴承合金之一。具有良好的减摩性和耐磨性，但熔点和强度较低，不能单独做轴瓦，通常将它浇铸在青铜、铸铁、钢材等基体上使用。常用的有锡基轴承合金（ZSnSb11Cu6，主要成分是锡）和铅基轴承合金（ZPbSb16Sn16Cu2、ZPbSb15Sn5，主要成分是铅），前者的力学性能和抗腐蚀性比后者好，但价格贵，因此，常用于重载、高速和温度低于110℃的重要轴承，如汽轮机、大型电机、内燃机和高速机床等主轴的轴承；后者价格较低，适用于水泵、小功率电动机、船舶机械的轴承。

10.1.3　滑动轴承的装配

滑动轴承的类型很多，常见的主要有剖分式滑动轴承、整体式滑动轴承和油膜式滑动轴承等。装配前都应修毛刺，清洗，加油，并注意轴承加油孔的工作位置。

1. 轴瓦的清洗与检查

首先核对轴承的型号，然后用煤油或清洗剂将轴承清洗干净。轴瓦质量的检查可用小铜锤沿轴瓦表面轻轻地敲打，根据响声判断轴瓦有无裂纹、砂眼及孔洞等缺陷，如有缺陷应采取补救措施。

2. 轴承座的固定

轴承座通常用螺栓固定在机体上。安装轴承座时，应先把轴瓦安装在轴承座上，再按轴瓦的中心进行调整。同一传动轴上的所有轴承的中心应在同一轴线上。装配时可用拉线的方法进行找正，如图10-2所示。之后用涂色法检查轴颈与轴瓦表面的接触情况，应使所有轴瓦的两端都与轴颈相接触，即找正，符合初装要求后，将轴承座牢固地固定在机体或基础上。

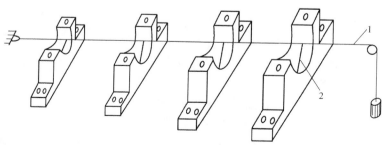

图 10-2　拉线法检测轴承座的同轴度

1—钢线　2—内径千分尺

3. 轴瓦与轴承座的装配

为将轴上的载荷均匀地传给轴承座，轴瓦与轴承座应有适当的配合，一般采用较小的过盈配合，过盈量为 0.01～0.05mm。要求轴瓦背与轴承座内孔应有良好的接触，配合紧密。下轴瓦与轴承座的接触面积不得小于 60%，上轴瓦与轴承盖的接触面积不得小于 50%。这就要进行刮研，刮研的顺序是先下瓦后上瓦。刮研轴瓦背时，以轴承座内孔为基准进行修配，直至达到规定要求为止。另外，要刮研轴瓦及轴承座的剖分面。轴瓦剖分面应高于轴承座剖分面 0.05～0.1mm，以便轴承座拧紧后，轴瓦与轴承座具有过盈配合性质。

上下两轴瓦扣合，其接触面应严密，轴瓦的直径不得过大，否则轴瓦与轴承座间就会出现"夹帮"现象，如图 10-3 所示。轴瓦的直径也不得过小，否则在设备运转时，轴瓦在轴承座内会产生颤动，如图 10-4 所示。

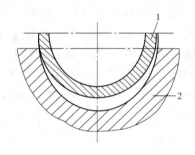

图 10-3　轴瓦直径过大
1—轴瓦　2—轴承座

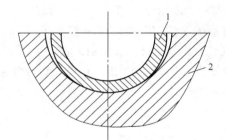

图 10-4　轴瓦直径过小
1—轴瓦　2—轴承座

4. 轴瓦与轴颈的刮研

为使轴瓦在工作载荷下容易形成油膜，要求有合适的接触面积及油楔形成角。若接触面积过小，则单位面积上的压力大于油膜的承载压力，油膜破裂，导致金属之间的直接接触摩擦。若油膜过厚，又容易引起油膜涡动、油膜振荡。油膜的承载压力和油膜厚度与油的粘度（温度）和轴颈的线速度相关。所以，高速轴的接触面积比低速轴的接触面积要小，润滑油的粘度也比低速轴的润滑油的粘度低。

为了使轴瓦的接触面积具有一定范围的适应性，要求宏观上，接触面积均匀地分布在轴瓦上；微观上，整个接触面积是由无数个小接触点组成。这就要采用刮研工艺来实现这个要求。

用涂色法检查轴颈与下轴瓦的接触，应注意将轴上的所有零件都装上。首先，在轴颈上涂一层红铅油，然后，使轴在轴瓦内正、反方向各转一周，在轴瓦面较高的地方则会呈现出色斑，用刮刀刮去色斑。刮研时，每刮一遍应改变一次刮研方向，继续刮研数次，使色斑分布均匀，直到符合要求为止。

刮研分为两步，首先应使接触面积均匀地分布在轴瓦上，然后再使接触点分布均匀。

刮研轴瓦时，必须注意两个问题：轴瓦与轴颈间的接触角和接触点。

轴瓦与轴颈之间的接触表面所对的圆心角称为接触角，此角度过大，不利于润滑油膜的形成，影响润滑效果，使轴瓦磨损加快；若此角度过小，会增加轴瓦的压力，也会加剧轴瓦的磨损。一般接触角取为 60°～90°。高速轴取小值，低速轴取大值；轻载取小值，重载取大值。

轴瓦和轴颈之间的接触点与机器的特点有关：

　　　　低速及间歇运行的机器　$1 \sim 1.5$ 点/cm^2

　　　　中等载荷及连续运转的机器　$2 \sim 3$ 点/cm^2

　　　　重载荷及高速运转的机器　$3 \sim 4$ 点/cm^2

10.1.4　间隙的检测与调整

滑动轴承最理想的情况是在液体摩擦的条件下工作。因为，此时轴承的工作表面间被润滑油层所隔开，轴与轴承的工作表面几乎没有磨损，因此，理想的工作期限应该是十分长久的。但是，由于机器在工作过程中，经常需要停止和起动，使速度发生变化。此外，机器在工作过程中还会发生振动和载荷变动的情况，这些都将破坏液体摩擦条件而引起磨损。

滑动轴承因磨损而不能正常工作，一般表现为两种基本形式：一种是轴与轴承配合间隙的增加，另一种是轴承的几何形状发生变化。这两种情况是同时发生的。

1. 间隙的作用及确定

轴颈与轴瓦的配合间隙有两种，一种是径向间隙，一种是轴向间隙。径向间隙包括顶间隙和侧间隙。如图 10-5 所示，顶间隙为 a，侧间隙为 b，轴向间隙为 S_1、S_2。

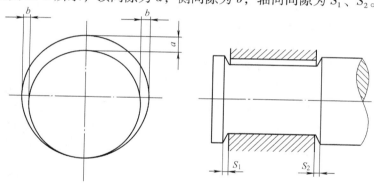

图 10-5　滑动轴承的间隙

顶间隙的主要作用是保持液体摩擦，以利于形成油膜。侧间隙的主要作用是为了积聚和冷却润滑油。在侧间隙处开油沟或冷却带，又称"开瓦口"或"开帮"，可增加油的冷却效果，并保证连续地将润滑油吸到轴承的受载部分，但油沟不可开通，否则运转时将会漏油。

瓦口尺寸如图 10-6 所示，通常按下面公式选取：

瓦口深度　$h = 2\delta/5$

瓦口宽度　$S = (10 \sim 25)\delta$

其中 δ 是瓦厚。为了容易形成油楔，瓦口斜面与瓦底圆弧的过渡区必须光滑，不允许存在山脊形状。

轴向间隙的作用是轴在温度变化时有自由伸长的余地。

$$S = S_1 + S_2 = aL\Delta t + 0.2\text{mm} \qquad (10\text{-}1)$$

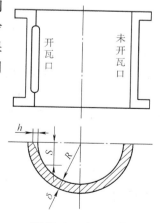

图 10-6　瓦口尺寸

式中 a——钢的热膨胀系数，$a = (10.6 \sim 12.2) \times 10^{-6}/℃$；

  L——轴长（mm）；

  Δt——最高工作温度与装配时温度之差（℃）。

顶间隙可由计算确定，也可按经验确定。

对于采用润滑油润滑的轴承，顶间隙与轴颈直径的关系为 $a = (0.10\% \sim 0.15\%)D$；对于采用润滑脂润滑的轴承，顶间隙为 $a = (0.15\% \sim 0.20\%)D$。当载荷作用在上轴瓦时，上述顶间隙值应减小 1.5%。

侧间隙两侧应相等，单侧间隙应为 $b = (1/2 \sim 2/3)a$。

同一轴承两端顶间隙之差应符合表 10-1 的规定。

表 10-1 滑动轴承两端顶间隙之差 （单位：mm）

轴颈基本尺寸	≤50	>50 ~ 120	>120 ~ 220	>220
两端顶间隙之差	≤0.02	≤0.03	≤0.05	≤0.10

2. 间隙的测量与调整

检查轴承径向间隙，一般采用压铅测量法和塞尺测量法。

（1）压铅测量法 压铅法测量较为精确，测量时先将轴承盖打开，用直径为顶间隙 1.5 ~ 2 倍、长度为 15 ~ 40mm 的软铅丝或软铅条，分别放在轴颈上和轴瓦的剖分面上，如图 10-7 所示。因轴颈表面光滑，为了防止滑落，可用润滑脂粘住。然后放上轴承盖，对称而均匀地拧紧联接螺栓，再用塞尺检查轴瓦剖分面间的间隙是否均匀相等。最后打开轴承盖，用千分尺测量被压扁的软铅丝的厚度。其顶间隙的平均值计算式为

$$a_{m1} = \frac{a_1 + c_1}{2} \qquad (10-2)$$

$$a_{m2} = \frac{a_2 + c_2}{2} \qquad (10-3)$$

$$S = \frac{(b_1 - a_{m1}) + (b_2 - a_{m2})}{2} \qquad (10-4)$$

式中 b_1、b_2——轴颈上各段软铅丝压扁后的厚度（mm）。

  a_1、a_2、c_1、c_2——轴瓦接合面上软铅丝压扁后的厚度（mm）。

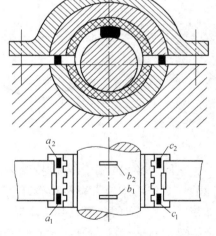

图 10-7 压铅测量轴承顶间隙

按上述方法测得的顶间隙值如小于规定数值时，应在上下轴瓦接合面间加垫片来重新调整。如大于规定数值时，则应减去垫片或刮削轴瓦接合面来调整。

（2）塞尺测量法 对于轴径较大的轴承，可用宽度较窄的塞尺直接塞入轴承间隙内，测出轴承顶间隙和侧间隙。对于轴径较小的轴承，因轴承间隙小，测量的相对误差大，故不宜采用。必须注意，采用塞尺测量法测出的间隙，总是略小于轴承的实际间隙。

对于受轴向载荷的轴承还应检查和调整轴向间隙。测量轴向间隙时，可将轴推移至轴承一端的极限位置。然后用塞尺或千分表测量。如轴向间隙不符合规定，可修刮轴瓦端面或调

整止推螺钉。

10.2　滚动轴承的间隙与测量调整

滚动轴承由外圈、内圈、滚动体、保持架四部分组成，工作时滚动体在内、外圈的滚道上滚动，形成滚动摩擦。它具有阻力小、效率高、轴向尺寸小、装拆方便等优点，是机械设备中最常见，也是最重要的零件。

10.2.1　滚动轴承的分类

滚动轴承是由轴承企业制造的标准机械零件，种类繁多，型号复杂，规格各异。根据 GB/T 271—2008《滚动轴承　分类》标准，有如下分类：

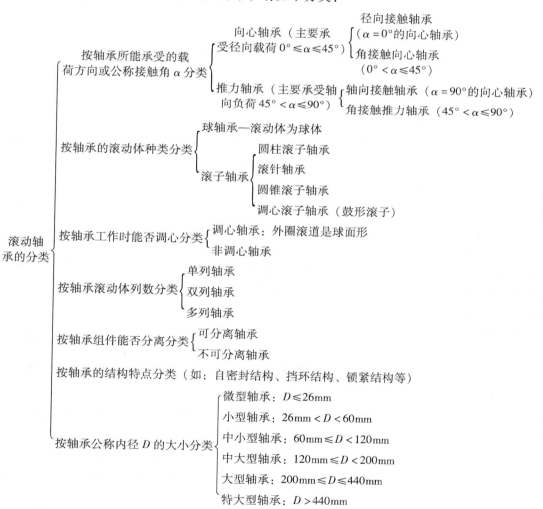

图 10-8 ～ 图 10-10 为大多数机械设备常用的滚动轴承图例。

深沟球轴承 　角接触球轴承 　圆锥滚子轴承 　圆柱滚子轴承 　调心球轴承 　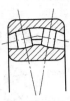调心滚子轴承

图 10-8　单列向心类轴承　　　　　　　图 10-9　双列自调心类轴承

推力球轴承　　　　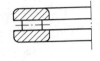推力圆柱滚子轴承　　　　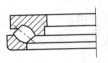推力调心滚子轴承

图 10-10　轴向推力类轴承

10.2.2　滚动轴承的精度等级与配合制度

1. 滚动轴承的精度等级

滚动轴承的基本尺寸精度和旋转精度，按 GB/T 272—1993 规定，在原来五个等级 P0、P6、P5、P4、P2 的基础上，增加了 P 6X、SP、UP 三个等级。

基本尺寸精度是指轴承内径、外径和宽度等尺寸的加工精度。旋转精度是指内圈和外圈的径向跳动，内圈的端面圆跳动，外圈表面对基准面的垂直度以及内外圈端面的平行度等。具体数值可查有关轴承手册。

各类轴承都制造有 P0 级精度的产品。高于 P0 级的各类轴承，只制造其中若干精度等级。选用高精度轴承时，相配的轴与轴承座孔的加工精度也相应提高。如与 P0 级精度相配的轴，其公差等级一般为 IT6，轴承座孔一般为 IT7；而精度要求较高的轴和孔（如电动机等）应选：轴 IT5、孔 IT6。

2. 滚动轴承配合的制度

滚动轴承是专业生产厂家大量生产的标准部件，其内径和外径出厂时均已按国家标准确定。因此轴承的内径与轴的配合应为基孔制，外径与轴承座孔的配合应为基轴制。配合的松紧程度由轴和轴承座孔的尺寸公差来保证。

轴和轴承座孔公差带与轴承内径和外径公差带的相对位置，如图 10-11 和图 10-12 所示。图中 Δd_{mp} 为轴承内径公差；ΔD_{mp} 为轴承外径的公差。

若轴承内径与轴为过渡配合，轴的公差选择 h6、h5，采用打击法装配，轴的公差选择 j5、js6、j6，采用压装法装配；轴的公差选择 k5～m6，为过盈配合，只能采用油浴加热法装配。

从机械制造的加工方面看，零件的精度分布不是正态的。加工孔时，多数零件的尺寸偏于下限；而加工轴时，多数零件的尺寸偏于上限。因为这样，保留了较多的金属材料，也就保留了再次对尺寸精度、表面粗糙度进行修正的余量。

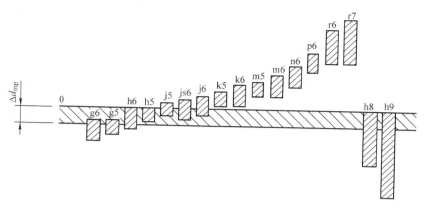

图 10-11　轴承内径与轴的配合关系

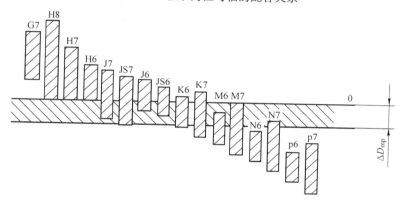

图 10-12　轴承外径与轴承座孔的配合关系

一般情况下，轴承外径与轴承座孔的配合不取过盈配合，因为要预留轴承工作时的热膨胀量。当工作温度与环境温度的温差较小时，轴承座孔的尺寸精度可取 JS6、K6、K7；而当温差较大时，取 J6、J7。

3. 滚动轴承配合的选用

滚动轴承内圈与轴颈的配合，外圈与轴承座孔的配合，一般大多选用过渡配合，其配合间隙和过盈量直接影响轴承工作性能、精度和使用寿命。轴承压装入轴颈和轴承座孔后，会使轴承的径向间隙减少，其减少量可用下式算出：

当内圈压配在轴颈上时　$\Delta = (0.55 \sim 0.6)Y$　　　　　　　　　　　　　　(10-5)

当外圈压配在轴承座孔中时　$\Delta = (0.63 \sim 0.7)Y$　　　　　　　　　　　　　(10-6)

式中　Δ——安装后径向间隙减少量（μm）；

　　　Y——轴承安装时的过盈量（μm）。

这个径向间隙减少量直接影响轴承工作时允许的热膨胀量，轴承温度较高，而允许的热膨胀量不够，将给轴承产生很大的附加热载荷，使轴承的工作寿命急剧下降。

向心类轴承和自调心类轴承与轴颈的配合公差选择见表 10-2，与轴承座孔的配合公差选择见表 10-3。

表 10-2　向心类轴承和自调心类轴承与轴颈的配合公差

配合适用场合		相配机械实例	轴承内径/mm	轴径配合公差/μm			
转动方式	工作性质			P0, P6	P5	P4	P2
主轴转动	轻载，对精度有严格要求的轴承	精密机床和高速机械	<80	j5	js5	+5	±2
			80 以上	k5	k4	+8	±4
			18~100	j5, js5, js6	Js4, j5, js5	—	
			100~200	k5, k6	k4, k5	—	
	轻载或普通载荷	离心机，风机，离心泵，齿轮箱	<18	h5			—
			18~100	j6			
			100~200	k6			
	普通载荷或重载	一般通用机械，电动机，水泵，汽轮机，汽车，涡轮机，拖拉机，变速器	<18	j5			
			18~100	k5			
			100~140	m5			
			140~200	m6			
			200~280	n6			
座体转动	普通载荷或重载	—	所有内径	g6			—
				h6			

表 10-3　向心类轴承和自调心类轴承与轴承座孔的配合公差

配合适用场合		相配机械实例	轴承外径/mm	轴承座孔配合公差/μm		
转动方式	工作性质			P0, P6	P5, P4	P2
主轴转动	轻载，对精度有严格要求的轴承	精密和高速运转	精密磨床主轴	<80	—	−(2~6)	
				>80	—	−(3~6)	
		精密和平稳运转	精密机械	Js6	Js5	—
			高速机械	Js6, K6		
		精密运转并承受变载荷	机床主轴	<125	M6		
				125~250	N6		
				>250	P6		
	轻载或普通载荷	鼓风机、离心泵	J7		
		普通机床主轴	Js6		
	普通载荷或重载	汽车、拖拉机	M7、K7、J7		
		普通磨床主轴前轴承	K6		
		内燃机曲轴轴承	Js7、Js6		
座体转动	普通载荷或重载	重型机床、铣床主轴	K6		
		汽车、拖拉机、压缩机曲轴轴承	M7		

10.2.3　滚动轴承的装配工艺

1. 装配前的准备工作

滚动轴承是一种精密部件，其内外圈和滚动体都具有较高的精度和较低的表面粗糙度值，认真做好装配前的准备工作，是保证装配质量的重要环节。

1）按需要装配的轴承，准备好所需的工具和量具。

2）按图样的要求检查与轴承配合的零件，如轴、轴承座，检查端盖等表面是否有凹陷、毛刺、锈蚀和固体的微粒。

3）用汽油或煤油清洗与轴承配合的零件，并用干净的布仔细擦净，然后涂上一层薄油。

4）检查轴承型号、数量与图样要求是否一致。

5）清洗轴承时，对用防锈油封存的轴承，可用汽油或煤油清洗；对用厚油和防锈油脂防锈的轴承，可用轻质矿物油加热溶解清洗（油温不超过 100℃），把轴承浸入油内，待防锈油脂溶化后即从油中取出，冷却后再用汽油或煤油清洗。经过清洗的轴承不能直接放在工作台上，应垫以干净的布或纸。

对于两面带防尘盖、密封圈或涂有防锈润滑两用油脂的轴承不需进行清洗。

2．滚动轴承的装配方法

滚动轴承的装配方法应根据轴承的结构、尺寸大小和轴承部件的配合性质而定。装配时的压力应直接加在待配合的套圈端面上，不能通过滚动体传递压力。

（1）内圈圆柱孔滚动轴承的装配　内圈圆柱孔的滚动轴承是最常用的轴承。一般来说，主轴转动的轴承其内圈与轴颈的配合为较紧的配合，座体转动的轴承其外圈与轴承座孔的配合为较紧的配合。安排工序时，较紧的配合先装，较松的配合后装。

根据配合的松紧程度，装配方法分为：锤入法、压装法、油浴热装法。这些方法没有截然的分界，主要受装配现场的装配机具条件所限制，当然大过盈量的装配必须采用油浴热装法。

锤入法用于几乎没有过盈的配合，其装配过程和步骤如下：

1）在干净的两装配表面涂上润滑油。

2）轴承内圈（或外圈）对正轴（或座孔），开始时，先用手锤的木柄打击轴承内圈（或外圈），要对称地打击到内圈（或外圈）的圆周，保持内圈（或外圈）均匀地装入。

3）装到一定程度，用铜棒垫在轴承内圈（或外圈）上，用锤头打击铜棒，继续对称、均匀地推进，直到轴承装入到位。

4）严禁打击保持架或滚动体。打击力的作用点应靠近配合面。

锤入法需要的工装机具条件最少，适合小规模的现场维修装配。

压装法是使用压力机具将轴承压入到装配部位，用于过盈量不大的装配要求。装配步骤的前两步与锤入法相同，涂润滑油与对正、压入时，使用预先准备的压套垫在轴承上，在压力机的推力下，压装到位。

压装法和锤入法属于冷装配，适用于所有的小直径轴承装配。大过盈量的轴承装配或大直径的轴承装配因为过盈量的绝对数值大，压入法会挤伤配合表面，达不到所需的配合抱紧力，只能采用油浴热装法。

油浴热装法是将轴承加热，使内圈的直径热膨胀到轻松推入轴颈的程度来进行装配。油温加热到 100℃ 左右（低于油的闪点温度），用铁丝作成挂钩，将轴承挂在钩子上，入油槽 10~30min（加热时间依轴承大小而定），注意轴承不许落底，防止加热不均匀，可在油槽内放置网格物垫起。装配时，用专用的耐高温手套（俗称手闷子）捧着轴承一次装配到位。

注意：热装时，中途不得停止。轴承一旦冷却，就极难再移动。

（2）内圈圆锥孔滚动轴承的装配　圆锥孔滚动轴承可直接装在带有锥度的轴颈上，或装在退卸套和紧定套的锥面上，如图10-13所示。这种轴承一般要求有比较紧的配合，但这种配合不是由轴颈的尺寸公差决定的，而是由轴颈压进锥形配合面的深度决定的。配合的松紧程度，靠在装配过程中时时测量径向游隙进行把握。对不可分离型的滚动轴承的径向游隙，可用塞尺测量。对可分离的圆柱滚子轴承，可用外径千分尺测量内圈装在轴上后的膨胀量，用其作为径向游隙的减小量。

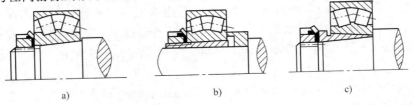

図 10-13　圆锥孔滚动轴承的装配
a）直接装在锥度轴颈上　b）装在紧定套上　c）装在退卸套上

（3）推力球轴承的装配　对于推力球轴承在装配时，应注意区分紧环和松环，松环的内孔比紧环的内孔大，故紧环应靠在轴肩端面上（图10-14），如左端的紧环靠在圆螺母的端面上，若装反了将使滚动体丧失作用，同时会加速配合零件间的磨损。

推力球轴承的游隙可用圆螺母来调整。

10.2.4　滚动轴承的游隙及调整

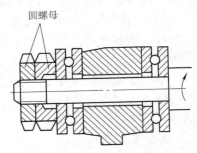

図 10-14　推力球轴承的装配

滚动轴承的游隙调整是为了保证轴在轴承中能均匀地转动，以及使轴在受热时能不受阻碍地热膨胀伸长。

1. 滚动轴承的游隙

滚动轴承的游隙有两个概念：一个是指单个轴承自身而言，另一个是指整个轴系的两个支承轴承而言。为了区分，也有将后者称为轴承的轴向间隙。

所谓游隙是将轴承的一个套圈（内圈或外圈）固定，另一套圈沿径向或轴向的最大活动量。如图10-15所示，滚动轴承的游隙分径向游隙和轴向游隙两类。

径向的最大活动量称为径向游隙，轴向的最大活动量称轴向游隙。两类游隙之间存在正比关系：一般说来，径向游隙越大，轴向游隙也越大；反之径向游隙越小，轴向游隙也越小。

（1）轴的径向游隙　轴承径向游隙的大小，通常作为轴承旋转精度高低的一项指标。由于轴承所处的状态不同，径向游隙分为原始游隙、配合游隙和工作游隙。

1）原始游隙。轴承在未安装前自由状态下的游隙。

2）配合游隙。轴承装配到轴上和轴承座内的轴承内部游隙。配合游隙的大小由过盈量决定。配合游隙一般小于原始游隙。由于轴及轴承座孔的圆度影响，配合游隙沿圆周方向是非均匀的。最小游隙出现在轴颈椭圆的长轴与轴承座孔椭圆的短轴重合时。

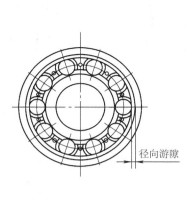
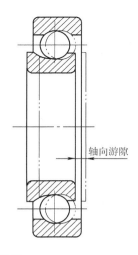

径向游隙

轴向游隙

图 10-15　滚动轴承的游隙

3）工作游隙。轴承在工作时，因内、外圈的温度差产生的非均匀热膨胀使配合游隙减小，又因工作载荷的作用，使滚动体与套圈产生弹性变形而使游隙增大。

（2）轴承的轴向游隙　由于有些轴承结构上的特点是为了提高轴承的旋转精度，减小或消除其径向游隙，利用轴向游隙的调整来改变径向游隙。所以有些轴承的游隙必须在装配或使用过程中，通过调整轴承内、外圈的相对位置而确定。例如角接触球轴承和圆锥滚子轴承等，在调整游隙时，通常是将轴向游隙值作为调整和控制游隙大小的依据。

（3）轴承的轴向间隙　轴承的轴向间隙指的是在轴的一端轴承为定位轴承，另一端为热膨胀自由轴承条件下，所允许的最大轴向伸长量。

2. 滚动轴承的预紧

某些高精度的切削机床主轴需要高精度的旋转，当然这种设备的工作条件需要恒温环境。这就需要通过轴承预紧来调整滚动轴承的游隙。预紧的原理如图 10-16 所示，即在装配角接触球轴承或深沟球轴承时，如给轴承内圈或外圈以一定的轴向预负荷 F，这时内、外圈将发生相对位移，位移量可用百分表测出。结果消除了内、外圈与滚动体的游隙，并产生了初始接触的弹性变形，这种方法称为预紧。预紧后的轴承便于控制正确的游隙，从而提高轴的旋转精度。

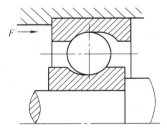

图 10-16　轴承预紧原理

凡是经过预紧的轴承，即为轴系的定位轴承端，另一端为热膨胀自由端。预紧方式有三种，如图 10-17 所示。

3. 滚动轴承的轴向间隙

滚动轴承的径向游隙分为不可调和可调两种，因此轴向间隙的计算也有两种方法。

（1）径向游隙不可调轴承　因为轴系在工作时受热膨胀会产生轴向伸长，这样内、外圈相对移动而使轴承中的径向游隙减小，甚至使滚动体在内、外圈之间卡住，发生烧损。所以在双支承的轴系中，常常将其中一个轴承与端盖间预留轴向间隙 δ，δ 的计算公式为

$$\delta = L\alpha\Delta t + 0.15\text{mm} \tag{10-7}$$

式中　L——轴承间的距离（mm）；

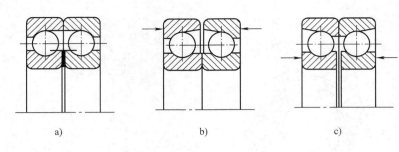

图 10-17 预紧方式

a) 利用内外圈垫片的厚度差　b) 利用窄外圈　c) 利用窄内圈

α——钢的热膨胀系数，$\alpha = (10.6 \sim 12.2) \times 10^{-6}\text{℃}^{-1}$；

Δt——轴的最大工作温度与安装时的温度之差（℃）。

0.15mm——考虑到轴和孔椭圆度影响所加的补偿量。

按上式确定的轴向间隙只应用于径向游隙与轴向游隙均不可调整的轴承，而不适用于单列径向滚柱轴承、长滚柱轴承和螺旋滚柱轴承，由于这类轴承对轴的热伸长没有妨碍，因此这类轴承在外圈两端不许留有间隙。

（2）径向游隙可调轴承　圆锥滚子轴承是在装配时需要调整间隙的轴承之一。其间隙分为两部分：轴热伸长所需的间隙，径向热膨胀量在轴向上的所需长度。

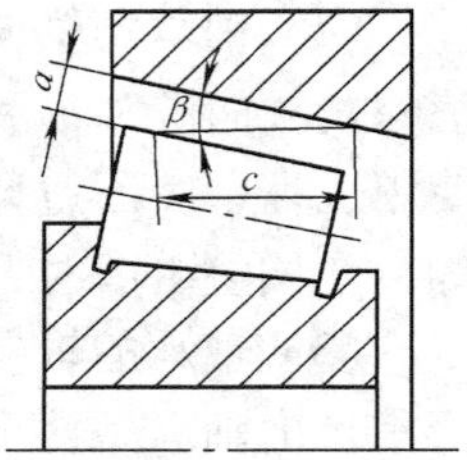

径向热膨胀量在轴向上所需长度 c（单位 mm，图 10-18）的计算公式为

$$c = \frac{D\alpha\Delta t}{\tan\beta} \tag{10-8}$$

图 10-18　圆锥滚柱
轴承间隙

式中　D——轴承外径（保守计算）（mm）；

α——钢的热膨胀系数，$\alpha = (10.6 \sim 12.2) \times 10^{-6}\text{℃}^{-1}$；

Δt——轴的最大工作温度与安装时的温度之差（℃）；

β——圆锥角（标准系列，$\beta = 10° \sim 16°$）。

圆锥滚子轴承的轴向间隙

$$\lambda = \delta + c \tag{10-9}$$

4. 滚动轴承的发热原因

滚动轴承发热是因为在运转过程中其内部存在摩擦，严重的摩擦会造成轴承过度发热，甚至烧损。过度发热会造成原调整的间隙不够，轴承产生过大的附加应力，进一步破坏润滑条件，减少轴承的工作寿命。轴承摩擦的程度取决于：

1）滚动体与滚道之间相对运动的形式（滚动、滑动、窜动）、速度的大小和持续的时间。

2）载荷作用在轴承上的压力的大小。它一方面直接影响接触面摩擦力的大小，另一方面影响弹性变形的程度，这种弹性变形会引起金属内部晶粒间的摩擦。运动摩擦和弹变摩擦都会发热。

3）轴承材料摩擦因数的大小。

4）轴承装配是否正确。它分为两方面：受力的平均程度，间隙的合适程度。

5）润滑状态。

6）轴承的老化程度。

解决轴承发热的关键在于找到引起发热的主要原因（有时不止一个），然后对症下药，采取相应的措施，才能很好地解决轴承发热的问题。

5．滚动轴承的润滑

为了减小滚动轴承摩擦和减轻磨损，必须维持良好的润滑。润滑还具有防止锈蚀、加强散热、吸收振动和降低噪声等作用。

滚动轴承的润滑剂分润滑油、润滑脂和固体润滑剂三类。

（1）润滑油　润滑油的内摩擦较小，在高速和高温条件下仍具有良好的润滑性能。高速轴承一般均采用油润滑，如图 10-19 所示。当转速高于 10 000r/min 时，需采用滴油或雾化等方法进行润滑。

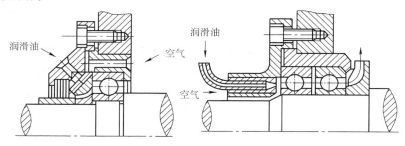

图 10-19　轴承的油润滑

（2）润滑脂　润滑脂不易渗漏，不需经常添加，而且密封装置简单，维护保养也较方便，并有防尘和防潮能力，但其内摩擦大，且其稀稠程度受温度变化的影响较大。所以润滑脂一般常用于转速和温度都不很高的场合。

（3）固体润滑剂　当一般润滑油和润滑脂不能满足使用要求时，可采用固体润滑剂。常用的固体润滑剂是二硫化钼，它可以作为润滑脂的添加剂，也可用粘结剂将其粘接在滚道、保持器和滚动体上，形成固体润滑膜。

10.3　齿轮的装配与调整

齿轮传动的装配是机器检修时比较重要、要求较高的工作。装配良好的齿轮传动，噪声小，振动小，使用寿命长。要达到这样的要求，必须控制齿轮的制造精度和装配精度。

齿轮传动装置的形式不同，装配工作的要求是不同的。

封闭齿轮箱且采用滚动轴承的齿轮传动，安装啮合齿轮对的两轴中心距和相对位置完全由箱体轴承孔的加工精度来决定。齿轮传动的装配工作只是通过修整齿轮传动的制造偏差，没有两轴装配的内容。封闭齿轮箱采用滑动轴承时，在轴瓦的刮研过程中，使两轴的中心距和相对位置在较小范围内得到适当的调整。

对具有单独轴承座的开式齿轮传动，在装配时除了修整齿轮传动的制造偏差，还要正确装配齿轮轴，这样才能保证齿轮传动的正确连接。

10.3.1 齿轮传动的精度等级与公差

这里主要介绍最常见的圆柱齿轮传动的精度等级及其公差。

1. 圆柱齿轮的精度

圆柱齿轮的精度包括以下四个方面：

（1）传递运动准确性精度 它是指齿轮在一转范围内，齿轮的最大转角误差在允许的偏差内，从而保证从动件与主动件的运动协调一致。

（2）传动的平稳性精度 它是指齿轮传动瞬时传动比的变化。由于齿形加工误差等因素的影响，齿轮在传动过程中出现转动不平稳，引起振动和噪声。

（3）接触精度 它是指齿轮传动时，齿与齿的表面接触是否良好。接触精度不好，会造成齿面局部磨损加剧，影响齿轮的使用寿命。

（4）齿侧间隙 它是指齿轮传动时非工作齿面间应留有一定的间隙，这个间隙对储存润滑油、补偿齿轮传动受力后的弹性变形、热膨胀以及齿轮传动装置制造误差和装配误差等都是必须的。否则，齿轮在传动过程中可能造成卡死或烧伤。

目前，我国使用的圆柱齿轮精度标准是 GB/T 10095.1—2008，该标准对齿轮及齿轮副规定了13个精度等级，精度由高到低依次为0，1，2，3，…，12级。0、1、2级精度的加工工艺和测量手段要求较高，属于待发展的精度等级。3、4级属精密等级；6~8级属中等精度等级，常用于机床中；9~12级为低精度级。该标准规范了齿轮的传递运动准确性精度、传动的平稳性精度、接触精度等，一般情况下，选用相同的精度等级。根据齿轮使用要求和工作条件的不同，允许选用不同的精度等级。选用不同的精度等级时以不超差一级为宜。

确定齿轮精度等级的方法有计算法和类比法。多数场合采用类比法，类比法是根据以往产品设计、性能实验、使用过程中所积累的经验以及较可靠的技术资料进行对比，从而确定齿轮的精度等级。

表10-4列出了各种机械中齿轮的精度等级。

2. 圆柱齿轮公差

按齿轮各项误差对传动的主要影响，将齿轮的各项公差分为Ⅰ、Ⅱ、Ⅲ3个公差组。第Ⅰ组为运动精度指标，有齿圈径向圆跳动公差、公法线长度变动公差等项。第Ⅱ组为工作平稳性指标，有齿距和基节极限偏差、切向和径向综合公差等指标。第Ⅲ组是接触精度指标，有齿向公差、接触线公差等项指标。

表 10-4 各种机械中齿轮的精度等级

应用范围	精度等级	应用范围	精度等级
测量仪器	3~5	拖拉机	6~10
汽轮机减速器	3~6	一般用途减速机	6~9
金属切削机床	3~6	轧钢设备（小齿轮）	6~10
内燃机和电气机车	6~7	矿用绞车	8~10
轻型汽车	5~8	起重机构	7~10
重型汽车	6~9	农用机械	8~11
航空发动机	4~7	—	—

在生产中，不必对所有公差项目同时进行检验，而是将同一公差级组内的各项指标分为若干个检验组，根据齿轮副的功能要求和生产规模，在各公差组中，选定一个检验组来检验齿轮的精度。

选择检验组时，应根据齿轮的规格、用途、生产规模、精度等级、齿轮的加工方式、计量仪器、检验目的等因素综合分析并合理选择。

10.3.2　齿轮传动的装配

1. 圆柱齿轮的装配

对于金属压力加工、冶金和矿山机械的齿轮传动，由于传动力大，圆周速度不高，因此齿面接触精度和齿侧间隙要求较高，而对运动精度和工作平稳性精度要求不高。齿面接触精度和适当的齿侧间隙与齿轮与轴、齿轮轴组件与箱体的正确装配有直接关系。

圆柱齿轮传动的装配过程，一般是先把齿轮装在轴上，再把齿轮轴组件装入齿轮箱。

（1）齿轮与轴的装配　齿轮与轴的连接形式有空套连接、滑移连接和固定连接三种。

空套连接的齿轮与轴的配合性质为间隙配合，其装配精度主要取决于零件本身的加工精度。因此，在装配前应仔细检查轴、孔的尺寸是否符合要求，以保证装配后的间隙适当，装配中还可将齿轮内孔与轴进行配研，通过对齿轮内孔的修刮使空套表面的研点均匀，从而保证齿轮与轴接触的均匀度。

滑移连接的滑移齿轮与轴之间仍为间隙配合，一般多采用花键联结，其装配精度也取决于零件本身的加工精度。装配前应检查轴和齿轮相关的表面和尺寸是否合乎要求；对于内孔有花键的齿轮，其花键孔会因热处理而使直径缩小，可在装配前用花键推刀修整花键孔，也可用涂色法修整其配合面，以达到技术要求。装配完成后应注意检查滑移齿轮的移动灵活程度。不允许有沮滞，同时用手扳动齿轮时，应无歪斜、晃动等现象。

固定连接的齿轮与轴的配合，轻载齿轮多为过渡配合（有少量的过盈），重载齿轮多采用过盈配合。对于过盈量不大的齿轮和轴在装配时，可用锤子敲击装入；当过盈量较大时可用热装法或专用工具进行压装；过盈量很大的齿轮，则可采用液压无键连接等装配方法将齿轮装在轴上。在进行装配时，要尽量避免齿轮出现齿轮偏心、齿轮歪斜和齿轮端面未贴紧轴肩等情况。

对于精度要求较高的齿轮传动机构，齿轮装到轴上后，应进行径向圆跳动和端面圆跳动的检查。其检查方法如图 10-20 所示，将齿轮轴架在两顶尖上（或 V 形铁上），测量齿轮径向圆跳动量时，在齿轮齿间放一圆柱检验棒，将千分表测头触及圆柱检验棒上素线得出一个读数，然后转动齿轮，每隔 3～4 个轮齿测出一个读数，在齿轮旋转一周范围内，千分表读数的最大代数差即为齿轮的径向圆跳动误差。

检查端面圆跳动量时，将千分表的测头触及齿轮端面上，在齿轮旋转一周范围内，千分表读数的最大代数差即为齿轮的端面圆跳动误差（测量时注意保证轴不发生轴向窜动）。

（2）圆柱齿轮传动装配的技术要求　对各种齿轮传动机构的基本技术要求是：传递运动准确，传递平稳均匀，冲击振动和噪声小，承载能力强以及使用寿命长等。

为了达到上述要求，除齿轮和箱体、轴等必须分别达到规定的尺寸和技术要求外，还必须保证装配质量。

对齿轮传动机构的装配技术要求是：

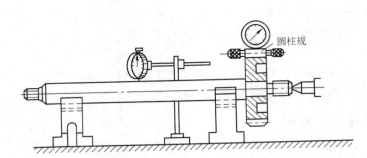

图 10-20　齿轮径向圆跳动误差的检查

1）配合齿轮孔与轴的配合要满足使用要求。例如，对固定连接齿轮不得有偏心和歪斜现象；对滑移齿轮不应有咬死或阻滞现象；对空套在轴上的齿轮，不得有晃动现象。

2）中心距和侧隙。保证齿轮有准确的安装中心距和适当的侧隙。侧隙过小，齿轮传动不灵活，热胀时会卡齿，从而加剧齿面磨损；侧隙过大，换向时空行程大，易产生冲击和振动。

3）齿面接触精度。保证齿面有一定的接触斑点和正确的接触位置，这两者是有联系的，接触位置不正确同时也反映了两啮合齿轮的相互位置误差。

4）齿轮定位。变换机构应保证齿轮准确的定位，其错位量不得超过规定值。

5）平衡。对转速较高的大齿轮，一般应在装配到轴上后再作动平衡检查，以免振动过大。

（3）齿轮轴组件与箱体的装配　齿轮轴组件装入箱体是保证齿轮啮合质量的关键工序。因此在装配前，除了对齿轮、轴及其他零件的精度进行认真检查外，对箱体的相关表面和尺寸也必须进行检查，检查的内容一般包括孔中心距、各孔轴线的平行度、轴线与基面的平行度、孔轴线与端面的垂直度以及孔轴线间的同轴度等。检查无误后，再将齿轮轴组件按图样要求装入齿轮箱内。

（4）装配质量检查　齿轮组件装入箱体后，啮合质量主要通过齿轮副中心距偏差、齿侧间隙、接触精度等进行检查。

1）测量中心距偏差值。中心距偏差可用内径千分尺测量。图 10-21 为内径千分尺及方水平尺测量中心距示意图。

2）齿侧间隙检查。齿侧间隙的大小与齿轮模数、精度等级和中心距有关。齿侧间隙大小在齿轮圆周上应当均匀，以保证传动平稳，没有冲击和噪声；在齿的长度上应相等，以保证齿轮间接触良好。

齿侧间隙的检查方法有压铅法和千分表法两种。

① 压铅法。此法简单，测量结果比较准确，应用较多。具体测量方法是：如图 10-22 所示，在小齿轮齿宽方向上放置两根以上的铅丝（可用供电用的熔丝代替），铅丝的直径根据间隙的大小选定，铅丝的长度以压上 3 个齿为好，并用干油粘在齿上。转动齿轮将铅丝压好后，用千分尺或分度值为 0.02mm 的游标卡尺测量压扁的铅丝的

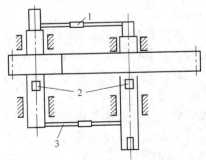

图 10-21　齿轮中心距的测量
1、3—内径千分尺　2—方水平尺

厚度。在每条铅丝的压痕中，厚度小的是工作侧隙，厚度较大的是非工作侧隙，最厚的是齿顶间隙。轮齿的工作侧隙和非工作侧隙之和即为齿侧间隙。

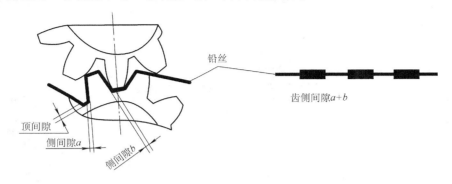

图 10-22　压铅法测量齿侧间隙

② 千分表法。此法用于较精确的啮合。如图 10-23 所示，在上齿轮轴上固定一个摇杆 1，摇杆尖端支在千分表 2 的测头上，千分表安装在平板上或齿轮箱中。将下齿轮固定，在上下两个方向上微微转动摇杆，记录千分表指针的变化值，则齿侧间隙 C_0 的计算式为

$$C_0 = C\frac{R}{L} \tag{10-10}$$

式中　C——千分表上读数值（mm）；

R——上部齿轮节圆半径（mm）；

L——两齿轮中心线至千分表测头之距离（mm）。

当测得的齿侧间隙超出规定值时，可通过改变齿轮轴位置和修配齿面来调整。

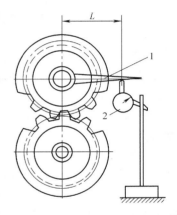

图 10-23　千分表测量侧间隙
1—摇杆　2—千分表

3）齿轮接触精度的检验。评定齿轮接触精度的综合指标是接触斑点，即装配好的齿轮副在轻微制动下运转后齿侧面上分布的接触痕迹。可用涂色法检查，方法是：将齿轮副的一个齿轮侧面涂上一层红铅粉，并在轻微制动下，按工作方向转动齿轮 2～3 转，检查在另一齿轮侧面上留下的接触斑点。正常啮合的齿轮，接触斑点应在节圆处上下对称分布，并有一定面积，具体数值可查有关手册。

影响齿轮接触精度的主要因素是齿形误差和装配精度。若齿形误差太大，会导致接触斑点位置正确，但面积小，此时可在齿面上加研磨剂并转动两齿轮进行研磨以增加接触面积；若齿形正确但装配误差大，在齿面上易出现各种不正常的接触斑点，可在分析原因后采取相应措施进行处理。

如图 10-24 所示，可根据接触斑点的分布判断啮合情况。齿轮副接触斑点的技术要求见表 10-5。

4）测量轴心线平行度误差值。轴心线平行度误差包括水平方向轴心线平行度误差 δ_x，和垂直方向平行度误差 δ_y。水平方向轴心线平行度误差 δ_x 的测量，可先用内径千分尺测出两轴两端的中心距尺寸，然后计算出平行度误差 δ_x。垂直方向平行度误差 δ_y 的测量，可用千分表法，也可用涂色法及压铅法。

 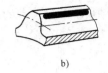 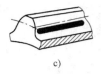 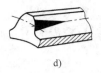

a)　　　　　　b)　　　　　　c)　　　　　　d)

图 10-24　圆柱齿轮的接触斑点位置

a）正确的　b）中心距太大　c）中心距太小　d）中心距歪斜

表 10-5　齿轮副的接触斑点技术要求

接触斑点	齿　轮　精　度　等　级											
	1	2	3	4	5	6	7	8	9	10	11	12
按齿高不少于（%）	65	65	65	60	55 (45)	50 (40)	45 (35)	40 (30)	30	25	20	15
按齿长不少于（%）	95	95	95	90	80	70	60	50	40	30	30	30

注：括号内数值，用于轴向重合度大于 0.8 的斜齿轮。

2. 锥齿轮的装配

锥齿轮的装配与圆柱齿轮的装配基本相同。所不同的是锥齿轮传动两轴线相交，交角一般为 90°。装配时值得注意的问题主要是轴线夹角的偏差、轴线不相交偏差和分度圆锥顶点偏移，以及啮合齿侧间隙和接触精度应符合规定要求。

锥齿轮传动轴线的几何位置一般由箱体加工所决定，箱体内主、从动轴孔的垂直度误差按图 10-25 所示检查。

接触精度也用涂色法进行检查，当载荷很小时，接触斑点的位置应在齿宽中部稍偏小端，接触长度约为齿长的 2/3。载荷增大，斑点位置向齿轮的大端方向延伸，在齿高方向也有扩大。如装配不符合要求，应进行调整。

轴线的轴向定位一般以锥齿轮的背锥作为基准，装配时使背锥面平齐，以保证两齿轮的位置正确。锥齿轮装配后要检查齿侧间隙和接触精度。齿侧间隙一般是检查法向侧隙，检查方法与圆柱齿轮相同。若齿侧间隙不符合规定，可通过齿轮的轴向位置进行调整（图 10-26、图 10-27）。

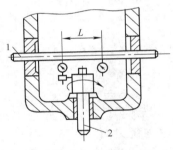

图 10-25　轴孔垂直度检查

1—检验轴　2—主测轴

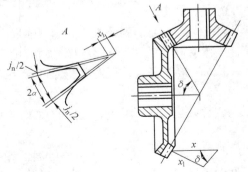

图 10-26　轴向调整量与侧隙的关系

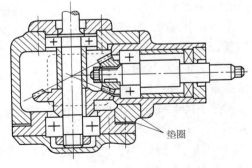

图 10-27　锥齿轮的轴向调整

直齿圆锥齿轮的齿侧间隙 C_0 与轴向调整量 x 的关系，按下列近似公式计算，即

$$x \approx \frac{C_0}{2\sin\alpha\sin\delta}$$（10-11）

式中　α——齿形角；

　　　δ——节锥角。

3. 蜗轮蜗杆的装配

（1）蜗杆传动的装配要求　蜗杆传动机构装配时，要解决的主要问题是位置要正确。为达到该目的，在装配时必须严格控制下列方面的装配误差：蜗轮和蜗杆轴心线的垂直度误差，蜗杆轴心线与蜗轮中间平面之间的偏移，蜗轮与蜗杆啮合时的中心距误差，蜗轮与蜗杆啮合侧隙误差，蜗轮与蜗杆的接触面积误差。

装配时，首先安装蜗轮，将蜗轮装配到轴上的过程和检查方法均与装配圆柱齿轮相同，装配前，应首先检查箱体孔中心线和轴心线的垂直度误差和中心距误差。

（2）蜗杆传动的装配步骤　其装配步骤是：将蜗轮轮齿圈压装在轮毂上，并用螺钉固定；将蜗轮装配到蜗轮轴上；将蜗轮轴组件安装到箱体上；装配蜗杆，蜗杆轴心线位置由箱体孔所确定。

（3）装配质量检查　蜗轮蜗杆装配质量的检查主要包括以下几个方面：蜗轮与蜗杆轴心线垂直度通常用摇杆和千分表检查，蜗轮与蜗杆中心距通常用内径千分尺检查（图10-28），蜗杆轴心线与蜗轮中间平面之间的偏移量通常用样板法和挂线法检查。蜗轮与蜗杆啮合侧隙误差可用塞尺、千分表检查，有直接测量法和间接测量法。蜗轮与蜗杆的啮合接触面积误差的检查方法是：将蜗轮蜗杆装入箱体后，将红铅粉涂在蜗杆螺旋面上，转动蜗杆，用涂色法检查蜗杆与蜗轮的相互位置接触面积和接触斑点等情况。

蜗杆传动装配后出现的各种偏差，可以通过移动蜗轮中间平面的位置改变啮合接触位置来修正，也可刮削蜗轮的轴瓦，找正中心线偏差。装配后还应检查蜗杆传动是否灵活。

图 10-29a 中，正确的接触斑点在中部偏蜗杆旋出方向；图 10-29b、c 都是蜗杆中心不在蜗轮对称线上所显示的接触斑点，需要调整蜗轮两端的垫圈。

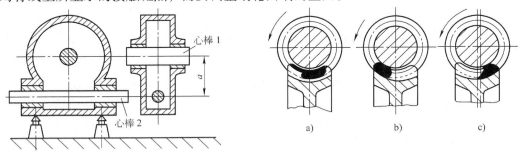

图 10-28　检查中心距　　　　　　　　　图 10-29　蜗轮齿面上的接触斑点

10.4　联轴器对中调整

联轴器用于连接不同机器或部件，将主动轴的运动及动力传递给从动轴。联轴器的装配内容包括两方面：一是将轮毂装配到轴上，二是联轴器的找正和调整。

轮毂与轴的装配大多采用过盈配合，装配方法可采用压入法、冷装法、热装法及液压装配法，这些方法的工艺过程不在本书范围内，下面的内容只讨论联轴器的找正和调整。

10.4.1 联轴器装配的技术要求

联轴器装配的主要技术要求是保证两轴线的同轴度。过大的同轴度误差将使联轴器、传动轴及其轴承产生附加载荷，其结果是会引起机器的振动、轴承的过早磨损、机械密封的失效，甚至发生疲劳断裂事故。因此，联轴器装配时，总的要求是其同轴度误差必须控制在规定的范围内。

1. 联轴器在装配中偏差情况的分析

1) 两半联轴器既平行又同心，如图 10-30a 所示。这时 $S_1 = S_3$，$a_1 = a_3$，此处 S_1、S_3 表示联轴器上方（0°）和下方（180°）两个位置上的轴向间隙，a_1、a_3 表示联轴器上方（0°）和下方（180°）两个位置上的径向间隙。

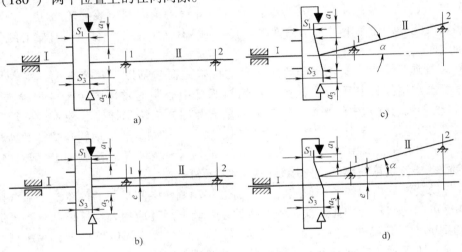

图 10-30　联轴器找正时可能遇到的四种情况

1、2—轴承座支点

2) 两半联轴器平行，但不同心，如图 10-30b 所示。这时 $S_1 = S_3$，$a_1 \neq a_3$，即两轴中心线之间有平行的径向偏移（偏移量为 e）。

3) 两半联轴器虽然同心，但不平行，如图 10-30c 所示。这时 $S_1 \neq S_3$，$a_1 = a_3$，即两轴中心线之间有角位移（倾斜角为 α）。

4) 两半联轴器既不同心，也不平行，如图 10-30d 所示。这时 $S_1 \neq S_3$，$a_1 \neq a_3$，即两轴中心线既有径向偏移也有角位移。

联轴器处于第一种情况是正确的，不需要调整。后三种情况都是不正确的，均需要调整。实际装配中常遇到的是第四种情况。

2. 联轴器找正的方法

联轴器找正的方法多种多样，常用的有以下几种：

（1）直尺塞规法　利用直尺测量联轴器的同轴度误差，利用塞规测量联轴器的平行度误差。这种方法简单，但误差大。一般用于转速较低、精度要求不高的机器。

（2）外圆、端面双表法　用两个千分表分别测量联轴器轮毂的外圆和端面上的数值，对测得的数值进行计算分析，确定两轴在空间的位置，最后得出调整量和调整方向。这种方法应用比较广泛。其主要缺点是对于有轴向窜动的机器，在盘车时端面测量读数会产生误差。它一般适用于采用滚动轴承、轴向窜动较小的中小型机器。

（3）外圆、端面三表法　该方法与上述方法的不同之处是在端面上用两个千分表，两个千分表与轴中心等距离对称设置，以消除轴向窜动对端面测量读数的影响，这种方法的精度很高，适用于需要精确对中的精密机器和高速机器。如汽轮机、离心式压缩机等，但该方法操作、计算均比较复杂。

（4）外圆双表法　用两个千分表测量外圆，其原理是通过相隔一定间距的两组外圆测量读数确定两轴的相对位置，以此得知调整量和调整方向，从而达到对中的目的。这种方法的缺点是计算较复杂。

（5）单表法　它是近年来国外应用比较广泛的一种找正方法。这种方法只测定轮毂的外圆读数，不需要测定端面读数。操作测定仅用一个千分表，故称单表法。此法对中精度高，不但能用于轮毂直径小且轴端距比较大的机器轴找正，而且又能适用于多轴的大型机组（如高转速、大功率的离心式压缩机组）的轴找正。用这种方法进行轴找正还可以消除轴向窜动对找正精度的影响。单表法操作方便，计算调整量简单，是一种比较好的轴找正方法。

10.4.2　联轴器装配误差的测量和求解调整量

使用不同找正方法时的测量和求解调整量大体相同，下面以外圆、端面双表法为例，说明联轴器装配误差的测量和求解调整量的过程。

一般在安装机械设备时，先安装好从动机，再安装主动机，找正时只需调整主动机。主动机的调整是通过对两轴心线同轴度的测量结果分析计算而进行的。

同轴度的测量如图 10-31a 所示，两个千分表分别装在同一磁性座中的两根滑杆上，千分表 1 测出的是径向间隙 a，千分表 2 测出的是轴向间隙 S，磁性座装在基准轴（从动轴）上。测量时，连上联轴器螺栓，先测出上方（0°）的 a_1、S_1；然后将两半联轴器向同一方向一起转动，顺次转到 90°、180°、270° 这 3 个位置上，分别测出 a_2、S_2，a_3、S_3，a_4、S_4，将测得的数值记录在图中，如图 10-31b 所示。

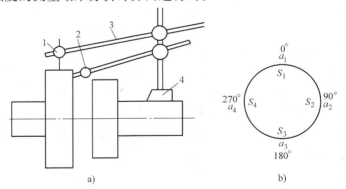

图 10-31　千分表找正及测量记录图
1、2—千分表　3—滑杆　4—磁性座

将联轴器再向前转，核对各位置的测量数值有无变动。如无变动可用式 $a_1 + a_3 = a_2 + a_4$；$S_1 + S_3 = S_2 + S_4$ 检验测量结果是否正确。如实测数值代入两恒等式后不等，而有较大偏差（大于 0.02mm），就可以肯定测量的数值是错误的，需要找出产生错误的原因。纠正后再重新测量，直到符合两恒等式后为止。

然后，比较对称点的两个径向间隙和轴向间隙的数值（如 a_1 和 a_3，S_1 和 S_3），当对称点的数值相差不超过规定值（$0.05 \sim 0.1\text{mm}$）时，则认为符合要求，否则就需要进行调整。

对于精度要求不高或小型机器，可以采用逐次试加或试减垫片，以及左右敲打移动主动机轴的方法进行调整；对于精度要求较高或大型机器，为了提高工效，应通过测量计算来确定增减垫片的厚度和沿水平方向的移动量。

现以两半联轴器既不平行又不同心的情况为例，说明联轴器找正时的计算与调整方法。水平方向找正的计算、调整与垂直方向相同。因为水平方向找正不需要调整垫片，所以要先进行垂直方向找正。

如图 10-32 所示，Ⅰ 为从动机轴（基准轴），Ⅱ 为主动机轴。满足找正前的先决条件是：从动机轴的标高、水平度以及在作业线中的位置，全都达到规定的技术要求，找正的调整工作都只针对主动机轴。根据找正的测量结果，$a_1 > a_3$，$S_1 > S_3$。计算、调整的步骤过程如下。

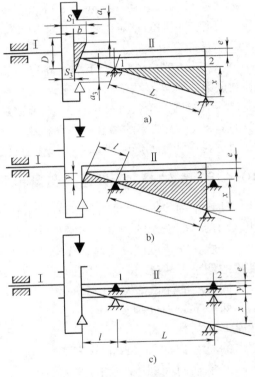

1. 先使两半联轴器平行

由图 10-32a 可知，欲使两半联轴器平行，应在主动机轴的支点 2 下增加 x（mm）厚的垫片，x 值可利用图中画有剖面线的两个相似三角形的比例关系算出。

$$x = \frac{b}{D}L \qquad (10\text{-}12)$$

式中　D——联轴器的直径（mm）；

　　　L——主动机轴两支点的距离（mm）；

　　　b——在 0° 和 180° 两个位置上测得的轴
　　　　　　向间隙之差（mm），$b = S_1 - S_3$。

由于支点 2 垫高了，因此轴 Ⅱ 将以支点 1 为支点而转动，这时两半联轴器的端面虽然平

图 10-32　联轴器的调整方法

行了，但轴 Ⅱ 上的半联轴器的中心却下降了 y（mm），如图 10-32b 所示。y 值可利用画有剖面线的两个相似三角形的比例关系算出。

$$y = \frac{xl}{L} = \frac{bl}{D} \qquad (10\text{-}13)$$

式中　l——支点 1 到半联轴器测量平面的距离。

2. 再使两半联轴器同心

由于 $a_1 > a_3$，原有径向位移量 $e = (a_1 - a_3)/2$，两半联轴器的全部位移量为 $e + y$。为了使两半联轴器同心，应在轴 Ⅱ 的支点 1 和支点 2 下面同时增加厚度为 $e + v$ 的垫片。

由此可见，为了使轴 Ⅰ、轴 Ⅱ 两半联轴器既平行又同心，则必须在轴 Ⅱ 支点 1 下面加厚度为 $e + y$ 的垫片，在支点 2 下面加厚度为 $x + e + y$ 的垫片，如图 10-32c 所示。

按上述步骤将联轴器在垂直方向和水平方向调整完毕后，联轴器的径向偏移和角位移应

在规定的偏差范围内。

10.4.3　联轴器激光对中法

激光对中仪是国外开发的一种先进、高效的设备对中仪器，具有精度高、效率高、易于操作等优点，近年来国内很多厂家都已采用激光对中仪对机械设备进行安装和检修。

激光具有极佳的方向性和单色性。方向性是指激光的光束发散角极小，基本沿直线传播，到达接收器时能量损失很小。单色性是指激光波长单一，易被接收器识别，不易受外界光干扰。激光对中仪正是应用了激光的这两大特点。激光对中仪通常采用波长为 635 ~ 670nm 的半导体红色激光。

图 10-33 所示为一对需要对中的设备示意图。在 A 轴和 B 轴上分别安装能同时发送和接收激光束的测量器，并通过信号线与仪器主机相连。

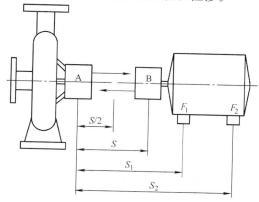

图 10-33　激光对中示意图

激光束分别从装在 A、B 轴上的两只测量器发出，并被对方所接收。当光束落在接收器的光电点阵 CCD 采集面上时，便形成一个很小的照射区域，仪器主机经过计算，确定出该照射区域的能量中心点。随着两轴的同步转动，各自光束的能量中心点也分别在对方接收器的 CCD 采集面上移动。仪器主机根据位移量即可计算出被测设备的轴偏差和角偏差。

激光对中仪是通过分别测量两个正交平面内实际偏差的分量，并分别纠正其分量偏差来调整对中设备的。现将激光对中仪的工作过程简化，如图 10-34 所示，并研究其中一个平面内的偏差分量。

图 10-34 中，A 和 B 分别为两个被测轴，S 为测得的两只测量器之间的距离，δ 为两轴连接端面处的轴偏差（通常位于两测量器间的中点），α 为两轴间的角偏差。两轴经过 $180°$ 的翻转，轴上的测量器便从两轴的上半部分别移至下半部，此时，激光束分别在对方接收器的 CCD 采集面上发生位移，设位移的径向分量分别为 ΔA 和 ΔB，可知角偏差与径向位移分量的关系为

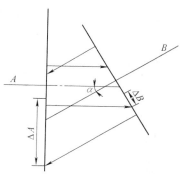

图 10-34　激光对中过程
简化示意图

$$\tan\alpha = (\Delta A + \Delta B)/2S \tag{10-14}$$

假设 B 轴作平移，使两轴在中点处重合，则 ΔA 和 ΔB 将分别变为 $\Delta A - 2\delta$ 和 $\Delta B + 2\delta\cos\alpha$。根据对称原理，可知轴偏差与径向位移分量的关系为

$$\Delta A - 2\delta = \Delta B + 2\delta\cos\alpha \tag{10-15}$$

从以上分析可知，激光对中仪的测量值仅与对方接收器 CCD 采集面上光束能量中心位移的径向分量有关。从式（10-15）可知，角偏差的任何微小变化均可从 $\Delta A + \Delta B$ 的变化中检测出来，而使用千分表是无法做到这一点的。上式还表明，当角偏差很小时，$\cos\alpha = 1$，$\delta = (\Delta A + \Delta B)/4$，测量的精确性相当高。

值得一提的是，大多数激光对中仪除了能精确地测出轴偏差和角偏差外，将设备地脚垫平点与测量器的距离输入仪器，还能计算出设备各个地脚的垫平值及平移值，大大方便了设备的调整。

激光对中法的优点是：

1）由于激光消除了钢尺下垂的缺点，所以精确度很高，可达 $1\mu m$。

2）测量结果无需手工绘图并计算校准误差，这一切工作都可以自动完成，操作中能够显示每时每刻的测量值，比如即时反映旋紧螺栓过程中的变化情况。

3）带永久储存功能，可事后将所有测量结果打印输出或传送到计算机作进一步处理。

4）最大的优点是使对中过程简单化，只需 5 步工作，即可完成对中。

5）直接给出地脚的移动尺寸，现场移动时对中数据实时显示，移动的方向正确与否容易直观判断。

6）大多数激光对中仪不仅可水平对中，还可进行垂直对中。

10.5 转子现场动平衡技术

由于设计和结构方面的因素，材质不均匀以及制造安装误差等原因，所有实际转子的中心惯性主轴都或多或少地偏离其旋转轴线。这样，当转子转动时，转子各微元质量的离心惯性力所组成的力系不是一个平衡力系。这种情况称为转子不平衡或失衡。

转子的不平衡是旋转机械主要的激振源，也是许多自激振动的触发因素。不平衡会引起转子的挠曲和内应力，使机器产生振动和噪声，加速轴承、轴封等零件的磨耗，降低机器的工作效率，严重时甚至会引起各种事故。此外，振动还会通过轴承、机座等传到基础和建筑物，恶化附近的工作环境。

为了改善其工作状况，转子（小至钟表摆轮、回转仪转子，大至汽轮发电机转子、巨轮的螺旋桨）在制造、安装调试或修理时，常要进行平衡。

平衡是旋转机械在制造、调试及维修过程中的一个工艺过程，它是通过改变转子质量分布的办法，即在转子上适当的地方，加上（或减去）一些质量（称为平衡质量或配重），从总体上尽可能地减小转子的不平衡。

平衡的具体目标是减少转子挠曲、减少机器振动以及减少轴承动反力。这三个目标有时是一致的，有时是有矛盾的，但是它们必须统一于平衡的最终目标——保证机器平稳地、安全可靠地运行。

10.5.1 静不平衡与动不平衡

通常情况下，造成转子不平衡的原因都是多方面的，而且有些原因是不容易在转子上找到一个准确的配重来消除的，如转子的腐蚀可能就遍布整个转子的表面。但是所有的缺陷导致的结果都是重心 G 的偏移，所以只要能够加一个配重，使重心回到旋转轴心就达到了平衡的目的。

对于像圆盘这类长度很短的转子，在单面加一个配重就可以达到平衡的目的。如果转子的长度很长，可能存在几类不平衡，单面加配重不能达到理想的效果，这时就要用双面加配重的方法达到平衡的目的。

不平衡可分为静不平衡、偶不平衡和动不平衡。

任何固体正常旋转时都是以其主惯性轴为旋转轴的，而且主惯性轴通过它的重心。当转子处于平衡状态时，其旋转轴应该与其主惯性轴重合。任何不平衡因素都会改变转子的质量分布，并导致主惯性轴位置的变化。

1. 静不平衡

不平衡位于转子的中部，在这种情况下，只要在不平衡量沿径向的反方向上加一个配重就可以消除不平衡，如图 10-35 所示，转子上部圆点（m）代表不平衡量，下部的圆点代表加的配重。注意静不平衡的主惯性轴平行于旋转轴。

2. 偶不平衡

如图 10-36 所示，$m_1 = m_2$，转子的重心是在旋转轴上，但主惯性轴和旋转轴不重合，因而至少要放置两块配重才能达到平衡的目的，如图中与 m_1 和 m_2 所对应画圈的地方。

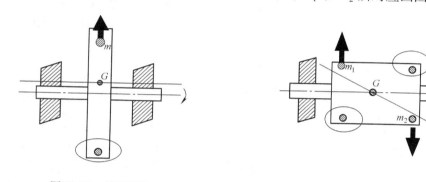

图 10-35　静不平衡　　　　　　　　图 10-36　偶不平衡

3. 动不平衡

动不平衡是以上两种不平衡的综合，$m_1 \neq m_2$，转子的重心不在旋转轴上，而且主惯性轴与旋转轴也不平行。对于这类平衡至少需要两个配重。

10.5.2　刚性转子与柔性转子、静平衡与动平衡

如果转子的工作转速远低于其一阶临界转速（一阶临界转速指的是转动的频率＝轴系的一阶自振频率，当转动频率达到这一条件时，轴系发生共振），此时不平衡离心力较小，而且转轴的刚度较大。因而不平衡力引起的转子挠曲变形很小（相对转子偏心量），可以忽略。这种转子称为刚性转子。反之，不平衡力引起的挠曲变形不能忽略（挠曲使得偏心量加大）的转子称为柔性转子。

工程上通常把工作转速是否超过一阶临界转速作为柔性转子与刚性转子的分界。这种分法并不科学，因为如果转轴长而细，轴的刚度很低，即使转速低于其一阶临界转速，转轴也有可能因挠曲变形不能忽略，而属于柔性转子。

因此，也有如下的定义：

刚性转子　工作转速 n 低于 0.5 倍的一阶临界转速 n_e 的转子，即 $n < 0.5 n_e$。

柔性转子　工作转速高于 0.7 倍的一阶临界转速的转子，即 $n > 0.7 n_e$。

柔性转子与刚性转子的动力学特性有很大的不同，因而它们的平衡方法差异也很大。本

章从现场动平衡的实用角度出发，只讨论刚性转子的动平衡技术，希望掌握柔性转子动平衡技术的读者，请参阅转子动力学方面的相关书籍。

1. 转子做静平衡的条件

在 GB/T 9239—2006 中，对刚性转子做静平衡的条件定义为：如果盘状转子的支承间距足够大并且旋转时盘状部位的轴向跳动很小，从而可忽略偶不平衡（动平衡），这时可用一个校正面校正不平衡即单面（静）平衡，对具体转子必须验证这些条件是否满足。在对大量的某种类型的转子在一个平面上平衡后，就可求得最大的剩余偶不平衡量，并除以支承距离，得到 1 个静不平衡参考值。如果在最不利的情况下这个参考值不大于许用剩余不平衡量的一半，则采用单面（静）平衡就足够了。从这个定义中不难看出转子只做单面（静）平衡的条件主要有三个方面：一个是转子几何形状为盘状，另一个是转子在平衡机上作平衡时的支承间距要大，再一个是转子旋转时其校正面的端面圆跳动要很小。

根据上述转子做单面（静）平衡的条件，再结合有关泵方面的技术标准（如 GB/T 3215—2007），只做静平衡的转子条件如下（D/b——转子直径 D 与两校正面之间的距离 b 之比）：

（1）对单级泵、两级泵的转子　凡工作转速小于 1 800r/min 时，不论是 $D/b < 6$ 或 $D/b \geq 6$，只做静平衡即可。但是如果要求做动平衡时，必须要保证 $D/b < 6$，否则只能做静平衡。

（2）对单级泵、两级泵的转子　凡工作转速高于 1 800r/min 时，如果 $D/b \geq 6$，则只做静平衡即可。但平衡后的剩余不平衡量要不大于许用不平衡量的 1/2。如果要求做动平衡，要看两个校正面的平衡是否能在平衡机上分离开，如果分离不开，则只能做静平衡。

（3）对一些开式叶轮等转子　如果不能实现两端支承，则只做静平衡即可。因为两端不能支承，势必进行悬臂，这样在平衡机上做动平衡很危险，只能在平衡架上进行单面（静）平衡。

2. 转子做动平衡的条件

在 GB/T 9239—2006 标准中规定："凡刚性转子如果不能满足做静平衡的盘状转子的条件，则需要在两个平面来平衡，即动平衡。"只做静平衡的转子条件如下（平衡静度 G0.4 级为最高精度，一般情况下泵叶轮的动平衡静度选择 G6.3 级或 G2.5 级）。

（1）对单级泵、两级泵的转子　凡工作转速高于 1 800r/min 时，只要 $D/b < 6$ 时，应做动平衡。

（2）对多级泵和组合转子（3 级或 3 级以上）　不论工作转速多少，应做组合转子的动平衡。

10.5.3 刚性转子的静平衡方法

对于刚性转子，不平衡离心力引起的转子挠曲可以忽略，因此可以用刚体力学的办法来处理其平衡问题。这时，平衡转速一般选得远低于第一临界转速，故又称为低速平衡。

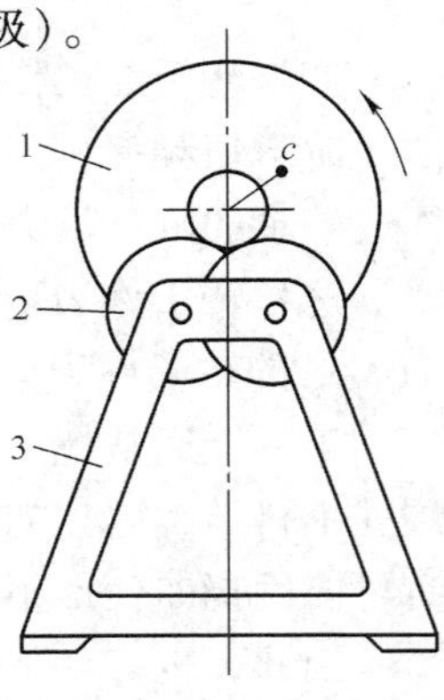

图 10-37 中静不平衡的转子，其平衡方法十分简单。圆盘面即为校正平面。把转子放在水平的两条平行导轨上或滚轮架上（图 10-37）任其自由滚动，质心 c 总是趋于支点的下方。经过几次加重（或减

图 10-37　静平衡方法
1—转子　2—滚轮
3—滚轮架

重）后，转子的不平衡量就能减小到许可的程度。此时转子在导轨上近似处于随遇平衡状态。平衡精度取决于转子与导轨或滚轮之间的滚动摩擦。转子不需运转，就能进行平衡，故称为静平衡。

具有任意不平衡分布的转子，必须选取两个校正平面，转子必须运转。这种平衡有别于静平衡，称为动平衡。

10.5.4　刚性转子的动平衡方法

刚性转子的现场动平衡方法主要有两种，即三圆幅值法、影响系数法。三圆幅值法的优势在于不要求对相位角的精确测量，但只能作单面动平衡。影响系数法主要用于双面动平衡，也可用于单面动平衡，这个方法严重依赖相位角的精确测量。在广泛使用数字式测量仪器的现在，精确测量已经不是障碍，但在现场实际操作中仍然应给予相当的重视。

现场动平衡的测量仪表布置如图 10-38 所示，其中零相位点的测量，可以用光电转速仪 + 反射片，也可用超高频（200Hz 或以上）接近开关或磁电式转速计（涡流传感器） + 代表 0 相位点的凸台或凹坑。

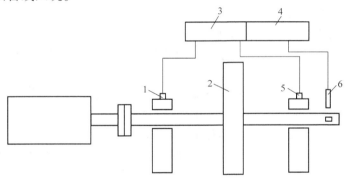

图 10-38　现场动平衡的仪表布置

1—测振传感器　2—转子　3—振动测量仪　4—相位测量仪　5—测振传感器　6—相位测量传感器

测振传感器可用加速度计或速度传感器，如果有条件可用涡流传感器直接测量轴的振动位移，效果更好。位移 S、速度 v、加速度 a 之间存在下列关系式，即

$$S(t) = A\sin(\omega t + \theta) \tag{10-16}$$

$$v(t) = \frac{\mathrm{d}S}{\mathrm{d}t} = A\omega\cos(\omega t + \theta) \tag{10-17}$$

$$a(t) = \frac{\mathrm{d}^2 S}{\mathrm{d}t^2} = -A\omega^2\sin(\omega t + \theta) \tag{10-18}$$

以上关系式表明，位移 S、速度 v、加速度 a 之间各相差 90°相位角。由于整个找动平衡过程都是使用同一物理量，相位角都是相对零相位。所以从理论上说，无论采用哪种物理量，都对结果无影响。然而，离心力（不平衡矢量）产生的挠曲变形量是物理量——位移 S，它的方向与不平衡矢量是一致的。如果将离心力看做是激励力，转子轴系作为一个装置响应这个激励力，直接输出量就是位移 S，然后再对轴承座产生激励力，在轴承座上输出速度 v 和加速度 a，这时振动信号不可避免地受到轴承座的相位移动影响，带来相位误差。如果还存在不对中力的影响或其他力的影响，则测量的误差将更大。

所以在找动平衡前，还要作好下列准备：

1）做动平衡前，一定要作好联轴器的对中，将不对中的影响减少到最小。因为联轴器不对中，会给找动平衡带来极大的干扰，甚至造成找动平衡失败。

2）如果采用影响系数法找动平衡，A/D采样频率≥120×转子旋转频率（r/s）。即每转采120点以上，这样可控制相位误差不大于3°。

1．三圆幅值法

三圆幅值法的步骤如下：

1）将待平衡的刚性转子配重槽圆周三等分，等分点用A、B和C表示，圆心用O表示，夹角都为120°。

2）试加配重，取配重的质量为m_p（g）。

3）将配重分别放在A、B和C三点上，三次开机运转测得振幅分别为：

A点的振幅　　A_1（μm）；

B点的振幅　　A_2（μm）；

C点的振幅　　A_3（μm）。

4）用相同的比例，作振动矢量图。

第一步，以初始机器运转时的振幅A_0为半径画圆。

第二步，在A_0圆上等分三点，夹角为120°，编号也用A、B和C来表示，如图10-39所示。

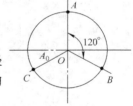

第三步，以A为圆心，以A_1为半径画圆。

第四步，以B为圆心，以A_2为半径画圆。

第五步，以C为圆心，以A_3为半径画圆。

在图10-40中，半径为A_1的圆和半径为A_2的圆交于a点，半径为A_1的圆和半径为A_3的圆交于b点，半径为A_2的圆与半径为A_3的圆交于c点。

第六步，连接abc三点，并作△abc的外接圆，圆心为O_1，如图10-41所示。

图10-39　原始振动
矢量基础圆

第七步，连接圆心OO_1。

第八步，测量OB和OO_1的夹角，用W来表示。

5）平衡质量的计算和平衡位置的确定。平衡质量

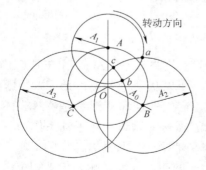

图10-40　三圆相交

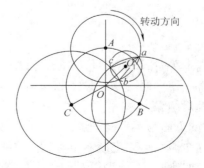

图10-41　作△abc的外接圆

$$m = m_{\mathrm{p}} \frac{A_0}{OO_1} \tag{10-19}$$

平衡位置：在刚性转子上，从 B 点向 A 点移动角度 W。

2. 影响系数法

（1）双面平衡法

1）在转子两端支承处选择同方向测点 A、B，测得原始振动矢量 A_0，B_0（A_0，B_0，γ_{A0}，γ_{B0}），相对 0 相位点为图 10-42 左图中圆上的缺口。

2）取两个校正平面 Ⅰ、Ⅱ，配重半径分别为 R_1、R_2。

3）先在平面 Ⅰ 加配重 m_1（相对相位标记的方位角，顺时针转向为 γ_{m_1}），测得 A、B 点振动矢量 A_1、B_1。矢量 $A_1 - A_0$、$B_1 - B_0$ 为 m_1 的效果矢量。作矢量图如图 10-42 所示。

方位角为 0 的单位配重的效果矢量称为影响系数 α_1、β_1，有

$$\alpha_1 = \frac{A_1 - A_0}{m_1}, \quad \beta_1 = \frac{B_1 - B_0}{m_1} \tag{10-20}$$

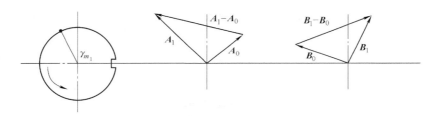

图 10-42　平面 Ⅰ 配重的效果矢量图

4）取下 m_1，在平面 Ⅱ 加配重 m_2（相对相位标记的方位角，顺转向为 γ_{m_2}），测得 A、B 点振动矢量 A_2、B_2。矢量 $A_2 - A_0$、$B_2 - B_0$ 为 m_2 的效果矢量。作矢量图如图 10-43 所示。

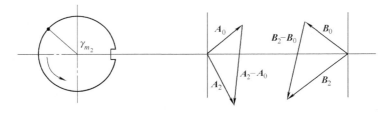

图 10-43　平面 Ⅱ 配重的效果矢量图

方位角为 0 的单位配重的效果矢量称为影响系数 α_2、β_2，有

$$\alpha_2 = \frac{A_2 - A_0}{m_2}, \quad \beta_2 = \frac{B_2 - B_0}{m_2} \tag{10-21}$$

5）校正平面 Ⅰ、Ⅱ 上所需校正质量 $m_{\mathrm{p}1}$、$m_{\mathrm{p}2}$ 由下式求得。

$$\begin{cases} \alpha_1 m_{\mathrm{p}1} + \alpha_2 m_{\mathrm{p}2} = -A_0 \\ \beta_1 m_{\mathrm{p}1} + \beta_2 m_{\mathrm{p}2} = -B_0 \end{cases} \tag{10-22}$$

6）其模 $m_{\mathrm{p}1}$、$m_{\mathrm{p}2}$ 表示校正质量的大小，幅角表示校正质量的方位角 $\gamma_{m_{\mathrm{p}1}}$、$\gamma_{m_{\mathrm{p}2}}$；配重半径分别为 R_1、R_2。

7）如果平衡出现反常和困难，就有必要校验配重与测点振动值之间的线性关系是否良好，相位关系有没有重复性，平衡转速下转子是否有明显的挠曲变形等。必要时要更改校正平面或测振点的位置，重新进行动平衡。

（2）单面平衡法 单面平衡法虽然不是严格的动平衡，但是对于单圆盘类刚性转子在某些简单条件下仍有满意的平衡效果，因此经常用于现场平衡工作中。

1）在转子一端支承处选择测点 A，测得原始振动矢量 $\boldsymbol{A}_0$（A_0，γ_{A0}）。相对 0 相位点为图 10-44 左图中圆上的缺口。

2）取一个校正平面 I，配重半径为 $\boldsymbol{R}$。

3）在平面 I 加配重 m（相对相位标记的方位角，顺转向为 γ_m），测得 A 点振动矢量 $\boldsymbol{A}_1$。矢量 $\boldsymbol{A}_1 - \boldsymbol{A}_0$ 为 m 的效果矢量。作矢量图如图 10-44 所示。

方位角为 0 的单位配重效果矢量称为影响系数 α，有

$$\boldsymbol{\alpha}_1 = \frac{\boldsymbol{A}_1 - \boldsymbol{A}_0}{m} \qquad (10-23)$$

设在平面 I 欲加的平衡质量为 m_p，位于原始振动矢量 $\boldsymbol{A}_0$ 的对面，即 $\boldsymbol{\alpha} m_p = \boldsymbol{A}_0$。

则有

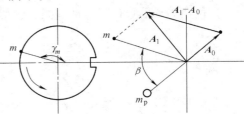

图 10-44　配重 m 的效果矢量图

$$\begin{cases} \boldsymbol{\alpha}_1 m_{px} = \boldsymbol{A}_{0x} \\ \boldsymbol{\alpha}_1 m_{py} = \boldsymbol{A}_{0y} \end{cases}$$

解方程组，算得 m_{px}、m_{py}，求得平衡质量 $m_p = \sqrt{m_{px}^2 + m_{py}^2}$ 及相对配重 m 的偏移角 $\beta = \gamma_{m_p} - \gamma_m$。$\gamma_{m_p}$ 是平衡质量 m_p 与相对 0 相位点的夹角，γ_m 是配重 m 与相对 0 相位点的夹角。

思　考　题

10-1　滑动轴承主要分为 _____、_____ 两大类。它们的共同特点是 _____，主要不同点在于_____。

10-2　滑动轴承的装配步骤主要分为：

1）_____。

2）_____。

3）_____。

4）_____。

10-3　圆柱齿轮精度主要包括_____、_____、_____、_____。

10-4　滚动轴承的游隙主要包括_____、_____、_____。

10-5　什么场合下适宜采用滑动轴承？对滑动轴承衬的材料提出的主要要求是什么？

10-6　液体动压润滑油膜形成的必要条件是什么？

10-7　简述滚动轴承的预紧原理。

10-8　滑动轴承轴颈与轴瓦的配合间隙的作用是什么？

10-9　滚动轴承的发热原因是什么？有何危害？

10-10　齿轮传动机构的装配技术有什么要求？

10-11　蜗轮蜗杆装配质量的检查主要包括哪几个方面？

10-12　刚性转子的现场动平衡方法主要有哪两种？各有什么优缺点？

10-13　请简要说明刚性转子和柔性转子的定义。

10-14　请简述滚动轴承的分类。

10-15　请简述联轴器的激光对中法的工作原理。

10-16　简述转子现场的静不平衡和动不平衡分别是如何产生的。并说明如何克服。

10-17　简要说明转子做动平衡以及静平衡的条件。

第11章 其他故障诊断技术

11.1 断口分析技术

端口记录了断裂过程的相关信息，是一个重要的物证。机械零部件的断裂原因分析，涉及到许多技术，包括材料元素组成方面的光谱分析技术，金相组织方面的金相分析技术，材料性能方面的强度硬度分析技术，零件结构方面的断口分析技术。光谱分析、金相分析、强度硬度分析都需要借助精密贵重的仪器仪表，断口分析技术靠的是肉眼的观察，它是在工业现场就能初步分析的技术。

11.1.1 断口分析基础知识

对于具有塑性特征的金属材料，断裂是拉伸应力作用的结果，压缩应力只能造成压溃，端口边缘处的挤出飞边就是其特征；剪切断裂的主要作用应力仍然是拉伸正应力，如图11-1所示，所以轴类零件的纯扭转断裂是沿45°线开裂。

1. 拉伸试棒的断口特征

塑性材料（如结构钢类）制造的拉伸试棒的断口如图11-2所示，断口处明显表现出缩颈现象，断面呈杯状。

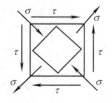

图 11-1 切应力分析

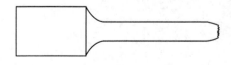

图 11-2 塑性材料的拉伸断口

这是因为在断裂前，拉应力首先超过屈服极限，材料内部的晶粒被拉伸，同时出现流动。而材料表面的晶粒约束少，容易流动补充，所以伸长多些，而内部的材料晶粒约束较多，流动补充不易，所以在芯棒中心的晶粒首先发生断裂，断裂部位从中心向外延展。因而在断面处产生杯状断口。

钢铁材料的主体是铁碳合金，在从液态凝固成固体时，首先形成晶核的是纯铁的铁素体，碳及其他合金原子则被排挤分布到晶界处，因而晶界是扭曲的，是抵抗变形错动的主要部分。这就是为什么细晶粒钢的强度大于粗晶粒钢的原因，钢铁材料的热处理就是通过获得不同的晶粒组织来达到所需的力学性能。因而断裂发生前塑性较高的铁素体晶粒被拉长，断裂后，这些拉长的痕迹被保留下来，在断口处表现为参差不齐的形态，通常称为纤维状。

2. 穿晶断裂与沿晶断裂

图11-3a所示穿晶断裂的裂纹穿过金属材料的晶体，这是因为裂纹的延展总是沿着最弱

的方向，而材料中由铁素体组成的晶粒处于强度最弱的位置，存在扭曲错位的晶界则是裂纹延展的阻力，晶粒越大，裂纹扩展越易。

穿晶断裂是应力断裂的微观特征，晶粒表现为残余的变形，断口表现为纤维状。

图 11-3b 所示为沿晶断裂的示意图。沿晶断裂是化学腐蚀的结果。在晶界处材料内的杂质全部集于此，其中有化学性质活跃的硫、磷等，再

图 11-3 断裂形态
a）穿晶断裂 b）沿晶断裂

加上各类元素原子的键合度差异，存在许多薄弱环节，化学腐蚀最容易沿晶界扩展。不锈钢就是利用铬、镍原子与铁原子的高键合度，同时也在表面生成化学性质牢固的强氧化膜，阻挡了化学物质的入侵。合金原子的键合度是改善钢铁材料机械性质的重要因素。在金属表面生成化学性质牢固的氧化膜也是阻挡腐蚀的一种有效方式，铝合金的阳极氧化工艺就是走的这样一种路线。

沿晶断裂是化学腐蚀的微观特征，断口表面相对平滑。许多输送化学物质的管道产生腐蚀穿孔的主要原因就是沿晶断裂。

11.1.2 疲劳断口的特征

疲劳断口是在交变应力作用下产生的。为了研究和观察疲劳断口的特征，构造了图 11-4 所示的试验装置。

图 11-4 弯曲疲劳断裂试验装置

承载梁的结构有两种，一种是表面光滑的矩形断面梁（表面残留最后精磨加工的挤压应力）；另一种是在最大应力处做了环截面应力集中沟痕的矩形断面梁。

这种情况下，疲劳断裂的断口有两种。

图 11-5 所示为表面光滑的矩形截面断面图，其特征如下：

1）裂源出现在最大应力处，从存在原始缺陷处开始。疲劳断裂的裂源只有一处，一旦出现就抑制了其他裂源的产生。裂源产生后，因为裂纹扩展缓慢，反复的张开闭合使得表面因挤压而变得光滑。工业现场受环境的影响，裂源处还可能出现锈迹。

2）贝壳纹是裂纹扩展残留的痕迹。因试验梁的外表面光滑而且残留加工的挤压应力，因此芯部扩展快，边缘扩展慢。贝壳纹是受载荷不均匀的影响，裂纹扩展快慢变化所留的痕迹，而且随着材料承载面积的减小逐步加大。

3）终断区，当残余材料承载面积上的应力达到强度极限时，发生瞬间断裂。因此整个断面面积与终断区面积之比为零件的安全裕度。如图 11-5 所示，安全裕度约为 2。终断区的宏观表象是纤维状。

图 11-6 所示是存在应力集中的矩形截面图，其特征如下：

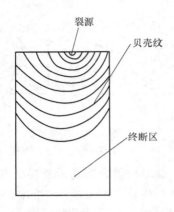

图 11-5 表面光滑矩形断面图

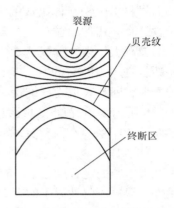

图 11-6 存在应力集中的矩形断面

1）裂源。与图 11-5 相同，疲劳断裂的裂源只有一处。

2）贝壳纹。因试验梁的表面存在应力集中，裂纹扩展速度表面快于芯部。

3）终断区。与图 11-5 相同，也是残余材料承载面积上的应力达到强度极限时，发生瞬间断裂。也可以用以判别零件的安全裕度。

疲劳断裂表面的判读：

1）首先观察裂源，若只有一个裂源，则表明为疲劳断裂。多个裂源则为突发性断裂。疲劳断裂有一个发展过程，是可以预防的；突发性断裂的发展时间很短，是不可预防的。

2）观察贝壳纹的走向特征，判定表面是否存在应力集中。

3）观察终断区，估计零件的安全裕度。

图 11-7 所示为塑性材料传动轴纯扭转断裂的断口。因为圆轴的外圆始终是最大应力区，因而可以有多个裂源在圆周上产生。圆周处的人字纹是存在应力集中的表现，应力集中在多数情况是车刀的刀痕造成的。山脊纹是裂纹扩展残留的痕迹，它是由无数的 45° 微裂纹的组合，由于受到另一断面的约束和挤压，山脊很低，必须仔细观察才能察觉。纯扭转断裂的终断区位于圆心，这是纯扭转疲劳断裂的特征。

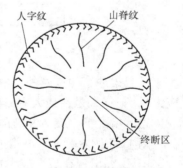

图 11-7 纯扭转断裂的断口

提高传动轴抗疲劳的措施有：降低表面粗糙度值，最后工序采用磨削；使轴表面存在残余挤压应力，如最后工序采用滚压或喷丸。

11.1.3 突发断口的特征

突发断口是指快速断裂所产生的断口，根据材料断裂的特征，分为塑性断裂和脆性断裂两类。

塑性断裂的特征是断口残留着塑性变形的痕迹，塑性材料的突发性断裂是由突然超载造成的。因为塑性材料制造的机械零件都有一定的安全裕度，突然超载多数是由于操作失误造成过大的动载荷，如在起吊满载或近满载时，快速提升或下降陡停；在转炉旋转时突然打反转，都能产生强烈的惯性动载荷。例如：某钢铁公司冷轧厂的天车因起吊动作过猛，引起钢卷上下抖动，导致吊具发生突然断裂；某钢铁厂的炼钢转炉因操作工在转动过位时，突打反转，造成倾动大齿轮发生断齿。这些都是操作失误造成设备损坏的例子。

在突发性超载的应力作用下，零件材料内部多个裂源同时在应力最大处出现及发展。由于各断裂面按各自的薄弱面发展，往往这些面不在同一截面，断裂面在发展过程中必然发生转向，与另一断裂面汇合。断裂面发生转向留下的痕迹在专业术语上称为断裂瘤。断裂瘤是塑性材料突发断裂的重要特征。

脆性断裂的一个重要特征是金属材料在低应力状态下的突然断裂。

脆性断裂的断口特征是表面较光洁，几乎看不到金属材料流动变形的痕迹。这是因为脆性断裂主要是沿着晶界发展，晶界虽然扭曲，却没有填充满，这是从液态冷却到固态时，晶粒收缩造成的空隙。这些空隙甚至允许直径小的原子通过，如氢原子就能通过空隙而聚集，当然它们需要时间。因此氢脆并不发生在加工完后，而是发生在安装完成并投入生产的时候。例如葛洲坝电站的涡轮机壳，材料 16Mn，厚 50mm，由武汉某厂制造完成。在电站现场安装完不到 24 小时就沿圆周焊缝开裂了 3/4 圆，判定为氢脆断裂。如果这种情况发生在通水发电后，就相当麻烦了。

产生脆性断裂的原因很多，在一般工业现场，常温下多数发生的是氢脆，低温冷脆主要发生在制氧机等深冷设备上。氢脆的原因主要是焊条在焊接前烘干脱水不足、焊接表面有油污（机械润滑油是碳氢化合物）等。磷硫含量高的钢材容易发生低温冷脆，所以专用的低温钢对磷硫含量有严格的控制。

11.1.4　断口分析诊断实例

某钢铁公司冷轧厂成品库的 15t 天车是由大连起重机厂制造的。该种天车在冷轧厂有 15 台，只有成品库中的一台天车经常发生主卷减速器轴断裂事故。断轴部位如图 11-8 所示。厂方经过长期观察，发现天车每使用三个月以上就会发生这种事故。为此厂里专门组织了一批该轴的备件，不到三个月就进行更换。但即使这样，仍然避免不了事故的发生。事故发生时，正在吊装的成品就从空中快速坠下，近 10t 的镀锡、镀锌薄板立刻变成了废品。因此，厂方委托专业机构研究断裂的原因。

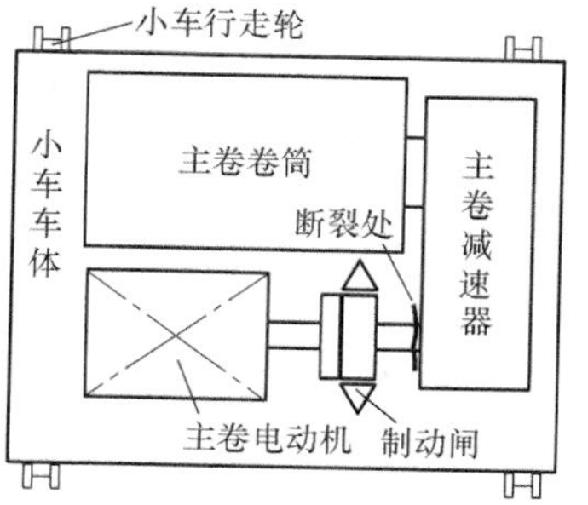

断轴的断裂部位在轴的传动端滚动轴承安装轴颈与过渡段轴颈的台肩处，在过渡轴颈上，如图 11-9 所示。这两段轴颈的半径相差 5mm，按图样要求，此处过渡圆弧半径为 1mm，实际上几乎看不出来。断轴材料为 40Cr，调质，265～285HBW。

在断裂的轴颈处，专业机构做了以下几点工作：在图 11-9 所示的双线处切断，保留断口部分，切屑送光谱分析，检测实际材料成分是否合格；车断面抛光作金相组织检查和硬度检测（探测强度是否合格）。

光谱分析的结果是：材料为 38Cr，含碳量略低于标准，Cr 含量低于标准较多，差异比含碳量大，会影响钢的淬透性。

金相组织为粗晶粒索氏体，硬度分布从中心到边缘的差异大，边缘硬度为 225HBW，中

图 11-8　小车主卷布置图

（图中标注：小车行走轮；小车车体；主卷卷筒；主卷减速器；断裂处；主卷电动机；制动闸）

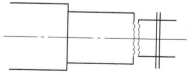

图 11-9　轴上的断裂部位

心硬度为180HBW，淬透性差的效果已经显现。

但是上面所述都不是断裂的原因，38Cr的力学性能与40Cr相差不大，硬度低的材料塑韧性则会增高，只是粗晶粒索氏体的抗疲劳性能不好。

最终的判定是根据断口分析作出的。

图11-10所示是轴的断面图，只有1个裂源，说明是疲劳断裂，而且是以拉压弯曲为特征的断裂。贝壳纹和圆周的人字纹都表明沿圆周存在应力集中，贝壳纹中心扩展慢，圆周扩展快，这一特征显著表明圆周处存在应力集中。终断区面积约为全截面面积的三分之一，即轴的安全裕度约为3，应该有足够的抗疲劳能力。唯一的解释就是交变应力σ的幅值高于许用疲劳应力$[\sigma_{-1}]$，因此加速了疲劳进程。

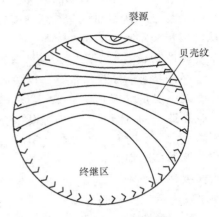

图11-10　轴的断面图

还有一个特征值得注意：传动轴的设计是传递转矩，轴上的应力主要是扭转切应力。而断面特征却是拉压弯曲应力特征，这说明造成疲劳破坏的主因是拉压弯曲。这是联轴器不对中的特征。

传动轴经常断裂，更换频繁。因此安装钳工在安装时会注意按技术规范要求调整。也就是说，联轴器不对中的原因是安装未达到标准的可能性小。

推论：小车车体平台的刚度不足，在联轴器安装对中时，车体无荷重，平台平整，对中能调好达标。在生产吊装成品时，平台在荷重下，局部下沉变形，使联轴器的对中情况恶化，传动轴附加上弯曲应力，由此导致传动轴疲劳断裂。

根据上述推论，专业机构建议冷轧厂检查小车车体下部的钢架是否存在脱焊、开裂等隐患，即使未能发现，也要采取加固车体钢架的措施。

另一项措施是：将滚动轴承安装轴颈与过渡段轴颈处的过渡圆弧半径改为5mm。因为半径为1mm的圆弧容易残留车刀刀痕，造成应力集中。

11.2　材料探伤技术

材料探伤技术也分为许多种，渗透探伤、磁粉探伤、超声波探伤、射线探伤只是一部分，还有用于生产线上的涡流探伤等。

11.2.1　渗透探伤技术

渗透探伤又称为着色探伤，主要用于探测开口型的疲劳裂纹。渗透探伤利用一组药剂，分为清洗剂、渗透剂、显像剂。渗透探伤的优势在于简便易行，药剂已经是现成的，如图11-11所示，成本相对低廉。

清洗剂无色透明，是一种溶剂，用于清洗被探伤的表面的油污等，因此用量较多。

渗透剂是一种红色的药剂，有强烈的刺激性和渗透、吸附能力，能溶于清洗剂，消耗量最低。

显像剂是一种白色的药剂，用于显现被渗透剂侵入的裂缝。

渗透探伤的操作工艺：

1）清洗被探伤的表面，如果油污重，可先用清洗油清洗表面，再用清洗剂喷洗表面。对于怀疑存在裂纹处应仔细喷洗，使封在裂纹开口处的油污去除，以便渗透剂渗入。稍干后，进行下步操作。

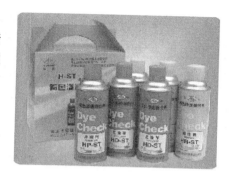

图 11-11　渗透探伤剂

2）用渗透剂喷洒欲探伤的表面，应均匀无漏喷。喷洒完成后，间歇 15min，待渗透剂渗入。渗透剂喷洒前要摇匀，防止有沉淀。

3）待渗透剂渗入完成，用棉纱破布等擦净表面的渗透剂，必要时可以将清洗剂喷在棉纱破布上，擦净残余的渗透剂。为防止清洗剂将渗入裂纹内的渗透剂洗出，禁止用清洗剂直接喷洗，只能擦洗。擦洗时棉纱破布上的清洗剂不能过多。

4）摇动显像剂的喷罐，使沉淀的白色药剂均匀，防止堵塞喷孔。将显像剂均匀而且薄薄地以雾状喷在探伤表面，不要出现流动，以防止冲乱显示的红色裂纹线，干扰判读。

裂纹的判读：

在白色的显像剂干燥后，观察表面。如果存在裂纹，渗入到裂纹里的渗透剂被白色的显像剂吸引，在表面呈现出裂纹的迹象。红线的走向与长度即为裂纹的走向与长度。有丰富经验的观察人员可以通过观察红线的颜色与宽度来推测裂纹的深度。

11.2.2　磁粉探伤技术

磁粉探伤是对开口型裂纹和浅层夹杂等缺陷有效的探伤技术。图 11-12 所示为磁粉探伤装置的电源箱和探伤钳。

磁粉探伤原理如图 11-13 所示，大电流通过绕在磁轭上的线圈，产生磁场。两个分开的磁钳与其接触的铁磁性材料（被探伤的钢铁类机械零件）共同组成磁力回线的一部分。若铁磁性材料在磁力回线这部分区域内存在裂纹等阻碍磁力线的情况，即大磁阻，在阻碍区域就会出现漏磁现象。在这种情况下，有低粘度的介质（通常是煤油）裹挟着铁磁性粉末流过漏磁线，则铁磁性粉末被吸附到漏磁线上，形成一条黑线，显示出裂纹的部位、走向和长度。磁粉探伤的优势在于不受材料表面的粗糙程度影响，常用于对焊缝的探伤。

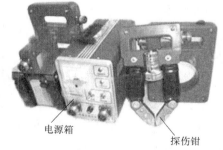

电源箱　探伤钳

图 11-12　磁粉探伤装置的电源箱和探伤钳

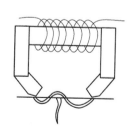

图 11-13　磁粉探伤原理

磁粉探伤的操作：将市售的磁粉膏与煤油稀释调和，探伤时用手压式喷壶喷到磁钳中间的区域流动，同时用手按下磁钳上部的开关，以接通电源。如果存在裂纹，磁粉则聚集在裂纹上。磁粉探伤的不足之处在于只能探测表面开口型裂纹和浅层的裂纹。

11.2.3 超声波探伤技术

超声波探伤有利用纵波和横波两种，只是利用不同探头获得所需的效果。纵波用于探测深部的裂纹，横波沿材料的表面传播，用于探测探头放不到的区域，如角焊的焊缝等。

下面以纵波探伤为例，说明超声波探伤的原理，如图 11-14 所示。

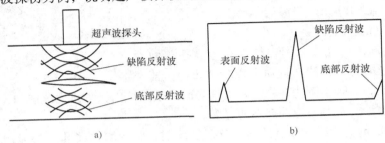

图 11-14　超声波探伤原理
a）纵波探伤图　b）显示屏波形

超声波直探头垂直于被测金属材料的表面，在探头与被测面之间有耦合剂，通常是调好的化学浆糊或高粘度的润滑油。探头内的压电晶体在电压的作用下，发出超声波，通过耦合剂传送到金属表面，同时反射第一道回波——表面反射波，超声波穿透金属表面，直至遇到金属内部的裂纹等缺陷，一部分反射——缺陷反射波，另一部分穿透缺陷，直到金属材料的底部。因空气的声阻抗远大于金属材料，因此发生反射——底部反射波，如图 11-14a 所示。以上所述将在显示屏上表现出来。

缺陷反射波在表面反射波和底部反射波之间的位置，表现出缺陷所在的深度。探头在探测面滑动，凡存在缺陷反射波的区域即为裂纹所包含的区域。

没有缺陷的区域，只有表面反射波和底部反射波。

超声波探伤的优势在于可以探测金属材料内部的缺陷及范围，但仅局限于声阻低的金属材料。同时也要注意：粗晶粒的材料对超声波探测不利，特别是灰口铸铁，由于片状石墨对超声波的干扰很大，因此超声波探伤不能用于铸铁材料的铸件。利用超声波对晶粒大小的敏感性，也可以用无损检测检验热处理对金属组织的处理效果。

使用耦合剂的原因在于探头与被测金属之间不允许有空气，空气对超声波的阻抗很大，几乎不能穿透。耦合剂填充在探头与金属之间，驱离空气，所以超声波探伤对探测表面要求有一定的表面质量要求。

有些表面无法满足超声波探伤对表面的要求，如图 11-15 所示的角焊焊缝。这就要利用横波来探测焊接热应力产生的裂纹，检查焊接质量。注意：在焊接部位金属是熔成一体的，

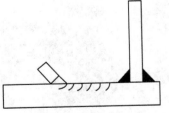

图 11-15　横波探伤示意图

没有图中的那些界线。横波探头多用在焊接的高压化工球罐、桥梁钢架等处。

11.2.4 射线探伤技术

射线探伤技术利用 X 射线、γ 射线对金属的穿透能力，能比超声波探测更深部分的金属

内部缺陷。同时射线探伤留下相关的照片能经得起严格的复检，国际上通常认为它可以作为质量索赔的证据。

射线发射装置是一个由厚铅构成的圆筒。为防止对人体产生伤害，在使用时严禁在射线方向上有人。

射线穿过金属材料，使材料背后的感光纸感光。如果材料内没有缺陷，则感光纸将均匀地曝光；如果存在缺陷，则缺陷处存在对射线的折射、吸收，使得穿透厚材料的射线强度减弱，在感光纸上留下曝光不足的痕迹。经定影、洗像等工序后，得到缺陷的影像。

某钢铁公司曾向德国某公司购买了 12 根大型轧辊，价格很昂贵。到货后，用射线探伤技术检查，发现其中 10 根存在内部缺陷。公司将所获像片寄到德国，提出索赔。德国方面看到像片后，立即重发了 10 根新轧辊。这件事说明射线探伤的像片具有很高的证据力。

11.3　油液分析技术

油液分析包括物理指标分析、化学指标分析等。在机械故障诊断领域，油液分析技术主要是指铁谱分析技术。铁谱分析技术是对油中机械磨损的残余物质进行分析的常用技术，在我国，铁道系统已经广泛应用这一技术，用于诊断机车的磨损故障。

铁谱分析技术的原理如图 11-16 所示。

在机械设备的润滑油回油管处取出 10 ~ 12 ml 油样。取样瓶只能使用不与油样发生化学反应的玻璃瓶。用稀释剂稀释（常用的稀释剂是汽油），用漏斗缓慢地滴到备样的玻璃片上。玻璃片上制有围导堰，并倾斜于下部的磁铁，如图 11-16 所示。

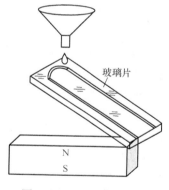

图 11-16　铁谱样片备制

油样所流过的流道处于渐变的磁场，微小铁磁性颗粒先沉积下来，大颗粒的铁磁性颗粒在流体冲刷和重力作用下移动到磁力大的地方才沉积。这样自然形成由小到大的排列，铁谱分析的样片才算完成。如果要作为设备的档案资料长期保存，还可以喷一层透明的高分子膜使它固结。

将备制好的铁谱样片放到高倍显微镜下，观察磨屑颗粒的形态，可以判断磨损的程度。边缘不规则，长度、宽度在 $5\mu m$ 以上，厚度大于 $3\mu m$ 的颗粒是疲劳磨损的产物，其大小、密集程度反映了疲劳磨损的程度。厚度在 $1 ~ 3\mu m$，较长的窄条颗粒是硬质物体切削下来的，类似切屑的形态，同样其大小、密集程度反映了磨料磨损的程度。在备制中，非铁磁性有色金属颗粒也会因沉积的铁磁性颗粒的阻挡，留在玻璃片上，银白色的来自铝合金、巴氏合金等制成的滑动轴承，金红色的来自铜合金制成的零件。通过这些观察和记录并与前次的观察、记录相比较，就可以得出设备当前的状态。

铁谱的定性分析是使用铁谱显微镜对铁谱样片上沉积的颗粒形状、尺寸大小、形貌和成分进行分析，建立磨损状态类型和磨损颗粒形态的相互关系，判别磨损程度，确定失效情况和磨损部位的过程。

铁谱的定量分析是通过探测特定区域的遮光情况，用一个或几个参数的数值来描述设备磨损特征和磨损状态的方法，也是铁谱诊断技术的重要环节。

油液分析的实例：

某路政公司利用铁谱技术监测摊铺机液压系统的磨损状况。

利用铁谱技术对摊铺机的液压油进行了定期检测，取油样部位是液压振捣马达腔体的回油管；取油样周期为 15 个工作日左右。自 2002 年 5 月 28 日起至 2003 年 6 月 14 日止，共采集了油液样品 16 份。液压油检测读数的变化趋势如图 11-17 所示。

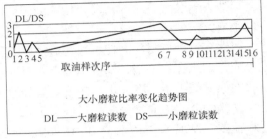

图 11-17　磨粒比趋势图

其中曲线是大颗粒数量 DL 与小颗粒数量 DS 的比值，第 5 次与第 6 次的时间间隔较长，从铁谱定量分析的结果看，液压系统的磨损率较高，但在较短的时期内基本上达到了相对稳定的低磨损状态。

从油液样品中出现的磨粒类型及分布情况来看，该机器在监测运行前期的状况与其处于磨合阶段的磨损很类似，磨损率比较大，在加强对驾驶员的操作培训和对机器的维护管理后，磨损情况有了一定的改善。但在 5 月中旬以后，大小磨粒读数比率（DL/DS）居高不下，而且在后期的油样中出现了个别尺寸比较大的铁磁性粘着擦伤颗粒，说明在一定时期内存在润滑不良的现象；铜合金疲劳颗粒的出现说明滑履已磨损；铝合金疲劳颗粒的增多和大尺寸切削颗粒的出现，说明液压马达轴套的铝锡合金瓦有了较严重的磨损。

根据监测结果，对柱塞泵和液压马达进行了检修。实际拆检结果证实：柱塞泵有 1 个滑履磨损严重，已经堵塞了其润滑油孔，邻近几个柱塞的滑履磨损也比较严重；液压马达轴瓦的磨损相当严重。

对于油液中的铝、铜等弱磁性有色金属磨粒和非磁性磨粒（如巴氏合金、橡胶密封件等），可在制备谱片时在样品油液中加入纳米级四氧化三铁颗粒和表面活性剂来收集，此时的油液稀释剂和固定剂宜选用四氯乙烯。液压油中的颗粒有很大一部分是氟橡胶密封件的碎片，只有利用磁流体的磁化作用才能沉积氟橡胶碎片，达到判断密封件状况的目的。这样，又扩大了铁谱分析技术的应用范围，为更准确的故障诊断提供了更多的依据。

铁谱分析技术中磨粒识别、判断是最为重要又比较复杂的一个环节。对于应用计算机处理这些工作，虽然已进行了许多智能化技术的开发研究，但离实用化还有一定距离，目前主要还是靠分析人员通过铁谱显微镜观察来完成。它要求分析人员具有摩擦学知识、失效分析及故障诊断学知识以及与被监测的机械设备的结构、性能等有关知识。通常根据磨粒的成分、尺寸、形状及表面形貌的磨粒产生的原因，推断磨损机理，为故障诊断提供依据。

11.4　红外热像技术

红外热像技术又称为红外热成像技术，是能够将物体发出的红外辐射热转变成可见图像的技术。它主要用于工业炉窑的状态及电控柜的状态监测，它将对温度的监测从点状监测变为对温度场的监测。无论在工业上还是军事上都有广泛的应用前景。

正常工作的电控柜，只要有电流流过，各元器件必然存在电阻，损耗的电功率以发热的形式散发，在电控柜内形成一定的热图像。如果刚测到的热图像反映出异常的温度点，无论是升高还是降低，都意味着电流的流动出现不正常，异常的温度点的对应部位存在故障。温度降低，则意味着通过电流下降甚至断流；温度升高，则意味着元器件的电阻值增大，都是应及时处理的故障隐患。

图 11-18 所示为炼钢转炉的热图像。转炉在炼钢过程中，上部的吹氧管冲出的氧气搅动钢水翻腾，使炉内的耐火炉衬因冲刷而减薄，如果减薄到一定程度，将发生漏钢等恶性事故。泄漏的钢水一旦接触到含水的地面或混凝土都将引起爆炸，高于 1 500℃的钢水无论溅到什么地方都将引起一场大火。现代大型炼钢厂的地面都有大量的设备，如液压连铸机、钢坯输送机等，一炉钢水都在百吨以上，若漏在地上其后果可想而知。

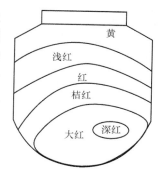

图 11-18　炼钢转炉的热图像

在图 11-18 中，根据从炉内传出的热量大小，炉壁呈现不同的温度。温度在热图像中是用不同的颜色来表示的。图中深红色的区域温度最高，即炉壁最薄处。现代钢厂为延长转炉的使用寿命，普遍采用了炉壁喷补技术，即每出完一炉钢都要对减薄的炉衬喷补耐火材料。红外热图像指示了应喷补的部位及喷补量。采用这种技术后，转炉的炉龄从 100 多炉延长到 1 000 多炉，增加了 9 倍，大幅度提高了经济效益。

11.5　声发射技术

声发射技术用于监测材料的开裂过程。与地震是地壳岩石错动引起的原理一样，金属材料在受应力的作用时，金属中各晶体首先是弹性变形，晶体的弹性变形是一个储能过程。一旦晶体被拉断，储存的能量在晶体恢复过程中迅速释放，并以超声波的形式发出，就像岩石层以地震波的形式释放所积聚的能量一样。

声发射技术就是监测晶体断裂时所释放的能量。这种超声波的能量以两种参数表述，即频度和响度。频度是每秒发生的晶体断裂次数，响度是收到的超声波强度，与断裂面积相关，这两者的乘积即可视为晶体断裂时所释放的能量。

声发射技术的探头是超声波探头，其电路只接收 10kHz 以上的超声波振动信号，同时将中低频的机械振动信号排除在外。

声发射技术的应用实例：

日本新日铁有一次发现轧钢机牌坊立柱开裂，危及正常的轧钢生产。轧钢机牌坊是非常贵的零部件，通常公司厂矿都不会存有备件。新日铁一方面通知相关厂生产新轧钢机牌坊，另一方面采用声发射技术监视在役轧钢机牌坊的情况，维持生产。

轧钢机牌坊属于大型复杂零件，通常都是用铸钢件生产。新日铁将裂纹部位用电弧气刨铲开、焊补，焊补时必然残留热收缩应力微裂纹，这是焊缝金属和立柱母材金属同时冷收缩造成的。应力微裂纹的存在使得生产轧钢时，在载荷应力的作用下，裂纹必然会重新开裂。新日铁利用声发射技术监测开裂时发出的超声波的频度和响度，将这两者的乘积给予累积，当累积到某个数值时，停产，重新焊补裂纹处。采用这样的措施，新日铁坚持生产近一年，直至安装新的轧钢机牌坊。

声发射技术目前主要用于静态的构件，如上述的轧钢机牌坊。监测动态构件的难度在于信号传输导线和仪器供电导线与探头（随被监测构件运动）及仪表的连接。基于上述案例，声发射技术还可以用来监测低速重载滚动轴承的损伤，如大型转炉的倾动轴承，连铸钢包回转塔的回转轴承等，其优势在于这种技术已经屏蔽了机械振动的中低频信号，仅留材料破碎、裂纹扩展（如剥落等）的超声信号。利用累积的损伤参数可以大致估计出低速重载滚动轴承的损伤情况，也可以监测频度和响度的发展趋势，在轴承的寿命终结前给予更换，以避免重大事故的发生。

参 考 文 献

［1］沈庆根，郑水英．设备故障诊断［M］．北京：化学工业出版社，2006.

［2］陈长征，胡立新 等．设备振动分析与故障诊断技术［M］．北京：科学出版社，2007.

［3］廖伯瑜．机械故障诊断基础［M］．北京：冶金工业出版社，2003.

［4］崔宁博．设备诊断技术［M］．天津：南开大学出版社，1993.

［5］易良榘．简易振动诊断现场实用技术［M］．北京：机械工业出版社，2003.

［6］陈大禧，朱铁光．大型回转机械诊断现场实用技术［M］．北京：机械工业出版社，2002.

［7］丁康，李巍华，朱小勇．齿轮及齿轮箱故障诊断实用技术［M］．北京：机械工业出版社，2006.

［8］虞和济，韩庆大，原培新．振动诊断的工程应用［M］．北京：冶金工业出版社，1992.

［9］张建文．电气设备故障诊断技术［M］．北京：水利水电出版社，2006.

［10］沈标正．电机故障诊断技术［M］．北京：机械工业出版社，2001.

［11］孔德仁，朱蕴璞，狄长安．工程测试技术［M］．北京：科学出版社，2004.

［12］谢志萍．传感器与检测技术［M］．北京：电子工业出版社，2006.

［13］陈瑞阳，毛智勇．机械工程检测技术［M］．北京：高等教育出版社，2000.

［14］刘培基，王安敏．机械工程测试技术［M］．北京：机械工业出版社，2004.

［15］王建民，王爱民．机电工程测试技术［M］．北京：中国计量出版社，1995.

［16］谷士强．冶金机械安装与维护［M］．北京：冶金工业出版社，1995.

［17］张树海．机械安装与维护［M］．北京：冶金工业出版社，2004.

［18］丰田利夫．设备诊断技术讲座资料［R］．北京：中国机械工程学会，1997.

［19］魏厚培．电驱转动机组振动分析．武汉：武汉钢铁（集团）公司内部教材，2007.